钢铁标准化实用手册

王丽敏　主编

北 京

冶金工业出版社

2014

内 容 提 要

标准化是组织现代化生产的重要手段，是科学管理的重要组成部分。搞好标准化对促进市场经济的发展，保证产品和工程建设质量，提高管理效益，优化使用资源都有着重要作用。

本书内容丰富、实用，主要内容包括：标准化概述、标准的编写规则和制定程序、合格评定程序、钢铁产品牌号表示方法以及钢铁产品标准常用术语等。

本书可供钢铁生产、检验、供销、质量监督部门的工程技术人员使用，也可以供管理机关、科研、教学、信息等部门有关管理及科教人员参考，对标准化工作者更是一本必备工具书。

图书在版编目（CIP）数据

钢铁标准化实用手册/王丽敏主编. —北京：冶金工业
出版社，2014.7
ISBN 978-7-5024-6616-9

Ⅰ.①钢…　Ⅱ.①王…　Ⅲ.①钢铁工业—工业产品—
标准化—中国—手册　Ⅳ.①TF4-65

中国版本图书馆 CIP 数据核字（2014）第 149668 号

出 版 人　谭学余
地　　　址　北京市东城区嵩祝院北巷 39 号　邮编　100009　电话　(010)64027926
网　　　址　www.cnmip.com.cn　电子信箱　yjcbs@cnmip.com.cn
责任编辑　程志宏　徐银河　美术编辑　吕欣童　版式设计　孙跃红
责任校对　卿文春　责任印制　李玉山
ISBN 978-7-5024-6616-9

冶金工业出版社出版发行；各地新华书店经销；三河市双峰印刷装订有限公司印刷
2014 年 7 月第 1 版，2014 年 7 月第 1 次印刷
787mm×1092mm　1/16；17.25 印张；415 千字；264 页
68.00 元

冶金工业出版社　投稿电话　(010)64027932　投稿信箱　tougao@cnmip.com.cn
冶金工业出版社营销中心　电话　(010)64044283　传真　(010)64027893
冶金书店　地址　北京市东四西大街 46 号(100010)　电话　(010)65289081(兼传真)
冶金工业出版社天猫旗舰店　yjgy.tmall.com
（本书如有印装质量问题,本社营销中心负责退换）

前　　言

　　我国的社会主义市场经济体制在建立和不断完善的过程中，需要实现以标准化作为基础的现代化管理。实现标准化管理，可实现人、财、物和时间的极大节约，从而获得最佳的社会效益和经济效益。随着我国现代科学技术与国际经济技术交流的迅速发展，标准化已跨越国界，日趋国际化。

　　标准化是我国的一项重要技术经济政策，也是一切组织管理的综合性基础工作。国家高度重视标准化工作，2013 年中央经济工作会议提出推广中国标准、唱响中国装备。如今，技术标准在经济社会发展中的支撑作用、战略作用、基础作用得到进一步强化。随着时代进步，标准化将持续不断地变革和发展，内涵不断深化、外延也不断扩展，在当今全面深化改革的时代背景下，标准已经成为政府治理能力提升的助推器、市场经济运行的耦合器和企业转型发展的加速器。

　　我国要实现质量强国，尤其是钢铁强国，需要走创新型国家之路，也需要实现钢铁行业的产业升级，因此在钢铁企业的管理与技术的提升过程中，需要发挥好标准的引领、支撑与评价作用，营造人人懂标、人人守标、人人执标的社会氛围。为了加强新时期的钢铁标准化工作，提高标准化人员、质量检验和监督人员的标准化素质，我们组织编写了本书。

　　本书作为钢铁领域内的标准化知识的科普读物，内容丰富、实用。本书可供钢铁企业生产、检验、销售、质量监督等部门的工程技术人员使用，亦可供管理机关、科研、教学、信息等部门的有关技术人员与管理人员使用参考，还可以为下游钢材用户及钢材的销售人员提供选材与用材的指导。

限于编者水平所限，书中不当之处，欢迎批评指正。

编 者

2014 年 4 月

目　　录

第1章 标准化概述

1.1 标准化的发展历史

伴随着人类社会的发展，标准化经历了从远古时代的原始无意识萌芽阶段、以手工业生产为基础的古代标准化阶段、工业化时期的近代标准化阶段，再发展到了今天国际经济一体化的全球标准化阶段。

标准化是在科学技术、经济贸易及管理等社会实践活动中逐步摸索和创立起来的一门学科，同时也是一项管理技术，其应用范围几乎涉及人类活动的一切领域。

1.1.1 原始标准化阶段

有史以来，人们为了保护自己，抵御不良环境和野兽的袭扰，逐步萌生了对构筑方法、形式和用材以及工具的相似和统一的要求，从而形成了最原始的标准化建筑方法。

为了提高劳动生产的效率和有效性，从开始使用简单的石、木、骨器，到使用较有效的加工工具，通过在劳动生产中实践、改进、推广，逐渐呈现出明显的工艺标准化的特征和方法，如斧的形状有利于砍、刀的形状有利于劈、三足的罐子有利于站立等。

由于这些无意识的活动，逐渐形成了带有标准化色彩的工具和原始语言基础上的符号、记号，实际上已经形成了标准化活动的雏形，因此称这个标准化萌芽期为原始标准化阶段。

1.1.2 古代标准化阶段

所谓古代标准化只有历史悠久的中国可以见到文字追述。

相传女娲补天神话中的女娲是我们人类的始祖。女娲手里拿的一个是"规"，一个是"矩"，从现代意义上来说，就是"标准"。孟子所说："不以规矩，不成方圆"，即道出了标准化的真谛。

距今4000年的公元前21世纪，相传大禹治水时，曾用"准绳"、"规矩"和有刻度的仪器测量、疏导河流，分泄入海，即所谓"左准绳"、"右规矩"，"行上表木，定高山大川"，"将九地黄流，导入大海"。这里的"规矩"和"准绳"就反映了我国古代的标准意识。秦始皇统一中国后，实行书同文，车同轨，统一驰道，统一度量衡，统一货币，并以律令推行全国，形成一个全国范围内的标准化，这是历史上一件划时代的大事，至今仍为人们所传颂。

自秦以后的历代，我国的标准化，史不绝书：

（1）西汉的"定水令，以广溉田"，是第一个农田灌溉用水标准；

（2）北魏的《齐民要术》，对农业标准化做了重要记载；

（3）唐代的《水部式》制定了一部系统全面的水利管理标准规范；

（4）北宋的《营造法式》，对建筑结构设计、施工用料、劳动定额、操作方法、质量要求等都做了详细规定，成为我国古代一部重要的建筑规范；

（5）元、明、清时期，标准化在农业、工业、医药、建筑等方面都有较大的发展，其中最著名的《本草纲目》、《农政全书》，它们的记载和说明既是实际经验总结，又是标准规范，它标志着我国古代标准化工作的进一步开展和提高。

除了不胜枚举的重要著作，还有世界七大奇迹之一的万里长城、巧夺天工的灵渠、千古独步的赵州桥、沟通南北的京杭大运河、号称水上长城的黄河大堤、江浙海塘、天府之源的都江堰等，这些建筑在规划设计和施工管理方面都具有很高的科学技术水平，都是运用标准化和规范化的重要实践。

1.1.3 近代标准化阶段

近代标准化始于18世纪末，是在大机器工业基础上发展起来的。

1.1.3.1 国外工业化国家近代标准化发展进程

在18世纪末，英国出现纺织工业革命，标志着工业化时代的开始，与此同时，历史也走进了近代标准化阶段。

在18世纪末，美国爆发独立战争，期间急需制造10000支来复枪。1792年毕业于美国耶鲁大学的惠特尼.E与美国总统杰斐逊签订了合同，接受了任务。他发明了工序生产方法，并设计了专用机床和工装用以保证加工零件的精度，首创了生产分工专业化、产品零件标准化的生产方式，成批仿造，完成了任务，被称为"军火批量生产之父"，"美国现代标准化之父"。

英国的机械工程师惠特沃思.J，1833年开办了自己的机床厂，独创了精密的量规与量具，制造出高质量的机床。1841年，他提出在全国统一螺纹尺寸的制度，取代了当时种类繁多的螺纹尺寸，被称之为惠氏螺纹。

美国"现代管理之父"泰勒1874年开始在一家水泵厂工作，后来就职于钢铁厂。他发表的《科学管理原理》，把标准化的方法应用于制定"标准作业方法"和"标准时间"，开创了科学管理的新时代，通过管理途径进一步提高了生产率。

英国的斯开尔顿是英国的钢铁制造商，他对英国的桥梁设计师不能采用统一的尺寸与重量标准设计桥梁颇为恼火。1895年他在《泰晤士报》上发表公开信，强烈要求改变这种不规则、不科学的做法。1900年他又把一份倡导标准化的报告提交给英国铁业联合会。他的公开信与报告催生了世界上第一个国家标准化机构——英国工程标准委员会。1906年，英国颁布了国家公差标准，它标志着标准化从此进入了一个新阶段。在这之后不长时间，荷兰（1916年）、德国（1917年）、法国（1918年）、美国（1918年）、瑞典（1918年）、比利时（1919年）、奥地利（1920年）、日本（1921年）等先后有25个国家成立国家标准化组织。1865年，法、德、俄等20个国家在巴黎发起成立了"国际电报联盟"。1932年70多个国家的代表在马德里决议上将其更名为"国际电信联盟"（ITU），1947年联合国同意ITU成为其专门机构，总部设在日内瓦。1906年成立了国际电工委员会（IEC），它是国际性电工标准化机构，负责电气工程和电子工程领域中的国际标准化工作。人类标准化活动，由企业规模步入了国家规模，近而扩展为世界规模。

1946年，英国、中国、美国、法国等25个国家的国家标准化机构在伦敦发起成立了国际标准化组织 ISO。1961 年，欧洲标准化委员会（CEN）在法国巴黎成立。1976 年，欧洲电工标准化委员会（CENELEC）在比利时布鲁塞尔成立。这个时期各个国家都处于战后恢复重建过程中，发展经济是首要任务。在这个过程中，各国已经认识到标准化对经济发展的重要作用，因此纷纷加大对于标准化的投入力度。

进入 21 世纪后，标准的国际化得到了迅速的发展，主要源于两方面的原因：一是正在兴起的世界范围新技术革命和以 WTO 为标志的经济全球化，信息技术的迅速发展除了拓宽标准制定的领域（生物工程、智能机器人、新材料等新新兴领域）之外，也加大了各国标准之间的联系，并且缩短了标准制定的时间，推动了标准化的发展；另一方面，各国贸易交往频繁，经济一体化发展趋势不可避免，国际贸易的扩大、跨国公司的发展、地区经济的一体化，都直接影响着世界各国的标准化。伴随着信息新技术革命以及经济全球化的发展，各国都在积极参与国际标准化活动，采用国际标准已成为普遍现象。标准的国际化，不仅是国际间经济贸易交往的必然趋势，也是减少或消除贸易壁垒、促进国际经济发展的迫切需要。

WTO/TBT《标准良好行为规范协定》于 1994 年在"乌拉圭回合"中签署。在"乌拉圭回合"谈判中，WTO/TBT 协定已经成为 WTO 最重要的协定之一。标准化的发展离不开信息技术的发展，离不开全球经济贸易的交流，并且在一定程度上标准化反过来促进了信息技术与经济贸易的发展。信息科学技术与经济的发展是这一阶段标准化的主要推动力。

1.1.3.2 我国近代标准化发展进程

新中国成立前，在国际上合理化、标准化浪潮推动下，1931 年 3 月国民政府实业部（经济部前身）草拟了"工业标准委员会简章"，于同年 5 月 3 日由行政院公布实施，并于 12 月正式成立"工业标准委员会"。1940 年改由全国度量衡局兼办标准事宜，正式推行工业标准，成立专门标准起草委员会 4 个，编写标准草案 877 个，并收集了一些国外标准。1946 年 9 月公布了"标准法"，同年 10 月派代表参加了国际标准化组织（ISO）成立大会并成为理事国。1947 年全国度量衡局与工业标准委员会合并，成立"中央标准局"（属经济部门）。截至 1947 年共编写标准草案 1500 余个，但经审定公布的标准只有 79 个（代号 CS）。这些标准中，多数为满足资本主义国家需要的出口资源标准，带有明显的半殖民地性质。

新中国成立后，党和政府十分重视标准化事业的建设和发展。1949 年 10 月成立了中央技术管理局，内设标准化规格化处，当月中央人民政府政务院财政经济委员会便审查批准了中央技术管理局制定的，当时被称为"中华人民标准"的《工程制图》，这是新中国成立后颁发的第一个标准。为了恢复经济、发展生产和对外贸易需要，国家有关经济部门也分别制定了一些产品标准和进出口商品检验标准。1950 年在朱德同志参加并领导下，重工业部召开了首届全国钢铁标准工作会议，提出对旧中国遗留下来的，带有半殖民地性质的标准进行彻底改造，并有计划地制定我国冶金标准的任务，1952 年颁发了我国第一批钢铁标准，化工、石油、建材、机械等部门也都开始颁发标准。

在 1955 年制定的发展国民经济的第一个五年计划中，提出了设立国家管理技术标准的机构和逐步制定国家统一的技术标准的任务。1956 年国务院科学规划委员会制定的 12 年科学技术发展规划中明确指出"制定和推行国家统一的、先进的技术标准，是迅速发展国民经济、保证实现工业生产计划的必要措施之一，"并指出"国家标准具体地体现了国家的技术政策，是社会主义工业建设的先进标志。为了使我国社会主义建设走上先进的生产道路，必须从速制定国家标准，并贯彻实施"。同年，决定成立国家技术委员会（后改为国家科学技术委员会）。1957 年在国家技术委员会内设标准局，开始对全国的标准化工作实行统一领导。1958 年国家技术委员会颁发了第一号国家标准《幅面与格式首页、续页与封面要求》（GB1—58）。第一个五年计划期间，各主要工业部门也先后建立了标准化管理机构，加强了标准化工作的领导和管理。这一时期主要是引进苏联标准以解决大规模经济建设的急需，同时也结合我国具体情况制定了大量的标准。

1961 年开始执行"调整、巩固、充实、提高"的方针，标准化工作得到加强和发展。1962 年国务院发布了《工农业产品和工程建设技术标准管理办法》（以下简称《管理办法》），这是我国第一个标准化管理法规，对标准化工作的方针、政策、任务及管理体制等都做出了明确的规定。1963 年 4 月召开了第一次全国标准化工作会议，编制了 1963 ~ 1972 年标准化发展 10 年规划。规划中提出要建立一个以国家标准为核心，适应我国资源和自然条件，充分反映国内先进生产技术水平、门类齐全和互相配套的标准体系。1963 年 9 月国家科委批准成立国家科委标准化综合研究所及冶金工业部科学情报产品标准研究所等 32 家第一批国家标准化核心机构，同年 12 月经文化部批准成立技术标准出版社，到 1966 年已颁布国家标准 1000 个。这一时期我国的标准化事业有了较快的发展，并积累了自己的经验。一些地方和部门的标准化工作同质量工作相结合，有力地促进了产品质量的提高；与生产专业化相结合，取得了明显的经济效益；与设计工作相结合，推广了产品系列化和零部件通用化，促进了产品品种的发展。在标准化管理方面提出：正确的标准来自实践，要面向生产、发动群众、突出重点、讲究实效和在确定标准指标时做到"宽严适度、繁简相宜"等原则，这都是这一时期广大群众标准化实践的经验总结，为第三个五年计划时期标准化的进一步发展打下了基础。"文化大革命"期间，标准化工作遭到了破坏，1966 ~ 1976 年这 10 年间仅颁布了 400 个国家标准。

1978 年 5 月国务院批准成立了国家标准总局，加强了对国家标准化工作的管理。党的十一届三中全会以后，由于贯彻了中央提出的促进技术进步、提高经济效益、对内搞活经济、对外实行开放等一系列重大政策，我国标准化工作又出现了迅速发展的局面。1979 年召开了第二次全国标准化工作会议，在总结经验的基础上，提出了"加强管理，切实整顿，打好基础，积极发展"的方针。同年 7 月 31 日国务院批准颁布了《中华人民共和国标准化管理条例》（以下简称《条例》），这个条例是在总结我国 30 年来标准化工作正反两方面经验的基础上，根据全党工作重点转移到社会主义现代化建设上来这一新形势对标准化工作提出的新要求、新任务而制定的，它是 1962 年《管理办法》的标准化核心机构。《条例》体现了标准化工作要为发展国民经济、加速实现四个现代化服务这一指导思想。这一时期不仅标准数量增长速度加快，而且标准化活动领域也在不断拓宽，最突出的是标准化活动扩展到我国的经济管理和行政管理领域，开始制定各类管理标准，在企业挖潜、革新、改造方面，在技术引进与产品出口贸易方面，在节约能源方面，在产品质量管理和科学管理方面，都发挥了重要作用。

1988 年 7 月国务院决定成立国家技术监督局统一管理全国的标准化工作。

为了发展社会主义市场经济，促进技术进步，提高社会经济效益，维护国家和人民的利益，第七届全国人民代表大会常务委员会第五次会议 1988 年 12 月 29 日通过了《中华人民共和国标准化法》，并于 1989 年 4 月 1 日施行。《标准化法》的颁布，对于推进标准化工作管理体制的改革，发展社会主义市场经济有着十分重大的意义。

1990 年 4 月 6 日，国务院依据《中华人民共和国标准化法》制定发布了《中华人民共和国标准化法实施条例》，对标准化工作的管理体制、标准的制定和修订、强制性标准的范围和法律责任等条款做了更为具体的规定，进一步充实完善了标准化法的内容，成为标准化法的重要配套法规。

2001 年 4 月，国务院批准成立国家质量监督检验检疫总局，同时批准成立国家标准化管理委员会统一管理全国标准化工作，国家认证认可监督管理委员会统一管理全国合格评定工作。

1991 年 5 月 7 日，国务院依据《中华人民共和国标准化法》发布了《中华人民共和国产品质量认证管理条例》，该条例从认证的宗旨、性质、组织管理、条件和程序、检验机构和检验人员以及行政处罚等方面作了全面的规定，有力地推动了我国认证工作的开展。2003 年 9 月 3 日国务院颁布《中华人民共和国认证认可条例》，对认证认可工作进行了全面规范，使我国的认证工作走上依法开展的轨道。

我国的标准化事业已经达到了相当的规模，有了较为雄厚的基础。标准化研究机构、认证机构、产品质量监督检验机构、情报机构以及全国性的标准化技术委员会都有较快的发展。中国的标准化事业"十一五"期间，在标准化科学研究、标准制修订以及技术委员会的建设方面都有了快速的发展。特别"十二五"期间，国家标准管理委员会出台了《标准化事业十二五发展规划》，提出了新时期标准化工作的基本要求："系统管理、重点突破、整体提升"，创新性开展标准化工作，取得了明显的成效。截至 2012 年底，现行国家标准总数已达到 29582 项，其中强制性国家标准 3622 项、推荐性国家标准 25663 项、指导性技术文件 297 项，累计备案行业标准 51023 项、地方标准 24953 项。

我国的标准化积累了半个多世纪的实践经验，在已有成就的基础上，必将在今后的社会主义现代化建设中发挥更大作用，为我国经济振兴，为实现中国梦做出新贡献。

1.2 标准化的基本概念

概念是思维的产物，是以抽象的方式反映客观事物或事物特有性质的一种思维形式。标准化作为一门独立的学科，必然有它特有的概念体系。标准化的概念是人们对标准化有关范畴本质特征的概括。研究标准化的概念，对于标准化学科的建设和发展以及开展和传播标准化的活动都有重要意义。

标准化概念体系包括以下几个最基本内容。

1.2.1 标准

我国国家标准《标准化工作指南第 1 部分：标准化和相关活动的通用词汇》（GB/T 20000.1—2002）对"标准"所下的定义是：为了在一定范围内获得最佳秩序，经协商一致制定并由公认机构批准，共同使用和重复使用的一种规范性文件。

标准宜以科学、技术的综合成果为基础，以促进最佳的共同效益为目的。

由于该定义是等同转化 ISO/IEC 第 2 号指南的定义，所以它又是 ISO/IEC 给"标准"所下的定义。

WTO/TBT（技术性贸易壁垒协议）规定"标准是被公认机构批准的、非强制性的、为了通用或反复使用的目的，为产品或其加工或生产方法提供规则、指南或特性的文件。"这可被视为 WTO 给"标准"所下的定义。

上述定义，从不同侧面揭示了标准这一概念的含义，把它们归纳起来主要是以下几点：

（1）制定标准的出发点是获得最佳秩序、促进最佳共同效益。这里所说的"最佳秩序"指的是通过制定和实施标准，使标准化对象的有序化程度达到最佳状态；这里所说的"最佳共同效益"指的是相关方的共同效益，而不是仅仅追求某一方的效益，这是作为"公共资源"的国际标准、国家标准所必须做到的。"建立最佳秩序"、"取得最佳公共效益"集中地概括了标准的作用和制定标准的目的，同时又是衡量标准化活动、评价标准的重要依据。

（2）标准产生的基础。每制定一项标准，都必须踏踏实实地做好两方面的基础工作：

1）将科学研究的成就、技术进步的新成果同实践中积累的先进经验相互结合，纳入标准，奠定标准科学性的基础。这些成果和经验，不是不加分析地纳入标准，而是要经过分析、比较、选择以后再加以综合，它是对科学、技术和经验加以消化、融会贯通、提炼和概括的过程。标准的社会功能，总的来说就是到截至时间的某一点为止，社会所积累的科学技术和实践的经验成果予以规范化，以促成对资源更有效的利用和为技术的进一步发展搭建一个平台并创造稳固的基础。

2）标准中所反映的不应是局部的片面的经验，也不能仅仅反映局部的利益。这就不能凭少数人的主观意志，而应该同有关人员、有关方面（如用户、生产方、政府、科研及其他利益相关方）进行认真的讨论，充分地协商一致，最后要从共同利益出发做出规定。这样制定的标准才能既体现出它的科学性，又体现出它的民主性和公正性。标准的这两个特性越突出，在执行中便越有权威。

（3）标准化对象的特征。制定标准的对象，已经从技术领域延伸到经济领域和人类生活的其他领域，其外延已经扩展到无法枚举的程度。因此，对象的内涵便缩小为有限的特征，即"重复性事物"。

什么是重复性事物？这里所说的"重复"，指的是同一事物反复多次出现的性质。例如，成批大量生产的产品在生产过程中的重复投入、重复加工、重复检验、重复产出；同一类技术活动（如某零件的设计）在不同地点、不同对象上同时或相继发生；某一种概念、方法、符号被许多人反复应用等。

标准是实践经验的总结，具有重复性特征的事物，才能把以往的经验加以积累，标准就是这种积累的一种方式。一个新标准的产生是这种积累的开始（当然在此以前也有积累，那是通过其他方式），标准的修订是积累的深化，是新经验取代旧经验。标准化过程就是人类实践经验不断积累与不断深化的过程。

事物具有重复出现的特性，标准才能重复使用，才有制定标准的必要。对重复事物制定标准的目的是总结以往的经验，选择最佳方案，作为今后实践的目标和依据。这样既可最大限度地减少不必要的重复劳动，又能扩大"最佳方案"的重复利用次数和范围。标准化的技术经济效果有相当一部分就是从这种重复中得到的。

（4）由公认的权威机构批准。国际标准、区域性标准以及各国的国家标准，是社会生活和经济技术活动的重要依据，是人民群众、广大消费者以及标准各相关方利益的体现，并且是一种公共资源，它必须由能代表各方面利益，并为社会所公认的权威机构批准，方能为各方所接受。

（5）标准的属性。ISO/IEC 将其定义为"规范性文件"；WTO 将其定义为"非强制性的"、"提供规则、指南和特性的文件"。这其中虽有微妙的差别，但本质上标准是为公众提供一种可共同使用和反复使用的最佳选择，或为各种活动或其结果提供规则、导则、规定特性的文件（即公共物品）。企业标准则不同，它不仅是企业的私有资源而且在企业内部是具有强制力的。

1.2.2 标准化

国家标准《标准化工作指南第 1 部分：标准化和相关活动的通用词汇》（GB/T 20000.1—2002）对"标准化"给出了如下定义：为在一定范围内获得最佳秩序，对现实问题或潜在问题制定共同使用和重复使用的条款的活动。

上述活动主要包括编制、发布和实施标准的过程。

标准化的主要作用在于为了其预期目的改进产品、过程或服务的适用性，防止贸易壁垒，并促进技术合作。

该定义是等同采用 ISO/IEC 第 2 号指南的定义，所以这也可以说是 ISO/IEC 给出的"标准化"定义。

上述定义揭示了"标准化"这一概念有如下含义。

（1）标准化不是一个孤立的事物，而是一个活动过程，主要是制定标准、实施标准进而修订标准的过程。这个过程也不是一次就完结了，而是一个不断循环、螺旋式上升的运动过程。每完成一个循环，标准的水平就提高一步。标准化作为一门学科就是研究标准化过程中的规律和方法；标准化作为一项工作，就是根据客观情况的变化，不断地促进这种循环过程的进行和发展。

标准是标准化活动的产物，标准化的目的和作用，都是要通过制定和实施具体的标准来体现的。所以，标准化活动不能脱离制定、修订和实施标准，这是标准化的基本任务和主要内容。

标准化的效果只有当标准在社会实践中实施以后，才能表现出来，绝不是制定一个标准就可以了事的。有了再多、再好的标准，没有被运用，那就什么效果也收不到。因此，标准化的全部活动中，实施标准是个不容忽视的环节，这一环中断了，标准化循环发展过程也就中断了，那就谈不上标准"化"了。

（2）标准化是一项有目的的活动。标准化可以有一个或更多特定的目的，以使产品、过程或服务具有适用性。这样的目的可能包括品种控制、可用性、兼容性、互换性、健康、安全、环境保护、产品防护、相互理解、经济效益、贸易等。一般来说，标准化的主要作用，除了为达到预期目的改进产品、过程或服务的适用性之外，还包括防止贸易壁垒、促进技术合作等。

（3）标准化活动是建立规范的活动。定义中所说的"条款"，即规范性文件内容的表述方式。标准化活动所建立的规范具有共同使用和重复使用的特征。条款或规范不仅针对当前存在的问题，而且针对潜在的问题，这是信息时代标准化的一个重大变化和显著特点。

1.2.3 规范性文件

规范性文件是为各种活动或结果提供规则、导则或规定特性的文件，规范性文件是诸如标准、技术规范、规程或法规等这类文件通称。文件可理解为记录有信息的各种媒体。界定各种规范性文件的术语，是将文件及内容作为单一整体来定义的。

1.2.4 技术规范

技术规范规定产品、过程或服务应满足的技术要求的文件。

1.2.5 规程

规程为设备、构件或产品的设计、制造、安装、维护或使用而推荐惯例或程序的文件。

1.2.6 法规

法规是由权力机构通过的有约束力的法律文件。

1.2.7 技术法规

规定技术要求的法规，或者直接规定技术要求，或者通过应用标准、技术规范或规程来规定技术要求，或者将标准、技术规程（或者规程）的内容纳入法规中。

法规是由权力机构制定的具有法律效力的文件（ISO/IEC 第 2 号指南），提出技术要求的法规是技术法规，它可以直接是一个标准、规范或规程，也可以引用或包含一项标准，规范是规程的内容（ISO/IEC 第 2 号指南）。

实际上，技术规范可以简述为符合法规要求所采取技术措施的导则，如安全防护、环境保护、健康卫生等方面技术规定。

依据我国《标准化法》规定，强制性标准就是技术法规。

1.2.8 合格评定程序

合格评定程序是有关直接或间接地确定是否达到相应的要求的活动。合格评定程序活动的典型示例有：抽样、测试和检验；评价、验证和合格保证（供方声明、认证）；注册、认可和批准以及他们的组合。

1.3 标准化的研究对象和学科性质

标准化作为一门学科有别于具体的标准化工作，它是人们从事标准化实践活动的科学总结和理论概括，它来源于千千万万人的标准化实践，并接受实践的检验，反过来又作用于实践，指导人们的标准化活动。

概括地说，标准化学科的研究对象就是研究标准化过程中的规律和方法。

1.3.1 标准化学科研究的范围

标准化学科研究范围与某一历史时期、某些标准化工作部门的业务范围有关联，但也有区别。学科的研究对象其范围是十分宽广的，除了生产领域、流通领域和消费领域之外，还包括人类生活和经济技术活动的其他领域。在标准化的发展过程中常常出现这种情形，随着标准化研究领域的扩大，标准化工作的领域也在扩展。例如，过去我国的标准化工作主要是制定和贯彻工农业生产和工程建设中的技术标准，后来国内外对经济管理、行政事务、工作方法等方面的标准化进行了探索，从而引起许多标准化活动开始向这些领域扩展，近年来，又向服务业扩展。这就反映出理论对实践的指导和推动作用。

1.3.2 标准化学科研究的内容和目的

（1）研究标准化过程的一般程序和每一个环节的内容。这就是从制定标准化规划与计划到标准的制定、修订、贯彻执行、效果评价、信息反馈等活动。探索这些活动环节的一般特点和规律以及各环节之间的联系，使标准化活动符合客观规律，取得良好的社会和经济效益。

（2）研究标准化的各种具体形式。如简化、统一化、系列化、通用化、组合化和模块化等等，研究这些形式的应用，并根据需要创造新的形式。

（3）研究标准系统的构成要素和运行规律。这就是研究各种类型的标准、标准系统的结构与功能以及对标准系统进行管理的理论和方法。

（4）研究标准系统的外部联系。这种联系是多方面的，有与企业之间、部门或行业之间以及国家间的联系；有与法律法规、企业的经营管理、国家经济建设、人民生活的联系等等。这些联系是标准化发展的外部动力。

（5）研究对标准化活动的科学管理。包括管理机构体制、方针政策、规章制度、信息系统的建立和规划、计划、人才培训、国际合作、知识普及、科学研究的组织等一整套对标准化活动过程实行科学管理的内容。

标准化学科的上述内容，综合起来便构成了包括有理论观点，有特定对象，有具体的形式、内容和科学方法的标准化学科体系。它的任务是指导标准化活动过程沿着科学的轨道向前发展，实现标准化活动科学化。这就是标准化这门学科的研究目的。

1.3.3 标准化学科的性质及与其他学科的关系

标准化学科的研究领域和内容的广泛性，使它同多门学科发生紧密联系。

（1）不同行业的标准化要应用不同专业的技术，所以，它同各门工程技术学都发生直接的联系，也就是说要以这些方面的技术知识为基础。

（2）标准化活动过程大量的是发生在生产、管理和科学实验过程中，标准化过程必须同这些过程相协调。所以，在标准化活动中又必须掌握和运用生产力组织学、技术经济学和企业管理学等方面的知识。

（3）现代标准化要应用数学方法并且使用电子计算机进行管理，特别是要以系统观点为指导，并运用许多新学科所提供的理论与方法。

由此可见，标准化学科带有非常鲜明的综合学科的特点。

为了正确地认识标准化活动过程的规律，解决这个过程中出现的一系列问题，当然需要运用社会科学和自然科学很多学科的知识和研究成果。但是，作为标准化学科的理论基础，主要是技术科学和管理科学。它又不同于一般的工程技术学和经济管理学，它把两类科学的理论与方法有机地结合在一起，以系统理论为指导，形成一门具有自己特色的新兴学科。

1.4　标准化在经济发展中的作用

我国的社会主义建设实践证明，标准化在经济发展中起着不可替代的重要作用，主要表现在以下几方面。

1.4.1　标准化是建立最佳秩序的工具

现代化的大生产是以先进的科学技术和生产的高度社会化为特征的，前者表现为生产过程的速度加快、质量提高、生产的连续性和节奏性等要求增强；后者表现为社会分工越来越细，各企业之间的经济联系日益密切。这种社会化的大生产，必定要以某种秩序的建立为前提，而标准恰是建立这种秩序的工具。

这种工具之所以行之有效，除了它的科学性之外，还由于它是对人们活动的一种约束。这种约束的特点如下：

（1）它为人们的劳动过程建立了最佳秩序、提供了共同语言，并提供了相互了解的依据，人们会意识到它对任何人都是必要的。

（2）它为人们的活动确立了必须达到的目标，它比一般行政规定更具有科学根据，既能促进人们的活动不断地合理化，又受到人们的尊重。

（3）这种约束是从全局出发，又考虑到各方面的利益，在充分协商的基础上确立的，它是一种无偏见的约束。因此，它既有规范效用，又有自我约束的作用。它的约束力甚至可以跨越地区或国家的界限。这种约束力就是一种权威，一种能够对现代化大生产从技术上和管理上进行协调和统一的权威，这是标准化很重要的社会功能。这种功能的发挥是和技术进步、管理现代化和社会生产力的增进密不可分的，所谓质量的提高、成本的降低、消耗的减少、工期的缩短等都是这种功能的体现。因而这种功能所产生的巨大效益常常无法计量。

1.4.2　标准化是国内市场的组织力量

市场经济的良好运转，不可能完全靠进入市场的经济主体来维护，国家的干预是必要的，维护公平竞争、保护消费者是政府义不容辞的义务。因为标准与市场上的商品直接有关，同时标准又是在有关各方共同参与并有效协调的基础上制定的，它就可以作为市场调节的一种工具，为生产者、销售者、消费者所认同，既可直接推动市场交易，又可成为政府对市场实施干预、维护公平竞争、保护消费者利益的手段。

当标准的内容足以说明产品或服务的基本特性（功能）时，有时供求双方只要就标准达成一致即可成交，签订买卖合同也变得非常简单，一旦发生争议，也易于分清是非。这样的标准便是市场运转的必要因素。

对于普通的消费者，当他们在市场上购买商品时，由于并不具备检验商品质量的手段和能力，因而无法做出判断和选择。世界上许多国家都实施了一种产品质量标志制度，最终消费者只需在购买商品时，选择具有合格标志的商品，便可享受到标准化为其提供的保证和好处。

这种建立在产品标准化基础上的合格评定制度，也为购销双方提供了可信的保证，既可减少不必要的重复检验，又可简化交易过程，降低交易风险和交易成本，提高市场的运行质量和运行效率。

1.4.3　标准化是国际市场的调节手段和竞争战略

当今的国际市场已不再仅仅是商品的流动，而是一系列经济要素的全球化组合，包括生产全球化、贸易全球化、金融全球化、投资全球化、人力资源全球化等等。这种全球化的结果，就是形成一个全球统一的大市场。依托这个大市场，企业实现了跨国经营和商品的跨国生产，商品和资源的跨国大流通以及世界范围的技术交流。

在这个全球统一大市场的发展过程中，世界各国，尤其是 WTO 意识到标准在建立共同遵守的规则、在保证商品质量和提高市场信任度、在维护公平竞争秩序加速商品流通方面，尤其是在消除或减少贸易壁垒、促进贸易发展方面的作用，对标准化予以格外关注。

商业团体和跨国公司比任何时候都更为重视标准的国际化，因为全球标准既是商品全球化生产的基础，又是商品全球流通的前提。支持全球商品生产和经营的标准首推国际标准，它是世界范围内受到普遍承认和广泛接受的标准。WTO/TBT 协议规定各成员国应以国际标准或其相应部分作为制定本国技术法规的基础，从而强化了国际标准在协调各国技术法规方面的功能，直接或间接地发挥着对市场的调节作用。

随着经济全球化进程加快，WTO 的有关规则越发显得重要，标准在国际市场中的游戏规则作用也日益凸显。在一些市场广阔的"全球产品"（尤其是网络经济产品）的开发领域，其产品标准一旦被国际认可，便有可能在产品的生产和销售过程中获得垄断利润。因此，这方面的标准竞争其激烈程度并不亚于市场上的商品之争。在这种形势下，一些国家的标准化组织纷纷制定并实施标准化战略，并且都瞄准一个目标，抢占国际标准这个制高点。经济全球化的浪潮，把标准化推上了战略地位。

1.4.4　标准化是建设创新型国家的重要途径

创新是人类社会发展的动力之源，尤其是科技创新和产品创新在现代经济发展中表现出明显的乘数效应。一个国家的创新能力日益成为综合国力的象征；企业的创新能力就是企业竞争能力的核心要素。科技的发展，知识的创新，越来越决定着一个国家、一个民族的发展进程。

创新是突破、是质变，甚至是对以往的扬弃和否定。但通常情况下，质变是以量变为基础的，许多技术创新成果中常常凝结着几代人的成就，它实际上是经验和技术的积累过程。标准化过程便是这样一个不断积累的过程，它把前人的经验积淀到标准里，为后人的攀登搭建了一个平台；再把新的经验充实到标准里，筑起更高的平台，直到重大创新突破，标准也随之更新。

创新不仅是有成本的，而且是有风险的。对许多高科技产品来说，开发新产品的沉没成本之高和失败风险之大，几乎成了难以逾越的鸿沟。在高技术产品的市场竞争中，产品开发面临的一个普遍问题，就是生产第一件产品所需要的成本比以后再生产的单位产品成本要高许多，这也称作"第一件产品成本"的挑战。一般来说，按照系列化、模块化原理开发的新产品，可以用较低的成本、较方便地生产变型、派生产品的方式进入不同的细分市场，可以增加渐进收入使企业获利，这是应对"第一件产品成本"挑战，规避风险的标准化对策。

取得创新成果并不是最终目的，创新成果要扩散、要转化为商品。由于标准的科学性、权威性，使它成为扩散创新成果并将其商品化的重要途径，同时，这也是促进标准创新的动力。标准与创新之间的这种交互作用，既是揭示标准化与创新之间关系的一把钥匙，又可能是探索市场经济条件下标准化内在规律的切入点。

1.4.5　化解标准化带来的风险

标准化是人类社会的一个伟大创造，无论过去和将来都对社会进步起着特别的重要作用。可以说现今的人类社会，每时每刻都享受着标准化带来的福祉，这一点是毋庸置疑的。但是，我们必须清醒地认识到标准化也是有风险的，任何一项标准其正确性、科学性或适用性都是相对的。由于种种主观和客观的原因，所制定的标准有的正面作用明显，有的负面作用明显，不能盲目地认为只要是标准就有积极作用。尽量减少标准所起到的负面作用，是一项不可忽视的艰巨任务。

标准的功能是统一和固定，如果该统一的没统一，该固定的没固定，或者把不该统一的统一了，不该固定的反倒给固定了，这是标准对象选择不当；不应在全国范围统一的却制定成国家标准，应该在全国范围内统一的反倒分别制定了许多互不一致的其他标准，这是标准层次关系不清、分工不当；该及早制定的标准，制定迟了，不该出台的标准却抢先出台了，这是制定标准的时机不当。这些属于决策不当造成的不恰当统一和不合理的固定所带来的负面作用，具有隐蔽和不易证实的特征。因此，其负面作用常常持久而巨大。

标准要为人们提供一种最佳选择，这就使标准中参数和参数值的确定面临极大风险，诸如尺寸公差、极限值、容许量等等。由于实际情况千差万别很难使标准所做出的规定对一切方面都适用，倘若在制定和实施标准时有所疏忽，就可能产生各种负面作用。

国家制定的标准是一种公共资源，它必须具有公正、公平的属性。标准协调就是要在相关各方之间找到一个平衡点。那些未经协调或协调很不充分的标准，常常带有倾向性。这样的标准不仅会产生负面效果，还会损害标准的公信力，降低全社会的标准化意识。

标准化作为一项技术政策，由于人的主观性、客观存在的不确定性，注定了它的风险始终存在。这种风险有时会给组织和个人造成损失，有时会束缚人的创造性，有时会产生不良的社会影响甚至给国家造成重大经济损失。这就要求我们对每一项标准的决策都要采取慎重态度，进行充分的协调和必要的技术经济论证。尤其是强制标准更要慎之又慎，时刻提防这把"双刃剑"的杀伤作用，把风险发生的概率降至最低限度。

第2章 标准的编写规则和制定程序

▓▓▓▓▓▓▓▓▓▓━━━━━━━━━━━━━━━━━━━━━━▓▓▓▓▓▓▓▓▓▓

在对大千世界的诸多事项进行标准化之前，标准化工作的首要任务是对自身工作的标准化，这其中包括标准文本编写以及标准制定程序的规范化。《标准化工作导则 第1部分：标准的结构和编写》（GB/T 1.1—2009）是对标准化工作标准化的重要标准之一，它的实施能够有效地保证标准的编写质量。该标准的规定用以指导如何起草我国标准，它是编写标准的标准。《标准化工作指南 第2部分：采用国际标准》（GB/T 20000.2—2009）同样也起到了指导如何编写标准的作用，它是以国际标准为基础编写我国标准所依据的重要标准。《标准化工作导则 第2部分：标准制定程序》（GB/T 1.2—2009）是保证标准制定程序规范化的导则类标准，它的实施将保证在标准制定过程中充分吸收各利益相关方的意见，达到标准制定过程的公开透明、协商一致。

规范、清晰、统一、适用的标准文本，取决于标准中规范性要素的正确选取，标准文本结构的合理搭建，标准要素、条款、内容表述的清楚准确。标准起草者对标准编写总体原则的准确把握，对标准编写方法的正确运用，将影响着对编写标准具体规则的理解，进而影响着标准的最终质量。严谨、可实施、可考核的程序将保证标准制定过程的透明与公平。

本章从编写标准的原则与方法入手，进一步介绍标准的结构，再深入标准的内部讲解如何编写标准的各要素，其后阐述以国际标准为基础如何起草我国标准，最后介绍制定标准所必须遵守的程序。

2.1 原则和方法

在正式编写标准之前，需要从宏观上了解与之相关的知识。在这些知识中首先需要掌握编写标准所要遵守的总体原则以及编写标准所使用的方法。

2.1.1 编写标准的原则

全面掌握编写标准所需要遵循的总体原则，能够更加深入地理解编写标准的具体规定，并将这些规定更好地贯彻于标准编制的全过程。

2.1.1.1 统一性

统一性是对标准编写及表达方式的最基本的要求。统一性强调的是内部的统一，这里的"内部"有三个层次：第一，一项单独出版的标准或部分的内部；第二，一项分成多个部分的标准的内部；第三，一系列相关标准构成的标准体系的内部。无论是上述三个层次中的哪一个层次，统一的内容都包括四个方面，即标准的结构、文体、术语和形式。

A 统一结构

标准结构的统一指标准的章、条、段、表、图和附录的排列顺序的一致。在起草分成多个部分的标准中的各个部分或系列标准中的各项标准时，应做到：各个标准或部分之间的结构应尽可能相同；各个标准或部分中相同或相似内容的章、条编号应尽可能相同。

B　统一文体

在标准的每个部分、每项标准或系列标准内，类似的条款应由类似的措辞来表达；相同的条款应由相同的措辞来表达。

C　统一术语

在每个部分、每项标准或系列标准内，对于同一个概念应使用同一个术语。对于已定义的概念应避免使用同义词。每个选用的术语应尽可能只有唯一的含义。

另外，对于某些相关标准，虽然不是系列标准，也应考虑术语统一的问题。

D　统一形式

形式是内容的反映，统一的形式能够便于对标准内容的理解、查找及使用。GB/T 1.1—2009 中的许多规定实际上都是为了满足统一性而设置的。

（1）列项符号：标准中使用的列项符号有破折号（——）和圆点（·），但在一项标准中，或标准的同一层次的列项中，使用破折号还是圆点应统一。

（2）无标题条或列项的主题：标准中可以用黑体字强调无标题条或列项的主题，然而如需强调主题，则某个列项中的每一项或某一条中的每个无标题条都应有用黑体字标明的主题。

（3）条标题：虽然条标题的设置可以根据标准的具体情况进行取舍，但是在某一章或条中，其下一个层次中的各条有无标题应是统一的。

（4）图表标题：标准中是否设置图、表的标题是可以选择的，然而全文中有无标题应是统一的。

上述要求对保证标准的理解将起到积极的作用，"结构、文体、术语和形式"的统一将避免由于同样内容不同表述而使标准使用者产生疑惑。另外，从标准文本自动处理的角度考虑，统一性也将使文本的计算机处理，甚至计算机辅助翻译更加方便和准确。

2.1.1.2　协调性

统一性是针对一项标准或部分的内部或一系列标准的内部而言的，而协调性是针对标准之间的，它的目的是"为了达到所有标准的整体协调"。标准是成体系的技术文件，各有关标准之间存在着广泛的内存联系。标准之间只有相互协调，才能充分发挥标准系统的功能，获得良好的系统效应。

为了达到标准系统整体协调的目的，在制定标准时应注意和已经发布的标准进行协调。遵守基础标准和采取引用的方法是保证标准协调的有效途径。

A　遵守基础标准

每一项标准都遵守基础标准，这就使得适用最广泛的标准得到了贯彻，保证了每个标准符合标准化的最基本的原则、方法和基础规定，从而达到了各标准之间在基本层面上的协调。

（1）每项标准应遵循现有基础标准的有关条款，尤其涉及下列有关内容时：标准化原理和方法；标准化术语；术语的原则与方法；量、单位及其符号；符号、代号和缩略语；参考文献的标引；技术制图和简图；技术文件编制；图形符号。

（2）对于特定技术领域，还应考虑涉及诸如下列内容的标准中的有关条款：极限、配合和表面特征；尺寸公差和测量的不确定度；优先数；统计方法；环境条件和有关试验；

安全；电磁兼容；符合性和质量。

（3）制定标准时除了与上述标准协调外，还要注重与同一领域的标准进行协调，尤其要考虑本领域的基础标准，注意遵守已经发布的标准中的规定。

　　B　采取引用的方法

采取引用的方法而不重复抄录适用标准中的内容，可以避免由抄录错误导致的不协调，还可以避免由于被抄录标准的修订造成的不协调。

2.1.1.3　适用性

适用性指所制定的标准便于使用的特性。适用性主要针对以下两个方面的内容。

　　A　适于直接使用

任何标准只有被广泛使用才能发挥其作用。因此，标准中的每个条款都应是可操作的。在制定标准时就应考虑到标准中的条款是否适合直接使用。如果标准中的某些内容拟用于认证，为了便于这些内容的使用应将它们编制为单独的章、条或标准的单独部分。

另外，GB/T 1.1—2009 对标准中某些要素设置的规定也是出于适用性的考虑。例如，之所以设置要素"规范性引用文件"、"术语和定义"，就是为了便于标准使用者在固定位置检索标准中规范性引用的文件和有关术语的定义。又如，标准中"索引"和"目次"的设定，分别从不同的角度方便了标准使用者了解标准的内容和结构，进而根据标准的章条和关键词检索标准中的规定。再如，标准中"要求"要素中要求型条款的表述，需要将"特性、特性值"与"试验方法"通过助动词"应"结合在一起，这是为了便于直接检索到对应要求的相应试验方法。

　　B　便于被其他文件引用

标准的内容不但要便于实施，还要考虑到易于被其他标准、法律、法规或规章所引用。

GB/T 1.1—2009 规定的标准编写规则中的许多条款实际上都是为了便于被引用而制定的。下面给出了从便于引用的角度出发做出的规定。

（1）层次的设置包括"部分"和"条"。

1）部分：如果标准中较多的内容有可能被其他标准所引用，需要考虑将这些内容编制成标准的一个部分；

2）条：如果标准中的段有可能被其他标准所引用，则应考虑将其改为条。

（2）编号：

1）条：条的编号采用阿拉伯数字如下脚点的形式，这种编号是标准特有的形式，它极大地方便了引用标准中的具体章条；

2）列项：在编写列项时应考虑列项中的某些项是否会被其他标准所引用，如果被引用的可能性很大，则应对列项进行编号（包括字母编号和数字编号）；

3）其他内容：标准中的每条术语，每个图、表、附录都应有编号，这些都是为了便于被其他文件所引用。

（3）避免悬置条、悬置段。"无标题条不应再分条"（分条后的原无标题条称为"悬置条"）和"应避免在章标题或条标题与下一层次条之间设段"（所设的段称为"悬置段"）的规定都是为了避免引用这些悬置条或悬置段时造成混乱（参见第 2.2.2 小节以及示例 2－2 和示例 2－3 相关内容）。

2.1.1.4　一致性

一致性指起草的标准应以对应的国际文件（如有）为基础并尽可能与国际文件保持一致。

A　保持与国际文件的一致性程度

起草标准时，如有对应的国际文件，首先应考虑以这些国际文件为基础制定我国标准，在此基础上还应尽可能保持与国际文件的一致性，按照 GB/T 20000.2—2009 确定一致性程度，即等同、修改或非等效。

B　明确标示一致性程度的信息

如果所依据的国际文件为 ISO 或 IEC 标准，则应按照 GB/T 20000.2 的规定明确标示与相应国际文件的一致性程度，还应标示和说明相关差别的信息。这类标准的起草除应符合 GB/T 1.1—2009 的规定外，还应符合 GB/T 20000.2—2009 的规定。

2.1.1.5　规范性

规范性指起草标准时要遵守与标准制定有关的基础标准以及相关法律法规。我国已经建立了支撑标准制修订工作的基础性系列国家标准，因此，起草标准应遵守这些基础标准的规定。实现规范性要做到以下三个方面：

（1）按照结构划分的原则确定标准的要素和层次。在起草标准之前，应首先按照 GB/T 1.1 关于标准结构的规定确定标准的预计结构和内在关系，尤其应考虑内容和层次的划分，合理安排标准的要素。如果标准分为多个部分，则应预先确定各个部分的名称。

（2）遵守制定程序和编写规则。为了保证一项标准或一系列标准的及时发布，起草工作的所有阶段均应遵守 GB/T 1.1 规定的编写规则以及 GB/T 1.2 规定的标准制定程序。根据所编写标准的具体情况还应遵守 GB/T 20000、GB/T 20001 和 GB/T 20002 相应部分的规定。

起草标准时，还需要遵守与标准制定有关的法律、法规及规章，例如：国家标准管理办法、行业标准管理办法、地方标准管理办法等。

（3）特定标准的制定须符合相应的基础标准。在起草特定类别的标准时，除了遵守 GB/T 1 的规定以外，还应遵守指导编写相应类别标准的基础标准。例如，术语（词汇、术语集）标准、符号（图形符号、标志）标准、方法（化学分析方法）标准、产品标准、管理体系标准的技术内容确定、起草、编写规则或指导原则应分别遵守 GB/T 20001.1、GB/T 20001.2、GB/T 20001.4、GB/T 20001.5 和 GB/T 20000.7 的规定。

2.1.2　编写标准的方法

编写标准的方法主要有两种，即自主研制标准和采用国际标准。自主研制标准按照 GB/T 1.1 的规定进行编写；采用 ISO、IEC 标准的我国标准的编写除了遵照 GB/T 1.1 的规定外，还要按照 GB/T 20000.2 的规定进行编写。

2.1.2.1　自主研制标准

自主研制标准是指根据我国的科技研究和实践经验的综合成果编制形成的标准。这种编制标准的过程不以某个国际标准为蓝本，然而在编写标准之前，收集国内、国外的相关标准和资料是必需的。标准中的一些指标、方法参考国际标准和资料是很正常的事情。自主研制标准需要采取以下步骤。

A　明确标准化对象

自主研制标准一般是在标准化对象已经确定的背景下开始的，也就是说，标准的名称已经初步确定。在具体编制之前，首先要讨论并进一步明确标准化对象的边界。其次，要确定标准所针对的使用对象。

上述所有事项都应事先论证、研究确定，使标准编写组的每个成员都清楚将要编写的标准是一个什么样的标准。

B　确定标准的规范性技术要素

在明确了标准化对象后，需要进一步讨论并确定制定标准的目的。根据标准所规范的标准化对象、标准所针对的使用对象、制定标准的目的以及所要制定标准的类型（规范、规程或指南），确定标准中最核心的规范性技术要素。

C　编写标准

首先应从标准的核心内容——规范性技术要素开始编写。在编写规范性技术要素的过程中，如果根据需要准备设置附录（规范性附录或资料性附录），则进行附录的编写。

上述内容编写完毕之后，就可以编写标准的规范性一般要素，该项内容应根据已经完成的标准的内容加工而成。例如，规范性技术要素中规范性引用了其他文件，这时需要编写第2章"规范性引用文件"，将标准中规范性引用的文件以清单形式列出。

规范性要素编写完毕，需要编写资料性要素。根据需要可以编写引言，然后编写必备要素前言；如果需要，则进一步编写参考文献、索引和目次等。最后需要编写必备要素封面。

请注意，这里阐述的是标准要素的编写顺序，它不同于标准中要素的前后编排顺序。编写标准时，规范性技术要素的编写在前，其他要素在后，这是因为编写其他要素的内容往往需要使用已经编写的规范性技术要素中的内容。

2.1.2.2　采用国际标准

采用国际标准是指我国标准的编写以国际标准为蓝本，标准的文本结构框架、技术指标等等都是以某个国际标准为基础形成的。采用国际标准编写我国标准需要采取以下步骤。

A　准确翻译

在采用国际标准编写我国标准时，首先应准备一份准确的、与原文一致的译文。在这一阶段需要重点把握译文的准确性。因此，翻译要以原文为依据，力求正确表达原文的规定。

B　分析研究

有了一份准确的译文，下一步要做的工作就是以此为基础结合我国国情进行研究。研究的重点应集中在国际标准对我国的适用性上，例如，国际标准中的指标、规定对我国是否适用，必要时要进行实验验证。

在上述分析研究的基础上，要确定出以国际标准为基础制定的我国标准与相应国际标准的一致性程度。也就是说，要按照 GB/T 20000.2 的规定确定我国标准是等同、修改采用国际标准，还是与国际标准保持非等效的一致性程度。

C　编写标准

确定了一致性程度后应以译文为蓝本按照 GB/T 1.1 和 GB/T 20000.2 的规定编写我国

标准。编写完成的我国标准应符合 GB/T 1.1 的规定，采用国际标准的有关内容的编写和标示应符合 GB/T 20000.2 的规定。

2.2　标准的结构

标准的结构是标准内容的反映，标准内容的特殊性决定了其结构的独特性，它与科技图书、文学作品的结构完全不同，与设计文件、工艺文件，甚至与法律、法规等规范性文件也有着明显的区别。这种结构上的独特性使得我们从文本上就可以一目了然地辨认出它是标准，而不是其他的文件。

搭建标准的结构是正式起草标准之前必不可少的工作。一个标准的结构由按照内容划分得到的"要素"和按照层次划分得到的"层"所构成。只有从标准的技术内容出发合理安排标准的要素和层次，才有可能在此基础上顺利起草相应的标准，并最终编制完成一个高质量的标准文本。

2.2.1　按照内容划分

对标准的内容进行划分可以得到不同的要素，也就是说标准是由各类要素构成的。依据不同的原则我们可以将标准的要素分为不同的类别，每个具体要素又是由条款构成的，条款还可以采取不同的表述形式。

2.2.1.1　要素

要素是构成标准的基本单元。依据要素的性质、位置、必备和可选的状态可将标准中的要素归为不同的类别，每种类别都有其特定的功能和意义。

A　按照要素的性质划分

根据标准中要素的规范性或资料性的性质，可将一项标准中的所有要素划分为两大类型。

a　规范性要素

规范性要素是"声明符合标准而需要遵守的条款的要素"。规范性要素在标准中存在的目的是要让标准使用者遵照执行，一旦声明某一产品、过程或服务符合某一项标准，就须符合其规范性要素中的条款。也就是说，要遵守某一标准，就要遵守该标准中的所有规范性要素中所规定的内容。

b　资料性要素

资料性要素是"标示标准、介绍标准、提供标准附加信息的要素"。资料性要素在标准中存在的目的是提供一些附加信息或资料，当声明符合标准时，这些要素中的内容无须遵守。虽然资料性要素不需要遵守，但是它们在标准中的存在有其特殊意义，一些资料性要素起到了提高标准适用性的作用，有些要素（例如封面、前言）还是必备的要素。

按照要素的性质对标准中的要素进行划分的目的就是要区分出：在声明符合标准时，标准中的哪些要素是应遵守的要素；哪些要素只是为了符合标准而提供帮助的，是不必遵守的要素。将一项标准中的所有要素进行这样的区分后，声明符合一项标准意味着并不需要符合标准中的所有内容，只需要符合其中的规范性要素即可，而其余的资料性要素无须使用者遵照执行。

B 按照要素的性质和在标准中的位置划分

如果不但按照要素的性质（即规范性或资料性），还要按照要素在标准中所处的位置进行划分，可将标准中的要素进一步分为四个类型。

（1）资料性概述要素。这类要素的性质是资料性的，是位于标准正文之前的四个要素，即：封面、目次、前言、引言。要素的作用是提供概述信息，起到"标示标准，介绍内容，说明背景、制定情况以及该标准与其他标准或文件的关系"等功能。

（2）资料性补充要素。这类要素的性质同样是资料性的，是位于标准正文之后除了规范性附录之外的三个要素，即：资料性附录、参考文献、索引。要素的作用是给出补充信息，起到"提供附加内容，以帮助理解或使用标准"的功能。

（3）规范性一般要素。这类要素的性质是规范性的，是位于正文中靠前的三个要素，即：名称、范围、规范性引用文件。要素的作用是"给出标准的主题、界限和其他必不可少的文件清单等通常内容"。规范性一般要素不规定技术内容。

（4）规范性技术要素。这类要素的性质是规范性的，是位于标准正文核心部分的要素，通常有：术语和定义，符号、代号和缩略语，要求，……，规范性附录等。要素的作用是"规定标准的技术内容"。

C 按照要素必备的和可选的状态划分

按照要素在标准中是否必须具备的状态来划分，可将标准中的所有要素划分为两大类型。

（1）必备要素。必备要素是在标准中不可缺少的要素，标准中的必备要素包括：封面、前言、名称、范围。

（2）可选要素。可选要素是在标准中不一定存在的要素，其存在与否取决于特定标准的具体需求。也就是说，这类要素在某些标准中可能存在，而在另外的标准中就可能不存在。例如：在某一标准中可能具有"规范性引用文件"这一要素；而在另一个标准中，由于没有规范性地引用其他文件，所以标准中就不存在这一要素。因此，"规范性引用文件"这一要素是可选要素。标准中除了"封面、前言、名称、范围"这四个要素之外，其他要素都是可选要素。

表 2-1 表明了按照上述原则划分后得到的各个要素类型、各类型中包含的具体要素以及它们之间的关系。

表 2-1　标准中的要素

划分原则	要 素 类 型		要　　素
按照要素的"性质"和"位置"	资料性要素	概述要素	封面、目次、前言、引言
		补充要素	资料性附录、参考文献、索引
	规范性要素	一般要素	名称、范围、规范性引用文件
		技术要素	术语和定义、符号和缩略语、要求……、规范性附录
按照要素在标准中是否必须具备	必备要素		封面、前言、名称、范围
	可选要素		必备要素之外的所有其他要素

表 2-2 给出了综合上述各种划分方法后，标准中各种要素类型以及具体要素的典型编排，表中还列出了每个要素所允许的表述形式。

表 2-2 标准中要素的典型编排

要素类型	要素[1]的编排	要素所允许的表述形式[1]
资料性概述要素	**封面**	**文字**（标示标准的信息）
	目次	文字（自动生成的内容）
	前言	**条文** 注 脚注
	引言	条文 图 表 注 脚注
规范性一般要素	**标准名称**	**文字**
	范围	**条文** 图 表 注 脚注
	规范性引用文件	文件清单（规范性引用） 注 脚注
规范性技术要素	术语和定义 符号、代号和缩略语 要求 ⋮ 规范性附录	条文 图 表 注 脚注
资料性补充要素	资料性附录	条文 图 表 注 脚注
规范性技术要素	规范性附录	条文 图 表 注 脚注
资料性补充要素	参考文献	文件清单（资料性引用） 脚注
	索引	文字（自动生成的内容）

注：表中各类要素的前后顺序即其在标准中所呈现的具体位置。

[1]黑体表示"必备的"；正体表示"规范性的"；斜体表示"资料性的"。

2.2.1.2 条款

标准的要素是由条款构成的。条款一般采取要求、推荐或陈述等表述形式。在标准中根据条款所起的作用可将其分为三种类型，每种类型的条款有其独特的表述形式。

A 条款的类型及表述

标准中的条款分为如下三种类型：

（1）陈述：表达信息的条款；

（2）推荐：表达建议或指导的条款；

（3）要求：表达如果声明符合标准需要满足的准则，并且不准许存在偏差的条款。

在标准编制过程中，上述三种不同类型的条款是通过使用不同的汉语句式或助动词来表述的。在使用标准时，也可以通过不同的汉语句式或助动词区分出标准中的条款是哪种类型的条款。

a 陈述型条款的表述

陈述型条款可以通过汉语的陈述句或利用助动词来表述。

（1）陈述句。在标准中常常通过陈述句来陈述事实，提供一般信息。标准中的陈述句的典型用词有"是"、"为"、"由"、"给出"等。例如"章**是**标准内容划分的基本单元"、"……再下方**为**附录标题"、"图的编号**由**'图'和从1开始的阿拉伯数字组成"，这些陈述句都是陈述某种事实，以便于相互理解。又如"附录A**给出**了供参考的部分基础标准清单"，该陈述句用来提供某种信息。

（2）助动词。表达陈述型条款的助动词有三种：

1）"可"或"不必"：表示在标准的界限内允许的行为或行动步骤。例如"**可**将无标题条首句中的关键术语或短语标为黑体，以标明所涉及的主题"，表明标准中"允许"将无标题条中的术语或短语标为黑体。又如"每项标准**不必**都含有标记体系"，表明标准中"允许不"含有标记体系。

2）"能"或"不能"：表示由材料的、生理的或某种原因导致的能力。例如"在空载的情况下，机车的速度**能**达到200km/h"，表示了机车在速度方面所具有的"能力"。又如"如果在特殊情况下，**不能**避免使用商品名，则应指明其性质"，这里"不能"表示不具有避免使用商品名的"能力"。

3）"可能"或"不可能"：表示由材料的、生理的或某种原因导致的可能性。例如"标准的某些内容**可能**被法规引用"，表示标准有被法规引用的可能性。又如"只有在**不可能**使用5.1给出的试验方法时，才选用附录B给出的可选试验方法"，这里"不可能"表示了某种"不可能性"，即不可能使用5.1给出的试验方法。

b 推荐型条款的表述

推荐型条款利用助动词来表述，通常用"宜"或"不宜"表示：

（1）在几种可能性中推荐特别适合的一种，不提及也不排除其他可能性；

（2）某个行动步骤是首选的但未必是所要求的；

（3）不赞成但也不禁止某种可能性或行动步骤（使用否定形式）。

例如"每个表**宜**有表题"，表示在有表题和无表题两种可能性中，特别推荐有表题，但没有提及无表题，同时也没有排除无表题这种可能性，这里使用"宜"推荐的是结果。又如"测定该溶液的pH值**宜**采用滴定法"，表示采用滴定法这个行动是首选的，但并不是所要求的，这里使用"宜"推荐的是过程。

例如"温度**不宜**高于25℃"，表示在温度高于25℃和低于25℃这两种可能性中，高于25℃是我们不赞成的，但同时也不禁止这种可能性，这里使用"不宜"推荐的是结果。又如"在对样品进行分解时，**不宜**使用水溶法"，表示使用水溶法这种行动是不赞成的，但也没有禁止这种行动，这里使用"不宜"推荐的是过程。

c　要求型条款的表述

要求型条款可以通过汉语的祈使句或利用助动词来表述。

（1）祈使句。在标准中常常使用祈使句直接表示指示，例如"开启记录仪"，这种指示是声明符合标准时，标准使用者需要完成的、不准许存在偏差的行动步骤。祈使句通常在方法标准或过程标准中使用，它是对行为或行动步骤的要求。

（2）助动词。表达要求型条款的助动词有"应"或"不应"，表示声明符合标准需要满足的要求。例如GB/T 1.1—2009中规定："每幅图均**应**有编号""部分**不应**再分成分部分"。这里"应"和"不应"都表明它是一种要求。如果某标准中存在着没有编号的图，或者某标准中的某个部分又分成了分部分，则该标准没有符合GB/T 1.1的要求，或者说可以判定该标准为不合格的标准。

B　表述条款类型的助动词

从前文的介绍可看出，使用不同的助动词可以表示不同类型的条款。通常使用的助动词有五类，表2-3给出了表述不同类型的条款使用的助动词以及在特殊情况下使用的等效表述形式。

表2-3　各类条款使用的助动词及其等效表述

条款	助动词	在特殊情况下使用的等效表述	功　能
要求	应	应该 只准许	表达要求型条款，表示声明符合标准需要满足的要求
	不应	不得 不准许	
	表示直接的指示时（例如涉及试验方法所采取的步骤），使用祈使句。例如："开启记录仪。"		
推荐	宜	推荐 建议	表达推荐型条款，表示在几种可能性中推荐特别适合的一种，不提及也不排除其他可能性，或表示某个行动步骤是首选的但未必是所要求的，或（以否定形式）表示不赞成但也不禁止某种可能性或行动步骤
	不宜	不推荐 不建议	
陈述——允许	可	可以 允许	表达陈述型条款，表示在标准的界限内所允许的行动步骤
	不必	无须 不需要	
陈述——能力	能	能够	表达陈述型条款，陈述由材料的、生理的或某种原因导致的能力
	不能	不能够	
陈述——可能性	可能	有可能	表达陈述型条款，陈述由材料的、生理的或某种原因导致的可能性
	不可能	没有可能	

注：1. 在"允许"的情况下，不使用"可能"或"不可能"。

2. 在"允许"的情况下，不使用"能"代替"可"。"可"是标准所表达的许可，而"能"指主、客观原因导致的能力，"可能"则指主、客观原因导致的可能性。

标准中表达不同的规范性内容时，通常应使用相关的助动词，例如"应"、"不应"、"宜"、"不宜"、"可"、"不必"、"能"、"不能"、"可能"、"不可能"等等；只有在特殊的情况下，才可使用助动词的等效表述形式，例如，用于表述规范性内容的条款所处的语境（语言环境，上、下文的衔接）决定了不能使用首选动助词时，可使用它们的等效表述形式。

C　条款内容的表述形式

标准中的要素是由各种条款构成的，在表述条款的内容时，根据不同的情况可采取以下五种表述形式。在表2-2的最后一栏"要素所允许的表述形式"中给出了其中的四种表述形式。

a　条文

条文是条款的文字表述形式，也是表述条款内容时最常使用的形式。标准中的文字应使用规范汉字，不得使用繁体字。经国务院批准，国家语言文字工作委员会于1986年10月10日重新发布的《简化字总表》应成为标准中使用简化汉字的依据。标准条文中使用的标点符号应符合《标点符号用法》（GB/T 15834）的规定。标准中数字的用法应符合《出版物上数字用法的规定》（GB/T 15835）的规定。

b　图

图是条款的一种特殊表述形式，可以说它是条款内容的一种"变形"。当用图表述所要表达的内容比用文字表述得更清晰易懂时，图这种特殊的表述形式将是一个理想的选择，这时我们将文字的内容"变形"为图。在对事物进行空间描述时使用图往往会收到事半功倍的效果。

c　表

表也是条款的一种特殊表述形式，它是条款内容的另一种"变形"。同样，当用表表述所要表达的内容比用文字表述得更简洁明了时，表这种特殊的表述形式也将是一个理想的选择，这时我们将文字的内容"变形"为表。在需要对大量数据或事件进行对比、计算时，表的优势显而易见。

d　注和脚注

注和脚注是条款的辅助表述形式，它们通常使用文字形式表述。在注或脚注中可以对标准的规定给出较广泛的解释或说明，由此起到对条款的理解和使用提供帮助的作用。注和脚注可以存在于规范性要素或者资料性要素中，然而无论它们存在于什么地方，都属于资料性的内容。为了在条款中明示它们的资料性的性质，标准中的注和脚注都使用"小五号"字。

e　示例

示例是条款的另一种辅助表述形式。多数情况下示例用文字形式表述，但给出图、表的示例也不少见。在示例中可以给出现实或模拟的具体例子，以此帮助标准使用者尽快地掌握条款的内容。示例可以存在于任何要素中，所有示例都属于资料性的内容。标准中的示例使用"小五号"字，以表明其资料性的性质。

2.2.2　按照层次划分

标准的层次可划分为部分、章、条、段、列项和附录等形式。表2-4给出了标准各个层次的具体名称以及相应的编号示例。

表 2 - 4　层次及其编号示例

层　　次	编　号　示　例
部分	××××.1
章 条 条 段 列项	5 5.1 5.1.1 [无编号] 列项符号；字母编号 a)、b) 和下一层次的数字编号 1)、2)
附录	附录 A

2.2.2.1　部分

部分是一项标准被分别起草、批准发布的系列文件之一。部分不是独立的标准，也不是系列标准中的一个标准，它是一项标准内的一个"层次"。一项标准的不同部分具有同一个标准顺序号，它们共同构成了一项标准。"部分"这一概念的引入，使得标准体系更加合理，也更容易将同一标准化对象的各种标准化内容放在同一个标准顺序号之下。这样即方便了管理，又方便了使用。

部分应使用阿拉伯数字从 1 开始编号。部分的编号应位于标准顺序号之后，与标准顺序号之间用下脚点相隔。例如：9999.1，9999.2，其中的 9999 为标准的顺序号，而".1"".2"是部分的编号，并不是标准顺序号的组成成分。部分的编号和章条编号一样是一项标准的内部编号。

部分不应再分成分部分。例如，不应将 GB/T 16901.1 再分成 GB/T 16901.1.1、GB/T 16901.1.2 等。

2.2.2.2　章

章是标准内容划分的基本单元，是标准或部分中划分出的第一层次。标准正文中的各章构成了标准的规范性要素，因此可以说章构成了标准主体结构的基本框架。

每一章都应使用阿拉伯数字从 1 开始编号。在每项标准或每个部分中，章的编号从"范围"开始一直连续到附录之前。

每一章都应有章标题，并置于编号之后。章的标题与其编号一起单独占一行，并与其后的条文分行。

标准中规范性一般要素（除了"标准名称"）通常为标准的前两章，常见章的标题及其编号见示例 2 - 1。

示例 2 - 1：

```
1   范围
2   规范性引用文件
3   术语和定义
4   符号和缩略语
5   …
    ⋮
```

2.2.2.3 条

条是对章的细分。凡是章以下有编号的层次均称为"条"。条的设置是多层次的，第一层次的条可分为第二层次的条，第二层次的条还可分为第三层次的条，需要时，一直可分到第五层次。

A 条的编号和标题

条的编号使用阿拉伯数字加下脚点的形式，即层次用阿拉伯数字，每两个层次之间加下脚点。条的编号在其所属的章内或上一层次的条内进行，例如第 6 章内的条的编号；第一层次的条编为 6.1、6.2、…；第二层次的条编为 6.1.1、6.1.2、…；一直可编到第五层次，即 6.1.1.1.1.1、6.1.1.1.1.2、…。

条的标题是可以选择的，可根据标准的具体情况决定是否设置标题。如果设置了标题，则位于条的编号之后，条的标题与编号一起单独占一行、并与其后的条文分行。如果不设标题，则在条的编号后紧跟着条的内容。每个第一层次的条最好设置标题。第二层次的条可根据情况决定是否设置标题。

在某一章或条中，其下一个层次上的各条有无标题应统一。例如：如果第 10 章的下一层次 10.1 有标题，则处于同一层次上的 10.2、10.3 等也应有标题；如果 10.2 的下一层次 10.2.1 有标题，则 10.2.2、10.2.3、10.2.4 等也应有标题；同样，如果 10.2.3.1 无标题，则 10.2.3.2、10.2.3.3 等也应无标题。

如果需要强调无标题条所涉及的主题，可将首句中的关键术语或短语标为黑体，以突出显示的方式引起对相关主题的注意。无标题条中关键词的强调应考虑统一性，即在某一条中，其下一个层次上的各无标题条是否强调关键词应是统一的。

B 条的划分原则

在某一章或某一条中，相应的内容可以编写成几个段落，也可以分成几条编写。条的划分可以考虑以下原则：

(1) 内容明显不同，这是分条的主要依据，如果段与段之间所涉及的内容明显不同，为了便于区分，则需要将它们分成彼此独立的条；

(2) 具有被引用的可能性，当标准中的某章或条的几段内容中的某段有可能被引用时，尤其本标准内部就需引用时，应考虑设立条，这样通过直接引用相应的条编号就可实现准确引用的目的；

(3) 存在两个或两个以上的条，同一层次中有两个或两个以上的条时才可设条，例如，在 9.2 中至少要有 9.2.1 和 9.2.2，才可将 9.2 细分为第二层次的条，也就是说，如果没有 9.2.2，则不应将 9.2 中的条文给予 9.2.1 的编号；

(4) 无标题条不应再分条，如果某一条没有标题，就不应在该条下再设下一层次的条，见示例 2-2，如果对无标题条再分条会给引用造成困扰。假如需要引用示例 2-2 中紧跟 5.2.3 后的内容时（不包括 5.2.3.1 和 5.2.3.2 的内容），如果指明"按照 5.2.3 的规定"就会产生混淆，因为在这种情况下 5.2.3 还包括了 5.2.3.1 和 5.2.3.2。

示例 2 -2：

```
5.2.3   × × × × × × × × × × × × × × × × × × × × × × × × × × × × × × × × × × × ×
        × × × × × × × × × × × × × × × × × × × × × × × × × × × × × × × × × × × ×
        × × × × × × × × × × × × × × × × × × × × × × × × × ×（悬置条）
5.2.3.1 × × × × × × × × × × × × × × × × × × × × × × × × × × × × × × × × × × × ×
        × × × × × × × × × × × × × × × × × × × × × × × × × × × × × × × × × ×
        ×
5.2.3.2 × × × × × × × × × × × × × × × × × × × × × × × × × × × × × × × × × × × ×
        × × × × × × × × × × × × × ×
```

2.2.2.4 段

段是对章或条的细分。段没有编号，这是区别段与条的明显标志，也就是说段是章或条中不编号的层次。

为了不在引用时产生混淆，应避免在章标题或条标题与下一层次条之间设段，如示例 2 -3 的左侧所示。

示例 2 -3：

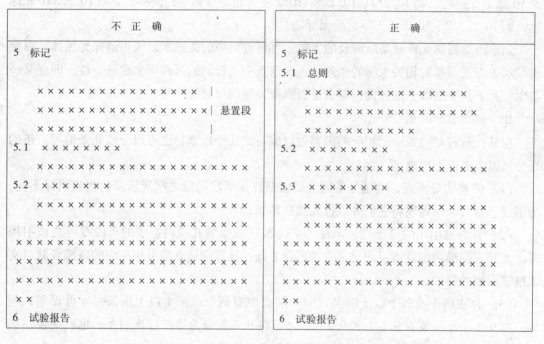

在示例 2 -3 的左侧，当需要引用第 5 章中悬置段的内容时，如果指明"按照第 5 章的规定进行标记"，就会在理解上产生混淆：一些人认为只引用了悬置段，而另一些人则会认为还包含 5.1 和 5.2。实际上，不应只将所标出的悬置段看作第 5 章，因为按照隶属关系 5.1 和 5.2 也属于第 5 章。为了避免这类问题，应进行相应的调整，如示例 2 -3 右侧所示。

2.2.2.5　列项

列项是"段"中的一个子层次，它可以在章或条中的任意段里出现。见示例 2 - 4。

列项具有其独特的形式，需要同时具备两个要素，即引语和被引出的并列各项。引语可以是一个句子，也可以是一个句子的前半部分（该句子由列项中的各项来完成）。

示例 2 - 4：

> 下列各类仪器不需要开头：
>
> ——在正常操作条件下，功耗不超过 10W 的仪器；
>
> ——在任何故障条件下使用 2min，测得功耗不超过 50W 的仪器；
>
> ——用于连续运转的仪器。

在列项的各项之前应使用列项符号（破折号"——"或圆点"·"），在一项标准的同一层次的列项中，使用破折号还是圆点应统一。列项中的项如果需要识别，应使用字母编号，即后带半圆括号的小写拉丁字母，如 a）、b）、c）等，在各项之前进行标示；在字母编号的列项中，如果需要对某一项进一步细分成需要识别的若干分项，则应使用数字编号，即后带半圆括号的阿拉伯数字，如 1）、2）、3）等，在各分项之前进行标示（见示例 2 - 5）。

示例 2 - 5：

> 标准中使用的量和单位：
>
> a）小数点符号为"．"；
>
> b）标准应只使用：
>
> 1）GB3101、GB3102 各部分中所给出的单位；
>
> 2）在 GB3101 中给出的可与国际单位制并用的我国法定计量单位，如分（min）、小时（h）、天（d）、度（°）、分（′）、秒（″）、升（L）、吨（t）、电子伏（eV）和原子质量单位（u）；
>
> 3）在 GB3102 中给出的单位，如奈培（Np）、贝尔（B）、宋（sone）、方（phon）和倍频程（oct）；
>
> ⋮

在列项的各项中，可将其中的关键术语或短语标为黑体，以标明各项所涉及的主题。这类术语或短语不应列入目次，如果有必要将其列入目次，则不应使用列项而应采用条的形式，这样就可以将相应的术语或短语作为条标题。

2.2.2.6　附录

附录是标准层次的表现形式之一。附录按其性质分为规范性附录和资料性附录，每个附录均应在正文或前言的相关条文中明确提及。附录的顺序应按在条文（从前言算起）中提及它的先后次序编排。

A 附录编号和标题

每一个附录的前三行内容为我们提供了识别附录的信息。第一行为附录的编号，它由"附录"和随后表明顺序的大写拉丁字母组成，字母从"A"开始，例如："附录 A"、"附录 B"、"附录 C"等。每个附录均应有编号，只有一个附录时，仍应给出编号"附录 A"。第二行，也就是附录编号下方，应标明附录的性质，即"（规范性附录）"或"（资料性附录）"。第三行为附录标题。每个附录都要设标题，以指明附录规定或陈述的具体内容。

每个附录中章、图、表和数学公式的编号均应重新从 1 开始，编号前应加上附录编号中表明顺序的大写字母，字母后跟下脚点。例如：附录 A 中的章用"A.1"、"A.2"、"A.3"等表示；图用"图 A.1"、"图 A.2"、"图 A.3"等表示。

B 附录的作用

规范性附录的作用是给出标准正文的附加或补充条款。附加条款是标准中要用到的，但不属于标准涉及的主要技术内容的条款。这些附加技术内容往往在特定情况下才会用到，例如，GB/T 1.1—2009"附录 C 专利"即属于这类附录。补充条款是对标准正文中某些技术内容进一步补充或细化的条款。这种情况下，标准正文中只规定主要技术内容，通过附录对这些内容进一步补充和细化，例如，GB/T 1.1—2009 的"附录 D 标准名称的起草"和"附录 F 条款表述所用的助动词"即属于这类附录。

资料性附录的作用为给出有助于理解或使用标准的附加信息，通常提供如下三个方面的信息或情况：第一，正确使用标准的示例、说明等；第二，标准中某些条文的资料性信息；第三，给出与采用的国际标准的详细技术性差异或文本结构变化等情况。

附录在发挥上述作用的同时实际上起到了合理安排标准结构的作用。如果与其他相关章条相比标准中的某些技术内容篇幅较大，或者某些资料性的内容较多，影响了标准结构的整体平衡，这时为了合理地安排标准的结构，可考虑将相关内容编写在一个"附录"中。具体可以采取：

（1）在正文中仅保留主要技术内容，将详细内容移到附录中（规范性附录），使附录起到对标准中的条款进一步补充或细化的作用。

（2）将正文的技术内容全部移到附录中（规范性附录）。在起着附加条款作用的情况下，附录通常包含全部附加技术内容。

（3）将示例移到附录中（资料性附录），这时的附录起到给出正确使用标准示例的作用。

（4）将对标准中的条款进行较多解释或说明的内容（不适宜做"注"的内容）移到附录中（资料性附录），这时的附录起到提供资料性信息的作用。

（5）将前言中说明技术性差异或文本结构变化的内容移到附录中（资料性附录），这时的附录起到说明与采用的国际标准的详细差异情况的作用。

2.3 规范性要素的编写

在初步完成标准结构的搭建后就可以着手正式起草标准。规范性要素的编写是起草标准首先需要涉及的。编写规范性要素所要做的第一项工作是草拟标准名称；其后是编写规范性技术要素，如先从它的"核心"内容"要求"入手，然后再编写其他规范性技术要素，例如术语和定义、符号、代号和缩略语等；在此基础上，进一步加工编写规范性一般要素中的规范性引用文件、范围，从而完成全部规范性要素的起草。这其中的标准名称和范围是标准的必备要素，是完成标准必须要编写的内容。

2.3.1 标准名称

标准名称是标准的规范性一般要素，同时又是必备要素，它是对标准的主题最集中、最简明的概括。标准名称应置于范围之前，并且应在标准的封面中标示。

标准名称应明确表示出标准的主题，使该标准与其他标准相区分。标准名称应简练，不应涉及不必要的细节，如需必要的补充说明应在范围中给出。

2.3.1.1 名称的构成

标准名称应由几个尽可能短的要素组成。通常所使用的要素不多于三种，在名称中这三个要素的顺序按照由一般到特殊排列，即：引导要素 + 主体要素 + 补充要素。

引导要素表示标准所属的领域。如果标准有归口的标准化技术委员会，则可用技术委员会的名称作为依据来起草标准名称的引导要素。引导要素是一个可选要素，可根据具体情况决定标准名称中是否有引导要素。

主体要素表示在上述领域内所涉及的主要对象。它是一个必备要素，即在标准名称中一定要有主体要素。

补充要素表示上述主要对象的特定方面，或给出区分该标准（或部分）与其他标准（或其他部分）的细节。对于单独的标准，名称中的补充要素是可选要素，即它是可酌情取舍的。然而，对于分成部分出版的标准的各个部分，名称中补充要素是一个必备要素。

2.3.1.2 名称中各要素的选择

在起草标准名称时，只有准确选择并恰当组合标准名称的三个要素，才能确切地表述标准的主题。

A 主体要素必不可少

每个标准的名称都应有表示标准化对象的主体要素，在任何情况下，名称中的主体要素都不应省略，而引导要素和补充要素是否存在则应视具体情况而定。

B 引导要素的取舍

用引导要素明确标准化对象所属的专业领域。如果标准名称中没有引导要素会导致主体要素所表示的对象不明确时，就应有引导要素。

示例 2 – 6：

正 确：农业机械和设备   散装物料机械   装载尺寸

不正确：   散装物料机械   装载尺寸

如果标准名称的主体要素（或主体要素和补充要素一起）能够确切地概括标准所涉及的对象时，就应省略引导要素。

示例 2 – 7：

正　确：　　　　　散装牛奶冷藏罐　技术条件

不正确：畜牧机械与设备　散装牛奶冷藏罐　技术条件

C　补充要素的取舍

如果标准所规定的内容仅涉及了主体要素所表示的标准化对象的一两个方面，则需要用补充要素进一步指出标准所具体涉及的那一两个方面。

示例 2 – 8：

> 滚动轴承　分类
>
> 塑料　吸水性的测定

如果标准所规定的内容涉及了主体要素所表示的标准化对象的几个（不是一两个，但也不是全部）方面，则需要用补充要素进行描述。在这种情况下，不必在补充要素中一一列举这些方面，而应由诸如"规范"或"技术条件"等一般性的术语来表达。

示例 2 – 9：

> 液压挖掘机　技术条件
>
> 起重机械超载保护装置　安全技术规范

如果标准所规定的内容同时具备下面两个条件，则应省略补充要素：第一，涉及主体要素所表示的标准化对象的所有基本方面；第二，是有关该标准化对象的唯一标准（今后仍打算继续保持唯一标准这种状态）。

示例 2 – 10：

正　确：咖啡研磨机

不正确：咖啡研磨机　术语、符号、材料、尺寸、机械性能、额定值、试验方法、包装

D　部分的名称中要素的选择

当标准分成几个部分时，各个部分的名称应满足：

（1）名称中应有补充要素，而且各部分中的补充要素应保持不同，这时的名称必须采取分段式，可以是"主体要素　补充要素"的两段式，也可是"引导要素　主体要素　补充要素"的三段式；

（2）在补充要素之前需要加上"第×部分："，这里的"×"应是阿拉伯数字；

（3）每个部分的主体要素应保持相同，如果名称中有引导要素，则引导要素也应相同。

示例 2 – 11：

> 机械安全　进入机器和工业设备的固定设施　第 1 部分：进入两级平面之间的固定设施的选择
>
> 机械安全　进入机器和工业设备的固定设施　第 2 部分：工作平台和通道

2.3.2　要求

"要求"是可选要素，在众多规范性技术要素中它的使用频率最高。如果选择"要求"作为"规范性要素"，则应该用"要求"二字作为章标题。

2.3.2.1　与要求有关的原则

标准中需要规定的技术特性与标准化对象、标准的使用对象和制定标准的目的有关。一旦选择了需要标准化的技术特性，就需要针对这些特性提出要求。在具体提出要求之前，需要考虑两个问题：所选择的技术特性都是能够标准化的吗？如何对选定的技术特性进行标准化？"可证实性原则"是解决"哪些技术特性能够标准化"的问题；而"性能原则"是要解决"如何对选定的技术特性进行标准化"的问题。

A　可证实性原则

可证实性原则是指"不论标准的目的如何，在'要求'要素中应只列入那些能被证实的要求"。该原则是针对规范性技术要素"要求"中的要求型条款的原则，是与"要求"一章有关的原则。可证实性原则就是说标准的要素"要求"中的要求型条款都是能够通过检验得到证实的，无论是通过"测量、测试和试验"的方法，还是通过"观察和判断"的手段。

标准中如对"结果"提出要求，其证实方法应是对结果的测量或测试，因此应规定相应的测量方法或试验方法。标准中如对"过程"提出要求，其证实方法应是对过程的监测。由于个人的行动或行为大多转瞬即逝，有时无法对每个行动或行为进行证实。因此对"过程"的要求，一般可采取审核、现场检查、过程记录或管理体系规定的某些检验方式进行证实，也可以采取派员驻厂、视频监控等多种方法。总之，在对过程提要求时也应考虑可证实性，要根据不同的情况，规定不同的证实方法。

根据可证实性原则，虽然任何产品或服务都有许多特性，但不是所有的特性都能作为要求写入要素"要求"。在标准的"要求"中需要考虑下列情况：

（1）不应列入没有证实方法的要求，无论要求所涉及的特性多么重要，只要没有证实方法就不应列入标准；

（2）不宜列入不能在较短时间内证实的要求，如果某项要求（如产品的稳定性、可靠性或寿命等）有相应的证实方法，但无法在较短时间内得到证实，那么这项要求不宜被列入标准；

（3）不应列入不能量化的要求，凡是不能量化的要求，不应列入标准。

B　性能原则

通过可证实性原则确定了需要标准化的技术特性后，如何对这些特性进行标准化是我们面临的又一个问题。性能原则就是要解决"如何对已经选定的技术特性进行标准化"的问题。

在解释性能原则之前，先介绍什么是性能特性和描述特性。性能特性是与产品的使用功能有关的特性，是产品在使用中才能体现出来的特性（如速度、亮度、可靠性、安全性等）；描述特性是与产品的结构、设计相关的具体特性，是在实物上或图纸上显示出来的特征（如机械产品在图纸中描述的尺寸、形状、粗糙度等）。

性能原则是指"只要可能，要求应由性能特性来表示，而不用设计和描述特性来表示。"这一原则是标准和技术法规都适用的原则。性能原则的实质是结果（是什么）与过程（怎么做）谁优先的问题。性能原则提倡"性能"优先，也就是提倡"结果"优先。

遵循性能原则规定技术要求，具有一个明显的优点：可以给技术发展留有最大的空间。由于达到产品或服务的"结果"的实现"过程"是多种多样的，不同企业的设备、技术或专长也存在着差异，各企业可以通过各自的途径提供相同的"结果"（产品或服务）。因此，性能原则可以充分发挥各企业的优势和创造力，也给技术发展留有了最大的空间。

性能原则是有前提条件的，能否被证实常常是遵守该原则的条件之一。因此，凡能够遵守"可证实性原则"，就应选择使用性能特性表达要求。然而，有时用性能特性表述要求可能会引入既耗时又费钱的复杂的试验过程。因此，要求是以性能特性还是以描述特性来表达，需要认真权衡利弊。只有在无法满足可证实性原则，或采用可证实性原则会有较大的不可承受的成本时，才可考虑使用性能特性之外的其他方法做出规定。

2.3.2.2　要求的表述

"要求"通常由若干需要证实的要求型条款组成，这些条款集中在一章中构成了要素"要求"。要求型条款由祈使句或包含助动词"应"、"不应"及其等效表述形成的词句构成。

对于技术类型属于规范类的标准，针对"要求"一章中的要求型条款，需要规定相应的证实方法。因此其表现形式具有特殊性，而这种特殊性，又与表达的是"结果"还是"过程"有关。

A　表达"结果"的要求型条款

在规范类标准的"要求"中，表达"结果"的要求型条款通常包含四个元素：特性、证实方法、助动词"应"和特性的量值。

a　用条文表述

用条文表述要求时，应将证实方法与特性、特性的量值通过助动词"应"结合在一起。助动词"应"的位置应该在"特性的量值"之前，不应放在"证实方法"之前。因为"特性的量值"是声明符合标准时需要满足的准则，而"证实方法"是测定的条件。要求型条款的典型句式为："特性"按"证实方法"测定"应"符合"特性的量值"的规定。以下给出了四种不同情况下的表述实例：

（1）证实方法简单时，可以直接写在条文中，例如："气密性要求产品在水深10cm处，保持2min应无气泡逸出"；

（2）证实方法复杂时，可将其安排在另外一"条"中，再采用提及的方式，例如："甲醛含量按4.5的规定测定应不大于20mg/kg"；

（3）证实方法篇幅较大，可将其作为规范性附录，再采用提及的方式，例如："甲醛含量按附录 B 的规定测定应在(20±5)mg/kg 的范围内"；

（4）已经有适用的试验方法标准，可采用引用标准的方式，例如："甲醛含量按 GB/T 2912.1 的规定测定应不大于 20mg/kg"。

b 用表格表述

要求型条款数量较多时，适宜用表格形式表示。这种情况下，由于在表格中没有表述助动词"应"的位置，所以应在提及表格的条文中通过表述结果的要求型条款的典型句式用"应"指出表格内容的"要求"属性，例如："产品的特性按相应的试验方法测定应符合表×的规定"。

表述要求型条款的表格的表头应包括：特性、特性量值和相应的试验方法（可用章条编号或标准编号代表）。

B 表达"过程"的要求型条款

由于"性能原则"的约束，标准的要素"要求"中规定"过程"的相对要少。对于过程的要求，大部分都是针对个人是否进行某项行动或从事某项行动的程度提出要求。在"要求"中，表达"过程"的要求型条款通常包含三个元素："谁"（有时省略）、助动词"应"和"怎么做"。例如："闭合主电源前，司机应将所有的控制器手柄置于零位。"又如："观测云状时，应按云量的多少依次记录相应的简写字母。"

C 要求应与证实方法相一致

在要素"要求"中，要求型条款的表述方式应与证实方法保持一致。凡是对结果提要求，其证实方法应是对结果的测量或测试；对过程提要求，其证实方法应是对过程的监测。因此，凡是能用"结果"证实，就不应通过"过程"提要求。例如，《国家纺织产品基本安全技术规范》（GB 18401—2003）在对纺织产品的基本安全技术要求中规定"禁用可分解芳香胺染料"。"禁用"的含义是指在生产过程中"禁止使用"，是一个表达过程的要求。该要求应通过派员驻厂、视频监控等手段来证实生产过程中有没有使用过"可分解芳香胺染料"。然而，该标准中使用《纺织品 禁用偶氮染料检测方法 第1部分:气相色谱/质谱法》（GB/T 17592.1）进行检测，检出限为 20mg/kg。因此，根据证实方法，纺织产品的基本安全技术要求中，对于"可分解芳香胺染料"的要求不应使用"禁用"这种规定过程的表述方式，而应使用"≤20mg/kg"这种表达结果的方式。这样才能做到"要求"的表述与证实方法一致。

D 要求应量化

列入标准的技术要求应使用明确的数值，如极限值(最大值、最小值)、带公差的中心值或区间值等定量的形式，不应使用"足够坚固"或"应有适当的强度"等定性的形式。

在表达"结果"的要求型条款的四个元素中"特性的量值"是用物理量的数值和物理量的单位之乘积表示的。选择特性的量值主要是选择物理量的数值和单位。极限值和可选值是常用的数值表示方法。

（1）极限值。根据特性的用途，有些特性需要规定极限值，如最大值和（或）最小值。通常每个特性只规定一个极限值。当特性对应的类型或等级多于一个时，则需要根据不同的类型或等级规定不同的极限值，但是每个极限值应与相应的类型或等级一一对应。

（2）可选值。根据特性的用途，特别是为了品种控制和接口的需要，特性需要的数值可以从多个数值或多个数系中选择。适合时，数值或数系应按照《优先数和优先数系》（GB/T 321）给出的优先数系，或者按照模数制或其他决定性因素进行选择。

当试图对一个拟定的数系进行标准化时，应检查是否有现成的被广泛接受的数系。采用优先数系时，宜注意非整数（例如：数 3.15）有时可能带来不便或要求不必要的高精度，这时，需要对非整数进行修约（参见 GB/T 19764）。要避免由于同一标准中同时包含了精确值和修约值而导致不同使用者选择不同的值。

2.3.3　术语和定义

"术语和定义"是规范性技术要素，在非术语标准中该要素是一个可选要素。如果标准中有需要界定的术语，则应以"术语和定义"为标题单独设章，以便对相应的术语进行定义。"术语和定义"这一要素的表述形式相对固定，即由"引导语＋术语条目"构成。

2.3.3.1　待定义的术语的选择

非术语标准中"术语和定义"中的术语是供标准自己使用的，因此术语的数量有限。选择在"术语和定义"一章中进行定义的术语需要符合以下条件。

A　多次使用的术语

标准中应仅定义在该标准中使用过的概念，或者在术语和定义一章的定义中使用的概念，同时这些概念应该在标准条文中多次用到。

B　理解不一致的术语

标准中应仅定义那些不是一看就懂或众所周知的术语，或者在不同的语境中有不同解释的术语。对于通用词典中的词或通用的技术术语，由于它们的通用性，无需进行定义，但是如果将这些术语用于特定含义时，则应在标准中进行定义。

C　尚无定义或需要改写已有定义的术语

标准中应仅定义在现行术语标准中尚无定义或已有定义不适用的术语。如果发现需要定义的术语已经在现行术语标准中被定义，则不应对这些术语重新进行定义，而应考虑引用这些定义。如果由于术语标准中的定义适用范围比较广，出现已有定义不完全适用的情况，可以在标准中对现有定义进行改写，同时应在改写的定义后用"注："特别提示定义已经被改写的事实。

D　标准的范围所覆盖领域中的术语

标准中应仅定义标准的范围所能覆盖的领域中的术语。如果标准中使用的某个术语满足上面"1"至"3"的条件，但是该术语所涉及的领域不属于标准所覆盖的范围，也就是标准中使用了属于标准范围之外的术语，则不应在标准的"术语和定义"一章中给出定义，以免被其他标准引用。这种情况下，假如没有检索到相应的标准化定义，建议只在标准的相关条文史说明其含义。

2.3.3.2　引导语

在给出具体的术语和定义之前应有一段引导语。根据不同的情况，选择的引导语将不同。

（1）只有标准中界定的术语和定义适用时，应使用下述引导语：

——"下列术语和定义适用于本文件。"

（2）除了标准中界定的术语和定义外，其他文件中界定的术语和定义也适用时（例如，在一项分部分的标准中，第1部分中界定的术语和定义适用于几个或所有部分），应使用下述引导语：

——"…界定的以及下列术语和定义适用于本文件。"

——"…界定的以及下列术语和定义适用于本文件。为了便于使用，以下重复列出了…中的一些术语和定义。"

（3）只有其他文件界定的术语和定义适用，而本标准中没有界定术语和定义时，应使用下述引导语：

——"…界定的术语和定义适用于本文件。"（此时"术语和定义"一章中只有引导语，没有术语条目）

——"…界定的术语和定义适用于本文件。为了便于使用，以下重复列出了…中的一些术语和定义。"

2.3.3.3　术语条目的内容

标准中的"术语和定义"一章是由术语条目构成的。这些术语条目最好按照概念层级进行分类编排。属于一般概念的术语和定义应安排在最前面。

任何一个术语条目应至少包括四个必备内容：条目编号、术语、英文对应词、定义。根据需要术语条目还可增加以下附加内容：符号、专业领域、概念的其他表述方式（例如：公式、图等）、示例和注等。

如果一个术语条目包含了上述必备内容和附加内容，这些内容的前后排列次序为：

（1）条目编号；

（2）术语；

（3）英文对应词；

（4）符号（包括缩略语、量的符号）；

（5）专业领域；

（6）定义；

（7）概念的其他表述形式（包括图、公式等）；

（8）示例；

（9）注。

2.3.4　符号、代号和缩略语

"符号、代号和缩略语"是规范性技术要素，在非符号、代号标准中该要素是一个可选要素。如果标准中有需要解释的符号、代号或缩略语，则应以"符号、代号和缩略语"或"符号"、"代号"、"缩略语"为标题单独设章，以便进行相应的说明。"符号、代号和缩略语"这一要素的表述形式相对固定，即由"引导语＋清单"构成。

2.3.4.1 引导语

常用的引导语有：

—— "下列代号适用于本文件。"

—— "下列符号适用于本文件。"

—— "下列缩略语适用于本文件。"

—— "下列代号和缩略语适用于本文件。"

2.3.4.2 符号、代号和缩略语清单的表述

上面在介绍术语和定义时曾经提到术语条目最好按照概念层级进行分类编排，但是对于标准中的"符号、代号和缩略语"章中的符号、代号或缩略语清单宜按下列次序以字母顺序编排：

（1）大写拉丁字母位于小写拉丁字母之前（A、a、B、b 等）；

（2）无角标的字母位于有角标的字母之前，有字母角标的字母位于有数字角标的字母之前（B、b、C、Cm、C_2、c、d、d_{ext}、d_{int}、d_1 等）；

（3）希腊字母位于拉丁字母之后（Z、z、A、α、B、β、…、Λ、λ 等）；

（4）其他特殊符号或文字（@、#等）。

由于字母顺序是有序的，所以符号、代号或缩略语的编排与术语不同，不需要另外编号，按照字母顺序很容易找到。

只有在为了反映技术准则的需要时，才将符号、代号或缩略语以特定的次序列出，例如：先按照学科的概念体系，或先按照产品的结构分成总成、部件等，再按字母顺序列出。

每个"符号"、"代号"或"缩略语"均应另起一行空两字编排。之后空一字或者使用冒号（:）、破折号（——），然后写出其相应的含义。

对于缩略语清单，应在缩略语后给出中文解释，也可同时给出全拼的外文。例如：

DNA——脱氧核糖核酸，或

DNA——脱氧核糖核酸（deoxyribonucleic acid）

a. c.——交流电，或

a. c.——交流电（alternating current）

2.3.5 规范性引用文件

"规范性引用文件"一方面指标准的规范性技术要素规范性地引用了其他文件，另一方面指"规范性引用文件"这一章的章标题。这里首先介绍与引用有关的一些概念、标准条文中引用的表述，然后介绍"规范性引用文件"一章的编写。

2.3.5.1 采取引用方法的原因

编写标准时往往会遇到如下两种情况，一是需要在条文中重复标准本身的内容，二是经常发现需要编写的内容在现行标准中已经作了规定，并且这些规定又是适用的，因此需要重复该标准中的内容。由于以下原因，我们通常不抄录需重复的具体内容，而应采取引用的方法。

A 避免标准间的不协调

采取引用方法的最大好处之一就是可以避免标准间的不协调。

首先，如果重复抄录可能造成抄录错误。一旦发生这类问题，由于两个文件都是标准，将会造成同一个规定在两个标准中不协调的现象。

其次，即使不会出现抄录错误的情况，重复抄录也有可能造成不协调。假如某一文件的现行版本中的内容适用于正在起草的标准，如果为了符合现行标准而将相应的内容抄录下来，在起草的标准制定完成进入实施阶段后，被抄录的文件有可能会被修订，文件中被抄录的内容也随之修订，这就使得标准中所抄录的内容跟不上原文件最新版本的变化，造成了无法使用最新版本中的内容的情况。这样做违背了当时为了符合现行标准而采取抄录方式的初衷，造成了标准之间的不协调。

B 避免标准篇幅过大

如果采取抄录的方式，有可能造成标准的篇幅过大。由于一些需引用的内容，如某些试验方法，需要大量的篇幅才能阐述清楚，如果将这些内容全部抄录下来，则会造成正在制定的标准篇幅过大。

C 涉及了其他专业领域

编制标准时，经常会遇到这样一种情况，即标准中会涉及一些规则、规定或方法等，但这些内容又不属于正在制定的标准的起草范围，标准起草工作组也承担不了相关内容的起草，这些内容的起草也不应由这一工作组承担。因此，需要通过引用的方法而使用相关内容，这样可以利用其他专业领域已经标准化的成果。既然不是本领域应该涉及的内容，采取引用这一形式更加容易溯源，使标准的使用者和今后标准的修订者能够知道有关规定的出处，从而能够更好地考虑最新技术水平。

2.3.5.2 引用的类型

依据引用的性质、方式可以将标准中的引用归为不同的类别，每种类别都有其特定的含义。

A 按照引用的性质划分

a 规范性引用

规范性引用是指标准中引用了某文件或文件的条款后，这些文件或其中的条款即构成了标准的规范性内容，与规范性要素具有同等的效力。在使用标准时，要想符合标准，除了要遵守标准本身的规范性内容外，还要遵守标准中规范性引用的其他文件或文件中的条款。

b　资料性引用

资料性引用是指标准中引用了某文件后，这些文件中的内容并不构成引用它的标准中的规范性内容，使用标准时，并不需要遵守所引文件中被提及的内容。提及这些文件的目的只是提供一些供参考的信息或资料。

B　按照引用的方式划分

a　注日期引用

注日期引用就是在引用时指明了所引文件的年号或版本号。凡是使用注日期引用的方式，意味着仅仅引用了所引文件的指定版本，即只是所注日期的版本的内容适用于引用它的标准，该版本以后被修订的新版本，甚至修改单（不包括勘误的内容）中的内容均不适用。

在标准中引用其他文件时，一般情况下首选注日期引用的方式。如果符合下列情况之一引用文件应注日期：

（1）在标准中引用其他文件时指明了被引用文件中的具体章或条、附录、图或表的编号；

（2）不能确定是否能够接受所引文件将来的所有变化。

b　不注日期引用

不注日期引用就是在引用时不提及所引文件的年号或版本号。凡是使用不注日期引用的方式，应视为引用文件的最新版本。这意味着所引的文件无论如何更新，均是其最新版本（包括所有的修改单）适用于引用它的标准。

在标准中引用其他文件时，一般情况下不使用不注日期引用的方式，只有符合以下两种情况之一引用文件才可不注日期：

（1）全文引用，可接受所引文件将来的所有变化；

（2）非全文引用时，可接受所引内容将来的所有变化，为此引用时不指明被引用文件中的具体编号。

2.3.5.3　标准条文中引用的具体表述

在标准条文中任何引用都不应使用页码，而应使用以下表述形式。

A　提及与标准本身有关的内容

a　提及标准本身

在一项标准的条文中，常常需要将标准本身作为一个整体提及。这时，应使用下述适用的表述形式：

（1）"本标准…"（提及单独的标准）；

（2）"本指导性技术文件…"（提及国家标准化指导性技术文件）。

如果标准分为多个单独的部分分布，为避免可能发生的混淆，在每个部分中，当提及自身的部分时，应使用下述表述：

（1）"GB/T ×××的本部分…"；

（2）"本部分……"。

在标准分为多个部分的某一部分中，如果要提及整个标准，应使用"GB/T ××××
……"。

b 提及标准本身的具体内容

规范性提及标准中的具体内容，应使用诸如下列表述方式：

（1）"按第 3 章的要求"；

（2）"符合 3.1.1 给出的细节"；

（3）"按 3.1 b）的规定"；

（4）"遵循 4.1 c）2）的原则"；

（5）"符合附录 C 的规定"；

（6）"见公式（3）"；

（7）"符合表 2 的尺寸系列"。

资料性提及标准中的具体内容，以及提及标准中的资料性内容时，应使用下列资料性
的提及方式：

（1）"参见 4.2.1"；

（2）"相关信息参见附录 B"；

（3）"见表 2 的注"；

（4）"见 6.6.3 的示例 2"；

（5）"（参见表 B.2）"。

B 引用其他文件

a 注日期引用

在标准中注日期引用其他文件的具体方法为指明所引文件的年号或版本号。引用其他
标准的具体表述形式为：给出标准代号、标准顺序号和标准发布的年号，不给出标准名
称，例如使用下列表达方式：

（1）"…GB/T 2423.1—2001 给出了相应的试验方法，…"（注日期引用其他标准的
特定部分）；

（2）"…遵守 GB/T 16900—1997 第 5 章…"（注日期引用其他标准中具体的章）；

（3）"…应符合 GB/T 10001.1—2006 表 1 中规定的…"（注日期引用其他标准的特定
部分中具体的表）。

在注日期引用时，常常需要引用其他文件中的段或列项中无编号的项。

如果需要引用某条中的一个具体的段，表述方式为："…按 GB/T ×××××—2005，
3.1 中第二段的规定。"

如果需要引用无编号的列项中的某一项，表述方式为："…按 GB/T ××××—
2003，4.2 中列项的第二项规定。"

如果某条内无编号的列项多于一个，则引用时表述方式为："…按 GB/T ××××.
1—2006，5.2 中第二个列项的第三项规定。"

b 不注日期引用

在标准中不注日期引用其他文件的具体方法为不指出文件的年号或版本号。引用其他

标准的具体表述形式为：仅给出标准代号和标准顺序号，同样不给出标准名称，例如使用下列表述方式：

（1）"…按 GB/T 4457.4 和 GB/T 4458 规定的…"；

（2）"…参见 GB/T 16273…"。

c 引用标准的所有部分

在标准中，如果需要引用另一个分成多个部分的标准的所有部分，也就是引用整个标准时，下述三种情况各有不同的表述，不过无论注日期还是不注日期都不给出标准名称：

（1）不注日期引用，给出标准代号、顺序号，无须给出部分编号，例如"…按照 GB/T 10001 中规定的…"；

（2）注日期引用，如果被引标准的所有部分为同一年发布，则给出标准代号、顺序号及第 1 部分的编号、~（连接号）、顺序号及最后部分的编号和年号，例如"…按照 GB/T 20501.1 ~ 20501.5—2006 中规定的…"；

（3）注日期引用，但被引用的所有部分不是同一年发布，则在标准中需要将各个部分分别列出，例如"…按照 GB/T 10001.1 ~ 10001.2—2006、GB/T 10001.3—2004、GB/T 10001.4—2007、GB/T 10001.5 ~ 10001.6—2006 中规定的…"。

2.3.5.4 规范性引用文件一章的编写

"规范性引用文件"是标准的规范性一般要素，同时又是一个可选要素。如果标准中有规范性引用的文件，则应以"规范性引用文件"为标题单独设章（为第 2 章），以便给出标准中规范性引用的文件清单。该章具体内容的表达形式相对固定，即由"引导语＋文件清单"组成。

A 引导语

规范性引用文件一章中，在列出所引用的文件之前应有一段固定的引导语，即：

"下列文件对于本文件的应用是必不可少的。凡是注日期的引用文件，仅注日期的版本适用于本文件。凡是不注日期的引用文件，其最新版本（包括所有的修改单）适用于本文件。"

这一段引导语适用于所有文件，包括标准、标准化指导性技术文件、分部分出版的标准的某个部分等。

B 引用文件清单中所列文件的表述

在引导语之后，要列出标准中所有规范性引用的文件，这些文件构成了规范性引用文件清单。

（1）对于标准中注日期的引用文件，应在规范性引用文件清单中给出文件的年号或版本号以及完整的名称。对于引用的标准则给出标准的编号和名称，例如：

GB/T 1031—1995 表面粗糙度 参数及其数值

（2）对于标准中不注日期的引用文件，不应在规范性引用文件清单中给出文件的年号或版本号，但仍需给出完整的名称。对于引用的标准则仅给出标准的代号、顺序号和名称，例如：

GB/T 15834 标点符号用法

（3）在标准中如果引用了某个分为多个部分出版的标准的所有部分，针对不同情况有不同的表述。

对于不注日期引用，在文件清单中的标准顺序号后需要增加"（所有部分）"并列出各部分所属标准的名称，即引导要素（如有）和主体要素，而不给出名称中的补充要素。例如：

GB/T 5095（所有部分） 电子设备用机电元件 基本试验规程及测量方法

对于注日期引用，当所有部分为同一年发布时，需要在文件清单中给出标准代号、顺序号及第1部分的编号、~（连接号）、顺序号及最后部分的编号，然后给出年号以及各部分所属标准的名称，即名称中的引导要素（如有）和主体要素，而不给出名称中的补充要素。例如：

GB/T 20501.1 ~ 20501.5—2006 公共信息导向系统 要素的设计原则与要求

在注日期引用的情况下，如果所有部分不是同一年发布的，则需要按照列出注日期引用文件的方式分别列出每个部分。

（4）标准中如果直接引用了国际标准，在文件清单中列出这些国际标准时，应在标准编号后给出国际标准名称的中文译名，并在其后的圆括号中给出原文名称。例如：

ISO 7000 设备用图形符号 索引和一览表（Graphical symbols for use on equipment—Index and synopsis）

2.3.6 范围

范围是标准的规范性一般要素，同时也是一个必备要素。每一项标准都应有范围，并且应位于每项标准正文的起始位置，它永远是标准的"第1章"。

由于范围是规范性一般要素，因此不应包含要求。任何对标准化对象提出的技术要求，应在标准的"规范性技术要素"的章条中规定，而不应在范围一章中涉及。

2.3.6.1 范围的内容

范围的内容分为两个板块：第一个板块（通常为第一段）用来界定标准化对象和涉及的各个方面，只有在特别需要时才补充陈述不涉及的标准化对象。第二个板块（通常为第二段）用来给出标准中的规定的适用界限，只有在特别需要时才补充陈述不适用的界限。范围的陈述应简洁，以便能够作为标准的"内容提要"使用。

在第一个板块中应阐述标准中有什么规定，也就是要说明对"什么"制定标准，由此明确标准化对象和涉及的各个方面。具体编写时要前后照应。"前"是指范围之前的标准名称，标准名称中有的内容在这一板块中一定要涵盖。"后"是指范围之后的规范性要素，要对标准中的规范技术要素的内容进行高度概括，将其内容恰当地、有机地组织到这一板块中，以此补充标准名称中无法涉及的必要内容。

在第二个板块中需要指出标准中的规定有什么用、在哪用，给出标准应用的领域，由此明确标准的适用界限。需要强调的是，在这一板块中要说明标准中的规定有什么用，而不是描写标准所涉及的标准化对象有什么用。

如果标准分成若干个部分，通常情况下每个部分的范围只应界定该部分的标准化对象的特定方面。特殊情况下，在范围的起始位置可陈述部分所属的标准所涉及的对象，但在其后应紧接着陈述该部分所涉及的标准化对象的特定内容。

2.3.6.2　范围的表述

范围中关于标准化对象的陈述应使用下列典型的表述形式：

（1）"本标准规定了…的尺寸"；

（2）"本标准规定了…的方法"；

（3）"本标准规定了…的特征"；

（4）"本标准确立了…的系统"；

（5）"本标准确立了…的一般原则"；

（6）"本标准给出了…的指南"；

（7）"本标准界定了…的术语"。

在给出了上述陈述之后，还应给出标准适用性的陈述。如有必要，还可给出标准不适用的范围。标准适用性的陈述一般另起一段，应使用下列典型的表述形式：

（1）"本标准适用于…"；

（2）"本标准适用于…，也适用于…"；

（3）"本标准适用于…，…也可参照（参考）使用"；

（4）"本标准适用于…，不适用于…"。

对不适用的范围也可另起一段陈述，如：

"本标准不适用于…"

当起草的文件为分部分出版的某个部分，或为国家标准化指导性技术文件时，应将上述表述中的"本标准…"改为"GB/T ××××的本部分…"、"本部分…"或"本指导性技术文件…"。

为了便于标准中的叙述，在范围一章中常常对标准名称中较长的、标准中需要重复使用的术语给出简称。如："本标准规定了标志用公共信息图形符号（以下简称图形符号）。"

2.4　资料性要素的编写

在编写完成规范性要素之后，就要开始着手资料性要素的编写工作。编写资料性要素时应根据各项标准的需要选择各自的具体要素。编写顺序往往先从引言开始，其次是前言、参考文献、索引、目次、封面等。其中的前言和封面是标准的必备要素，是完成标准必须要编写的内容。只有所有需要的资料性要素编写完毕后，一个完整的标准草案才算完成。

2.4.1　引言

引言是一个可选的资料性概述要素，如果需要设置引言，则应用"引言"作标题，并将其置于前言之后，或者说置于标准正文之前。由于引言是资料性概述要素，因此在引言中不应包含要求。

引言的作用主要是陈述与"为什么"有关的内容，说明标准的背景、制定情况等信息。例如，为什么要制定这项标准，标准的技术背景如何。可见，在引言中说明的事项主要和文件本身的内容密切相关，与标准的前言相比较，引言和标准正文的关系更为密切。

2.4.1.1　引言的表述

引言中可给出下列内容：

（1）编制标准的原因；

（2）有关标准技术内容的特殊信息或说明；

（3）如果标准内容涉及了专利，则应在引言中给出有关专利的说明（详见 GB/T 1.1—2009 附录 C 的 C.3）。

引言不应编号。如果引言的内容需要分条时，应仅对条编号，引言的条编为0.1、0.2等。根据情况，引言中的条可选择设标题和不设标题。

引言中如果有图、表、公式，均应使用阿拉伯数字从 1 开始对它们进行编号，正文中相关内容的编号与引言中的编号连续。

2.4.1.2　编写引言需要注意的问题

编写引言需要注意以下问题：

（1）引言中不应给出要求，引言是资料性概述要素，仅仅用来提供信息或说明，或者解释原因等，因此在引言中不应包含要求；

（2）引言中不应包含"范围"一章的内容，标准的引言中不应给出标准正文"范围"一章的内容，因此引言中不应出现"本标准规定了…"、"本标准适用于…"、"本标准主要涉及…"等叙述。

2.4.2　前言

前言是资料性概述要素，同时又是一个必备要素，也就是说每一项标准或者标准的每一部分都应有前言。前言应位于目次（如果有的话）之后，引言（如果有的话）之前，用"前言"作标题。由于前言是资料性概述要素，因此在前言中不应包含要求和推荐型条款。另外，前言也不应包含公式、图和表。

前言的作用是提供与"怎么样"有关的信息，主要陈述本文件与其他文件的关系等信息，例如，与其他部分的关系，与先前版本的关系，与国际文件的关系等。与标准的引言相比较，前言和标准正文的关系较为松散。

2.4.2.1　前言的表述

前言应视情况依次给出的内容和具体表述如下。

A　标准结构的说明

这项内容只有在系列标准或分部分标准的前言中才会涉及。如果所起草的标准为系列标准或分部分标准，则在第一项标准或标准的第 1 部分的前言的开头就应说明标准的预计结构。在系列标准的每一项标准或分部分标准的每一个部分中应列出所有已经发布或计划分布的其他标准或其他部分的名称，而不必说明标准的结构。

B 标准编制依据的起草规则的阐述

任何标准，只要是按照 GB/T 1.1 的规定编制，就应包含该项内容。在表述标准编制所依据的起草规则时应提及 GB/T 1.1。例如："本标准按照 GB/T 1.1—2009 给出的规则起草。"

C 标准所代替的标准或文件的说明

如果编制的标准是修订旧标准形成的新标准，或因为新标准的发布代替了其他文件，这时在前言中需要说明两方面的内容。

a 说明与先前标准或其他文件的关系

首先需要指出与先前标准或文件的关系是代替还是废除，给出被代替或废除的标准（含修改单）或其他文件的编号和名称（加书名号）；如果代替或废除多个文件，应一一给出编号和名称；如果代替或废除其他标准中的部分内容时，应明确指出被代替或废除的具体内容。

b 说明与先前版本相比的主要技术变化

说明与先前标准或其他文件的关系之后，应给出当前版本与先前版本相比的主要技术变化。一般来讲，新版本与旧版本相比主要技术变化无外乎以下三种：

（1）删除了先前版本中的某些技术内容；

（2）增加了新的技术内容；

（3）修改了先前版本中的技术内容。

说明与先前版本相比主要技术变化时，一般按照所涉及章条的前后顺序逐一陈述。针对上述三种技术变化情况，通常使用"删除"、"增加"和"修改"三种表述，同时在括号中给出所涉及的新、旧版本的有关章条或附录等的编号。

D 与国际文件、国外文件关系的说明

如果所制定的标准是以国外文件为基础形成的，可在前言中陈述与相应文件的关系。例如："本标准参考 ASTMC 618—2003《用于波特兰水泥混凝土掺和料的粉煤灰和原装或煅烧的天然水杉灰》和 JISA 6201—1999《混凝土用粉煤灰》。"

如果所制定的标准与国际文件存在着一致性程度（等同、修改或非等效）的对应关系，那么应按照 GB/T 20000.2 的有关规定陈述与对应国际文件的关系（详见 2.5 节）。

E 有关专利的说明

凡可能涉及专利的标准，如果尚未识别出涉及专利，应在前言中用如下典型表述说明相关内容："请注意本文件的某些内容可能涉及专利。本文件的发布机构不承担识别这些专利的责任。"

F 归口和起草信息的说明

在标准的前言中应视情况依次给出下列信息：

（1）"本标准由×××提出"（根据情况可省略）；

（2）"本标准由×××归口"；

（3）"本标准起草单位：××××、××××、××××"；

（4）"本标准主要起草人：×××、×××、×××"。

G 所代替标准的版本情况的说明

如果所起草的标准的早期版本多于一版，则应在前言中说明所代替标准的历次版本的情况。该信息的提供，一方面可以让使用标准的人员对标准的发展及变化情况有一个全面的了解，另一方面也可以给以后的标准修订工作提供方便，使参加标准修订的人员能够准确地掌握标准各版本发布的情况。

一个新标准与其历次版本的关系存在着各种情况，有时比较简单，有时情况又很复杂。无论哪种情况，应力求准确地给出标准各版本发展变化的清晰轨迹。

前言中在表述上述内容时应根据具体的文件，将其中的"本标准…"相应地改为"GB/T ××××的本部分…"、"本部分…"或"本指导性技术文件…"。

2.4.2.2 编写前言需要注意的问题

编写前言时要注意区分哪些内容需要编写在前言中，哪些内容需要编写在标准的其他要素或其他文件中，不应将不该写入的内容编写在前言中。为了避免在标准前言中出现不规范现象，编写时应注意以下问题。

A 不应给出要求

前言不应和标准的规范性技术要素的内容相混淆。由于前言是资料性概述要素，因此不应含有要求。

B 不应规定配合使用的文件

在标准分成多个部分时，前言中经常出现规定配合使用的文件，这类错误的发生也是混淆了标准的前言与标准的规范性技术要素。如果在标准中需要指出配合使用的文件，则应在标准的规范性技术要素中规定。

C 不应包含"范围"一章的内容

前言不应和标准的规范性一般要素"范围"一章的内容相混淆，也就是不应给出"范围"一章的内容。因此前言中不应出现"本标准规定了…"、"本标准适用于…"、"本标准主要涉及…"等叙述。

D 不应阐述编制标准的意义或介绍标准的技术内容

前言中阐述编制标准的意义或介绍标准的技术内容则是混淆了前言与引言。有些标准的前言中，一开始就介绍标准所涉及领域的国内外有关情况，有些还特别介绍有关技术发展情况，该产品在国家经济发展中的作用以及该标准的制定对促进技术进步等所具有的重要意义等。这些内容可在标准的编制说明中介绍，如果确需在标准中介绍，则应编入标准的引言。

E 不应介绍标准的立项情况或编制过程

标准的立项情况或编制过程不属于前言介绍的内容，而是标准编制说明中的内容。如果前言中陈述这些内容则是混淆了标准的前言与编制说明。

2.4.3　参考文献

参考文献为资料性补充要素，并且是一个可选要素。在编写标准的过程中经常会资料性地引用一些其他文件，当需要将被引用的文件列出时，应在标准的最后一个附录之后设置参考文献，并且将资料性引用的所有文件在参考文献中列出。

2.4.3.1　参考文献可列出的文献

如需要可将以下文件列入参考文献：

（1）标准中资料性引用的文件，包括：

1）标准条文中提及的文件；

2）标准条文中的注、图注、表注中提及的文件；

3）标准中资料性附录提及的文件；

4）标准中的示例所使用或提及的文件；

5）"术语和定义"一章中在定义后的方括号中标出的术语和定义所出自的文件；

6）摘抄形式引用时，在方括号中标出的摘抄内容所出自的文件。

（2）标准起草过程中依据或参考的文件。除了在标准中资料性引用的文件外，在标准编制过程中参考过的文件也可列入参考文献。

2.4.3.2　如何列出参考文献

在文献清单中的每个参考文献前应在方括号中给出序号。参考文献中如果列出国际、国外标准或其他国际、国外文献，则应直接给出原文，无须将原文翻译后给出中文译名。

参考文献中所列的我国标准名称后，无需标示与国际标准一致性程度的标识。

2.4.4　索引

为了增加标准的适用性，在某些情况下还需要编写索引。索引可以为我们提供一个不同于目次的检索标准内容的途径，它可以从另一个角度方便标准的使用。

索引为资料性补充要素，并且是一个可选要素。如果需要设置索引，则应用"索引"作标题，将其作为标准的最后一个要素。

2.4.4.1　索引的表述

建立索引时，检索的对象应为标准中的"关键词"（术语标准则为相关术语，符号标准则为符号名称或含义）；索引中关键词的顺序依据其汉语拼音字母顺序排列：针对每个关键词应检索到它所对应的最低层次（条、章、附录）的编号，如关键词位于表中，则应检索到表的编号。

如需要索引的关键词较多，为了便于检索，可在汉语拼音首字母相同的关键词之前，标出汉语拼音的首字母。根据索引中关键词的长短可将索引编排成单栏或双栏。电子文本的索引宜自动生成。

2.4.4.2　编写索引需要注意的问题

在编写标准的索引时，要注意索引的顺序应按关键词的汉语拼音顺序编排，不应和条文中章条次序或术语、符号的编号次序相一致。如果和章条或编号次序一样，则没有起到索引的作用。

"关键词"应该取自标准中的规范性技术要素，所以不应从下述内容中检索"关键词"：

（1）前言、引言；

（2）标准名称、范围、规范性引用文件；

（3）资料性附录（一般不被索引）；

（4）注、脚注、图注、表注、示例。

2.4.5 目次

目次是不同于索引的另一个检索标准内容的要素，它可以一目了然地展示标准的结构和主要内容，从而方便了标准的使用。

目次为资料性概述要素，并且是一个可选要素。如果需要设置目次，则应以"目次"作标题，将其置于封面之后。

2.4.5.1 目次的表述

目次中所列的各项内容和顺序如下：

（1）前言；

（2）引言；

（3）章的编号、标题；

（4）条的编号、性质（需要给出条时，才列出，并且只能列出带有标题的条）；

（5）附录的编号、性质［即"（规范性附录）"或"（资料性附录）"］、标题；

（6）附录章的编号、标题（需要给出附录的章时，才列出）；

（7）附录条的编号、标题（需要给出附录的条时，才列出，并且只能列出带有标题的条）；

（8）参考文献；

（9）索引；

（10）图的编号、图题（需要时才列出，并且只能列出带有图题的图）；

（11）表的编号、表题（需要时才列出，并且只能列出带有表题的表）。

具体编写目次时，在列出上述内容的同时，还应列出其所在的页码。

2.4.5.2 编写目次需要注意的问题

编写目次时，应注意以下问题。

（1）虽然目次是可酌情取舍的要素，但是一旦决定设置目次，所列出的内容不应任意取舍。标准的各个要素是应列出的内容，包括：前言、引言（如有）、章的编号及其标题、附录（如有）（包括附录编号、附录性质和附录标题）、参考文献（如有）和索引（如有）等。

（2）除了上述内容之外，其他内容可根据具体情况选择列出。目次中选择列出的条、附录章、附录条、图、表等都应是带有标题的，如果没有标题就不应被列出。

（3）"术语和定义"一章中的术语不应在目次中列出。从术语和定义这一章的编排格式可看出，术语和其条目编号没有被排在同一行，这是因为术语不是条的标题。而目次中列出的都应是带有标题的内容，因而不是条标题的术语不应在目次中列出。

（4）目次中所列出的内容，包括编号、标题、页码等均应与文中完全一致。

（5）在电子文件中，目次应自动生成，不需手工编排。这样可以避免出现手工编辑目次造成的遗漏、错误等现象。

2.4.6　封面

封面是资料性概述要素，同时又是一个必备要素。封面不仅仅是一项标准的包装，它还起着十分特殊的作用，在标准封面上标示着大量识别标准的重要信息。

在标准封面上需要标示以下 12 项内容：标准的层次、标准的标志、标准的编号、被代替标准的编号、国际标准分类号（ICS 号）、中国标准文献分类号、备案号（不适用于国家标准）、标准名称、标准名称对应的英文译名、与国际标准的一致性程度标识、标准的发布和实施日期、标准的发布部门或单位。

标准征求意见稿和送审稿的封面显著位置还应按 GB/T 1.1—2009 附录 C 中 C.1 的规定，给出征集标准是否涉及专利的信息。

2.5　以国际标准为基础起草我国标准

国际标准是指"ISO、IEC 和 ITU 以及 ISO 确认并公布的其他国际组织制定的标准"。凡是以国际标准为蓝本起草我国标准，或者说我国标准的结构、内容等是依据国际标准形成的，我们称其为以国际标准为基础起草我国标准。

我国历来十分重视采用国际标准工作，通过采标达到快速提高我国技术水平和产业竞争力的目的。在我国加入世界贸易组织以后，采用国际标准在具备上述目的的同时，其主要目的已转为适应国际贸易和交流的需求，通过采标来减少技术性贸易壁垒。

为了通过采标达到促进贸易与交流的目的，我国的采标标准应尽可能做到以下 4 点：（1）尽量保持与国际标准相同；（2）如果确有必要存在差异，应将相应的差异减到最小；（3）如果存在差异，尽可能明确标示；（4）要说明具体差异的情况和原因。

2.5.1　与国际标准的差别及一致性程度

在以国际标准为基础起草我国标准的过程中，我国标准不可避免地要做一些改动，与国际标准相比必然会有一些差别，根据差别的具体情况，可以将我国标准与国际标准的关系划分为不同的一致性程度。

2.5.1.1　与国际标准的差别

以国际标准为基础形成我国标准的过程中，我国标准与国际标准之间可能存在三种差别。

A 结构变化

结构变化是指标准的章、条、段、表、图和附录排列顺序上的变化。也就是说，所起草的我国标准与所依据的国际标准相比，如果标准正文、附录以及图、表的排列顺序存在不同，则认为它们之间存在结构变化。

B 技术性差异

技术性差异是指我国标准与相应国际标准在技术内容上的不同，它主要指技术上的改变，主要有下面三种情况：修改、增加或删除技术内容。修改指国际标准规定的内容在我国标准中同样进行了规定，但是两者存在不同；增加指我国标准中规定了国际标准中没有规定的内容；删除指国际标准中规定的内容在我国标准中没有进行规定。

由以上对技术性差异的界定可以推论，标准中的规范性引用文件如果有以下情况则也属于存在技术性差异：

（1）用与国际文件的一致性程度为"修改"（代号为 MOD）、"非等效"（代号为 NEQ）（见表 3 - 5）以及 2001 年之前发布的与国际文件的采标程度为"等效"（代号为 eqv❶）、"非等效"（代号为 neq❷）的我国文件代替国际标准中的规范性引用文件；

（2）用我国文件代替国际标准不注日期的引用文件；

（3）用我国不注日期的引用文件代替国际标准的引用文件。

另外，标准中使用的助动词的改变，如将国际标准中的"宜"改为"应"等，也属于技术性差异。助动词的改变意味着条款性质的改变，推荐型条款变为要求型条款使得符合标准必须满足的要求数量发生了改变。

C 编辑性修改

编辑性修改是指在不变更所依据的国际标准的技术内容的条件下允许国家标准所进行的修改。编辑性修改的核心是所修改的内容不能导致技术上的差异，要不变更、不增加或不删除国际标准的技术内容。编辑性修改有下面两种情况。

第一种为等同采用国际标准时允许的最小限度的编辑性修改，包括 9 个方面：

（1）用"本标准"代替"本国际标准"；

（2）用小数点符号"."，代替原标准中的小数点符号","；

（3）改正印刷错误；

（4）删除多语种的国际标准版本中的一种或几种语言文本；

（5）删除国际标准中资料性概述要素；

（6）纳入国际标准修正案或技术勘误的内容；

（7）改变标准名称以便与现有的标准系列一致；

（8）增加资料性要素，例如资料性附录 N×；

（9）增加单位换算的内容。

第二种为其他编辑性修改，这些修改在等同采用国际标准时是不准许发生的，例如，

---

❶缩略自 equivalent。

❷缩略自 not equivalent。

删除或修改国际标准的资料性附录。

2.5.1.2　一致性程度

根据我国标准与国际标准是否存在着差异，以及这些差异被标示和说明的情况，可以将我国标准与国际标准的一致性程度分为三种：等同、修改和非等效。表 2 - 5 表明了不同一致性程度情况下国家标准与国际标准之间允许的差异，以及使用的方法和一致性程度代号。

表 2 - 5　与一致性程度有关的信息

一致性程度		等　同	修　改	非等效
允许的差异	结构变化	无	有（说明）	有
	技术性差异	无	有（说明）	有
	编辑性修改	无	有（说明）	有
使用的方法		翻译	重新起草	重新起草
一致性程度代号		IDT①	MOD②	NEQ③
是否属于采标		采标	采标	非采标

① 缩略自 Identical。
② 缩略自 Modified。
③ 缩略自 Not equivalent。

A　等同

我国标准与相应国际标准相比存在下述情况时，它们的一致性程度为"等同"：

（1）文本结构和技术内容相同；

（2）含有最小限度的编辑性修改。

B　修改

我国标准与相应国际标准相比存在下述情况时，它们的一致性程度为"修改"：

（1）文本结构变化，同时有清楚的比较；

（2）技术性差异，同时这些差异及其原因被清楚地说明。

C　非等效

我国标准与相应国际标准相比存在下述情况时，它们的一致性程度为"非等效"：

（1）文本结构变化和（或）技术性差异，但没有清楚地比较和说明这种差别；

（2）只保留了少量或不重要的国际标准条款。

与国际标准的一致性程度为"等同"或"修改"的国家标准为采标标准，而与国际标准的一致性程度为"非等效"的国家标准不被视为采用了国际标准，仅表明与国际标准存在着一致性程度对应关系。

一致性程度使用"一致性程度标识"进行标示。一致性程度标识由"对应的国际标准编号，一致性程度代号"组成，例如：ISO 8097：2001，MOD。

2.5.2　国际标准内容的处理

在以国际标准为基础形成我国标准时，国际标准中的资料性要素需要按照固定的方法进行处理，而国际标准中规范性引用文件常常需要替换成我国文件。

2.5.2.1 资料性要素的处理

由于国际标准的资料性要素中有许多内容仅仅是与国际标准本身有关，又由于大多资料性要素的取舍不影响我国标准与国际标准的一致性程度，因此它们在国家标准中往往可以被删除或用我国标准本身的要素所代替。

A　概述要素

对于国际标准中的资料性概述要素应作如下处理：

（1）封面：删除国际标准的封面，用我国标准的封面代替；

（2）目次：删除国际标准的目次，可以用我国标准的目次代替；

（3）前言：删除国际标准的前言，用我国标准的前言代替；

（4）引言：可以删除国际标准的引言，也可以将国际标准的引言酌情转化成我国标准的引言。

B　补充要素

对于国际标准中的资料性补充要素应作如下处理：

（1）参考文献：可以删除国际标准的参考文献；

（2）索引：对于国际标准的索引可针对不同情况做不同处理。国际术语标准、符号标准中的索引可以保留，同进增加汉语索引；其他国际标准中的索引可以删除并用汉语索引代替，也可以根据国际索引的关键词形成我国标准的索引。

2.5.2.2 规范性引用文件的处理

在可能的情况下，国际标准中的规范性引用文件应尽可能用我国文件代替。然而最终能否用我国文件代替国际文件，除了要考虑我国文件是否适用，还取决于正在起草的我国标准与所依据的国际标准之间的关系。

A　等同情况下的规范性引用文件

当我国标准等同采用国际标准时，除了要保证我国标准与国际标准本身规定的内容等同外，还要保证它们所规范性引用的文件之间的关系也应为等同。因此，应针对具体情况分别对国家标准中的规范性引用文件做如下处理。

（1）在下述特定情况下，应该用我国文件代替国际文件：当国际标准注日期引用了某个国际文件 A，同时存在与指定日期的国际文件 A 等同的我国文件，在这种情况下，使用我国文件代替国际文件 A。

（2）除上述情况以外，则保留引用国际标准所规范性引用的国际文件，包括两种情况：

1）对于国际标准不注日期引用的文件；

2）对于国际标准注日期引用的文件，我国的对应文件与之不等同，或者虽然我国有对应的等同文件，但是所对应的版本不相同。

B　修改情况下的规范性引用文件

当我国标准修改采用国际标准时，如用我国文件代替国际标准中的规范性引用文件，则需要保证我国文件与对应的国际文件的技术性差异被标示并说明。因此，应针对具体情况分别对国家标准中的规范性引用文件做如下处理：

（1）凡有适用的我国文件，应该用我国文件代替国际文件，包括如下我国文件：

1）2001 年之前发布，与国际文件的采标程度为"等同"（代号为 idt❶）、"等效"（代号为 eqv）或"非等效"（代号为 neq）；

2）与国际文件的一致性程度为"等同"（代号为 IDT）或"修改"（代号为 MOD）；

3）与国际文件的一致性程度为"非等效"（代号为 NEQ）或与国际文件无一致性程度对应关系（在前言中需要说明技术性差异情况）。

（2）凡没有适用的我国文件，如果国际文件适用应保留引用国际文件。

C　非等效情况下的规范性引用文件

当我国标准与国际标准的一致性程度为非等效时，应针对具体情况分别对国家标准中的规范性引用文件做如下处理：

（1）凡是有适用的我国文件，应该用我国文件代替国际文件；

（2）凡没有适用的我国文件，如果国际文件适用可保留引用国际文件。

2.5.3　差别的标示

在以国际标准为基础制定我国标准时，两个标准之间存在差异与否都应进行明确标示。在标准中有四处需要做相应的标示：

（1）封面；

（2）书眉；

（3）规范性要素的页边；

（4）规范性引用文件。

2.5.3.1　在封面和书眉标示

封面和书眉主要标示我国标准与国际标准的关系。

A　封面标准编号位置和各页书眉

如果我国标准等同采用 ISO 标准或 IEC 标准，则应在封面的标准编号的位置和各页书眉使用双编号，即在我国标准编号后加一斜线，然后给出 ISO 或 IEC 标准的编号，如：

GB/T 7939—2008/ISO 6605：2002

B　封面标准名称的英文译名之下

在封面标准名称的英文译名之下应给出与国际标准的"一致性程度标识"并加上圆括号，即使用"（对应的国际标准编号，一致性程度代号）"的形式，例如：

（ISO 9000：2005，IDT）

当国家标准的英文译名与被采用的国际标准名称不一致时，则在一致性程度标识中的国际标准编号和一致性程度代号之间增加该国际标准的英文名称，即使用"（对应的国际

---

❶缩略自 identical。

标准编号，国际标准英文名称，一致性程度代号）"的形式，例如：

（ISO 3290：1998，Rolling bearings—Balls—Dimensions and tolerances，NEQ）

2.5.3.2 在页边标示

如果我国标准和国标标准存在着较多的技术性差异，或者我国标准纳入了国际标准修正案或技术勘误中的内容，应在文中存在差异的条款的外侧页边空白位置用垂直单线（Ⅰ）标示技术性差异，用垂直双线（Ⅱ）标示纳入了国际标准的修正案或技术勘误。

标示技术差异时，如果修改条文内容，或者增加一条或一段，则标示在涉及的条或段的位置；如果增加一章或一个附录，或者删除国际标准的条或附录中的章条，仅标示在相应的章或上一层次的条的标题或者附录标识的位置。

2.5.3.3 在规范性引用文件中标示

在规范性引用文件所列文件清单中的我国文件名称后，应根据不同情况选择标示国际标准的一致性程度。

如果我国标准与所依据的国际标准的一致性程度为：

（1）等同或修改，则标示"一致性程度标识"；

（2）非等效，则可选择：

1）不标示"一致性程度标识"；

2）仅标示对应的国际文件的代号和顺序号，例如：（IEC 60085）；

3）标示"一致性程度标识"。

2.5.4 具体差别的说明

明确标示出我国标准与国际标准之间的差异以后，还应说明具体差异的情况和原因。在标准中说明具体差异的位置包括我国标准的前言、资料性附录等。

2.5.4.1 前言中说明

在前言中给出的诸多信息之一为说明与国际文件、国外文件的关系。如果我国标准与国际标准存在一致性程度，则前言中应按下述顺序陈述有关信息：

（1）一致性程度的信息，适用于等同、修改、非等效的情况；

（2）结构变化的情况，适用于修改的情况；

（3）具体技术性差异及其原因，适用于修改的情况；

（4）保留引用的国际文件对应的我国文件清单，适用于等同的情况；

（5）编辑性修改的情况，适用于等同、修改的情况。

A 一致性程度的信息

无论我国标准与国际准备的一致性程度是等同、修改还是非等效，都需要陈述这一信息。具体需要陈述的内容包括：采用国际标准方法、一致性程度、国际标准编号、国际标准名称的中文译名（加上名号）。示例2-12~2-14分别给出了与国际标准一致性程度为等同、修改和非等效的我国标准前言中相关信息的陈述。

示例2-12：

> 本部分使用翻译法等同采用 ISO 5414-1：2002《削平型直柄刀具用带紧固螺钉的刀具夹头 第1部分：刀具柄部传动传统的尺寸》。

示例2-13：

> 本部分使用重新起草法修改采用 ISO 3864-1：2002《图形符号 安全色和安全标志 第1部分：工作场所和公共区域中安全标志的设计原则》。

示例2-14：

> 本标准使用重新起草法参考 IEC 指南104：1997《安全出版物的编写及基础安全出版物和多专业公用安全出版物的应用》编制，与 IEC 指南104：1997 的一致性程度为非等效。

B 结构变化的情况

我国标准与国际标准的一致性程度为修改时，如果有结构调整则需要陈述结构变化的情况。如果结构调整较少，宜在我国标准前言中陈述变化情况。当结构调整较多时，需要指明包含章条编号变化对照表的资料性附录（在附录中，列出与国际标准的章条编号变化对照表），见示例2-15。

示例2-15：

> 本标准与 ISO 12135：2002 相比，在结构上有较多调整，附录 A 中列出了本标准与 ISO 12135：2002 章条编号变化对照一览表。

C 具体技术性差异及其原因

我国标准与国际标准的一致性程度为修改时，如果存在技术性差异则应清楚地说明具体技术性差异及其原因。建议技术性差异的陈述以"增加"、"修改"或"删除"为引导。

当技术性差异较少时，宜在我国标准前言中说明。

示例2-16：

> 本标准与 ISO 1×××7：2005 的技术性差异及其原因如下：
> ——增加了"8.4 断口形貌观察"，断口形貌记录着试样断裂的重要信息，也是分析不同试样之间 KIC 差距的重要依据；
> ——增加了第10章中 KIC 试验结果数值的修约要求，以提高判定的可操作性，消除歧义，避免质量纠纷。

当技术性差异较多时，需要在我国标准前言中说明条文中垂直单线（∣）的含义，并指出列出技术性差异及其原因的附录。

示例2-17：

> 本标准与 ISO 12135：2002 相比存在技术性差异，这些差异涉及的条款已通过在其外侧页边空白位置的垂直单线(∣)进行了标示，附录 B 中给出了相应技术性差异及其原因的一览表。

当国际标准规范性引用国际文件的所有部分被我国文件的所有部分代替时，如果所分部分较少，则应在前言中列出我国文件各部分最新版本与国际文件各对应部分之间的一致性程度。如果所分部分较多，则应指出列明我国文件各部分最新版本与国际文件各对应部分之间的一致性程度的附录。

D 保留引用的国际文件对应的我国文件

我国标准与国际标准的一致性程度为等同时，如果保留引用了所采用的国际标准中规范性引用的国际文件，为了提供参考，这些国际文件如果存在与其有一致性对应关系的我国文件，应在前言中陈述编辑性修改的位置之前列出相应的我国文件，同时在我国文件名称后加括号标示一致性程度标识（见示例2-18）。如果保留引用了国际文件的所有部分，仅列出我国文件的代号和顺序号及"（所有部分）"，并在文件名称之后加方括号列出国际标准代号和顺序号及"（所有部分）"，不标示一致性程度代号（见示例2-18）。如果需要列出的我国文件较多，宜编排一个资料性附录以便列出这些文件，并在前言中说明以附录形式列出相应的我国文件。

示例2-18：

> 与本标准中规范性引用的国际文件有一致性对应关系的我国文件如下：
> —GB/T 1839—2003 钢产品镀锌层质量试验方法（ISO 1460：1992，MOD）
> —GB/T 3358（所有部分） 统计学术语［ISO 3534（所有部分）］
> 本标准做了下列编辑性修改：
> ……

E 编辑性修改的情况

当我国标准等同或修改采用国际标准时，如对国际标准做了最小限度的编辑性修改，则在我国标准前言中仅陈述9种最小限度编辑性修改中的4种：

（1）纳入国际标准修正案或技术勘误的内容；

（2）改变标准名称；

（3）增加资料性附录；

（4）增加单位换算的内容。

如果我国标准中纳入了国际标准修正案和（或）技术勘误，在我国标准的前言中应陈述两种信息：每一，简要说明纳入的修正案和（或）技术勘误信息，包括修正案的编号或技术勘误的分布时间等；第二，说明条文中垂直双线(‖)的含义，即表示纳入了国际标准修正案和（或）技术勘误的内容（见示例2-19）。

示例2-19：

> 本部分纳入了 IEC 60691：2002/Amd. 1：2006 的修正内容，这些修正内容涉及的条款已通过在其外侧页边空白位置的垂直双线(‖)进行了标示。

当我国标准修改采用国际标准时，除了上述4种编辑性修改外，如果有9种最小限度的编辑性修改之外的其他编辑性修改，那么也应在前言中一并说明，如删除或修改国际标准的资料性附录等。

2.5.4.2　资料性附录中说明

如果我国标准与国际标准之间的差别较多时，不宜在前言中说明具体差别的情况和原因，而应将有关内容安排在资料性附录中。在资料性附录中可以提供：

（1）结构变化情况；

（2）具体技术性差异和原因；

（3）保留的原国际标准规范性引用的国际文件所对应的我国文件。

2.6　标准的制定程序

制定程序是普通技术文件成为"标准"的必要条件之一，也是标准化工作者必须了解和遵守的内容。

中国国家标准是对全国国民经济和技术发展有重大意义、需要在全国范围内统一制定的标准。它由国家标准化行政主管部门组织制定，负责统一立项、审查、批准、编号和发布；由"技术委员会"、"分技术委员会"、"行业主管部门"、"归口单位"和"直属工作组"等组织和单位承担具体制定工作。由于本节的主要目的是对程序和技术工作进行说明，因而主要介绍"由国家标准化行政主管部门管理技术委员会，技术委员会组建并管理工作组"这种制定程序中最常见、最典型的组织形式。

2.6.1　基本原则和要求

我国国家标准的制定程序遵循"协商一致"、"公平公正"和"公开透明"的工作原则，此外，我国还在法律、部门规章和导则类标准中提及了对标准制定工作的相关要求，并建立了一套比较完善的组织机制开展标准化活动❶。

2.6.1.1　基本原则

"协商一致"、"公平公正"和"公开透明"是中国国家标准制定程序基本原则。

　A　"协商一致"

"协商一致"是标准制定过程中进行讨论，解决分歧，达成共识的基本原则。协商一致指：对于实质性问题，重要的相关方没有坚持反对意见，并且按照程序对有关各方的观点进行了研究，且对于所有争议进行了协商。协商一致并不意味着没有异议。一旦需要表决，通常以四分之三同意为协商一致通过的指标。

这也就是说，达成"协商一致"的关键在于：一是有程序保证参与者充分表达意见；二是应该考虑所有重要的异议；三是有适当的时间和技术程序来讨论这些不同意见；四是有指标在无法取得一致的情况下判断"普遍同意"的程序。通过协商一致的决策方法完成的标准，代表着它的指标能被"一定范围"内的相关方普遍接受，从而提高了标准的有效性和适用性。

---

❶关于中国标准化管理运行体系详见本书第二章。

B 公平公正

公平公正是指"没有任何相关方可以凌驾于程序之上或者受到特别的优待"。对于国家标准来说，参与标准制定活动的各方要保证遵守标准制定过程中的时间节点和各项纪律，并从技术本身的适用性以及公共利益的角度出发去考虑标准的制定。

相应地，在关于标准制定的要求中，也有条款用于保证标准制定中的"公平公正"原则。例如，国家标准管理办法中就有规定：国家标准的起草人不能参加表决，其所在单位的代表不能超过参加表决者的四分之一。

C 公开透明

公开透明是指"所有相关方都可以得到有关标准化活动的必要信息"。在国家标准的制定程序中，会对各阶段信息发布的范围和时限提出要求，指定固定媒体和渠道，定期分布标准项目立项、批准发布、修改、废止的信息等，任何人都可以通过相应的渠道对该项目提出建议和意见。

2.6.1.2 基本要求

我国标准制定程序的规定分布于相关法律、部门规章和支撑标准制修订工作的基础性系列国家标准中，其中最为重要的是以下三个文件。

A 《中华人民共和国标准化法》的要求

《中华人民共和国标准化法》（以下简称《标准化法》）中对"国家标准"进行了如下规定："对需要在全国范围内统一的技术要求，应当制定国家标准。国家标准由国务院标准化行政主管部门制定"。同时，《标准化法》规定了制定标准的目的：制定标准应当有利于保障安全和人民的身体健康，保护消费者的利益，保护环境；应当有利于合理利用国家资源，推广科学技术成果，提高经济效益，并符合使用要求，有利于产品的通用互换，做到技术上先进，经济上合理；应当做到有关标准的协调配套；应当有利于促进对外经济技术合作和对外贸易。此外，《标准化法》也对制定标准的参与方进行了规范："制定标准的部门应当组织由专家组成的标准化技术委员会，负责标准的草拟，参加标准草案的审查工作"。"标准实施后，制定标准的部门应当根据科学技术的发展和经济建设的需要适时进行复审，以确认现行标准继续有效或者予以修订、废止"。"制定标准应当发挥行业协会、科学研究机构和学术团体的作用。"

B 《国家标准管理办法》的要求

《国家标准管理办法》对于中国国家标准的计划、制定、审批、发布和复审等过程进行了规定。该管理办法从"管理政策"的角度，对标准化法的原则和要求给予细化，并对制定程序中涉及的部分文件提出了内容和形式上的具体要求，对参与成员的选择与权限，以及管理部门的联络机制等进行了规定。

C 《标准化工作导则》的要求

《标准化工作导则》（GB/T 1）通过持续地实施以及不断地修订和完善，在标准制修订工作中发挥了重要的指导作用。《标准化工作导则》（GB/T 1）分为两个部分：

第1部分：标准的结构和编写；

第 2 部分：标准制定程序。

《标准化工作导则　第 2 部分：标准制定程序》（GB/T 1.2）将规定标准制修订工作中涉及的技术程序，涵盖国家标准制定程序的阶段划分及代码，并保持与 ISO/IEC 导则的阶段划分的规定相一致。

2.6.2　程序类型与文件类型

根据标准制定程序是否省略部分分阶段来区分，我国国家标准制定可分为常规程序和快速程序。在标准制定程序中涉及的文件有标准、标准草案和工作文件。

2.6.2.1　程序类型

我国国家标准的制定程序在阶段划分和代码的规定上与 ISO 和 IEC 程序保持一致，即在各时间节点和各阶段标准草案所代表的内涵上形成呼应，从而有利于我国标准的国际交流。中国国家标准的常规程序要依次经过标准制定的 9 个阶段，而针对部分标准采取的快速程序则可省略其中的部分分阶段。

A　常规程序

国家标准制定的常规程序需要依次经过 9 个阶段：预研阶段、立项阶段、起草阶段、征求意见阶段、审查阶段、批准阶段、出版阶段、复审阶段和废止阶段。各制定阶段可以用代码表示为：00——预研阶段，10——立项阶段，20——起草阶段，30——征求意见阶段，40——审查阶段，50——批准阶段，60——出版阶段，90——复审阶段，95——废止阶段。

而各阶段又可具体分为"登记"、"主要工作开始"，"主要工作结束"和"决定"4 个分阶段，其中，"决定"分阶段包括了"返回前期阶段"、"重复目前阶段"、"终止项目"和"进入下一个阶段"4 种可能性。用代码表示为：00——登记，20——主要工作开始，60——主要工作结束，90——决定，90——返回前期阶段，93——重复目前阶段，98——终止项目，99——进入下一阶段。

这样，工作进展的关键时间节点都可以用四位代码"××.××"表示。小数点前两位字符表示制定程序的 9 个阶段，小数点后面表示分阶段。如"在征求意见阶段技术委员会开始分发征求意见稿（CD）"是征求意见阶段的主要工作开始分阶段，用代码可以表示为"30.20"。代码可用于信息系统中标识标准制定进程。

B　快速程序

快速程序针对技术变化快的标准化对象，适用于已有成熟标准建议稿的项目。快速程序可在常规程序的基础上省略部分分阶段工作及其标志性文件。快速程序分为 B 程序和 C 程序两类。申请列入快速程序的标准在预研阶段和立项阶段将被严格审批。提案方应在项目提案（PWI）中描述拟采用快速程序的理由，由技术委员会在项目建设书（NP）上标示，并由国务院标准化行政主管部门在立项阶段下达项目计划时注明"快速程序 - B"或"快速程序 - C"字样。

a B 程序

B 程序为技术委员会在立项阶段登记计划项目并成立工作组（WG）后，WG 可省略起草工作组讨论稿（WD）而直接将 WD 最终稿报送技术委员会。若技术委员会确认该 WD 最终稿，则可将其登记为 CD，进入征求意见阶段。

B 程序适用于：等同采用或修改采用国际标准或国外先进标准制定国家标准的项目，且 WG 一致认为不需对标准建议稿的技术内容进行改动的项目。

b C 程序

C 程序为在 B 程序的基础上可省略起草 WD 和 CD，直接将标准建议稿作为 CD 最终稿报送技术委员会。若技术委员会确认该 CD 最终稿，则可将其登记为送审稿（DS），进入审查阶段。

C 程序适用于：现行国家标准的修订项目，或我国其他各级标准转化为国家标准的项目。

拟采用 C 程序的项目应在 PWI 和 NP 中提供"采用快速程序的论证报告"作为附件，详细论证省略起草 WD 和 CD 的原因，特别是拟省略征求意见过程的缘由、必要性、可行性和对技术指标可能产生的影响。

2.6.2.2 文件类型

标准的制定程序中涉及了大量的文件。这些文件有些用于记录标准制定过程中技术指标的变更；有些用于表述制定活动的具体过程等。通过分发、提交和观察这些文件，可以了解制定过程是否符合相关原则和要求。

A 标准草案和标准

"标准草案"是以拟发布的标准为最终版本，用于标准制定过程不同阶段讨论技术指标和文字描述等内容的文件，包括 WD、CD、DS 和报批稿（FDS）。标准草案的编写在内容结构、文本要求上符合标准编写的基本要求，其技术内容的修改和完善都是在制定过程中，经协商一致的原则所作出的。

即使是在同一阶段中的标准草案，也会因为分阶段的技术讨论而出现不同的版本。某一阶段形成的标准草案的最终版本，通常需要提交并申请批准该文件成为下一阶段的标准草案或标准。为了特指这个"最终版本"的标准草案，将其称作"最终稿"。

标准是在标准草案的基础上形成的，由国务院标准化行政主管部门批准并以特定形式发布，作为共同遵守的准则和依据的文件。

B 工作文件

"工作文件"是指标准制定阶段中用于记录情况、交换信息、发布通知、报送申请的文本材料。这些文件通常包括以下类型：

（1）关于制定标准的项目建议，如 PWI、NP 等；

（2）.记录标准制定活动情况的文件，如编制说明、会议纪要等；

（3）用于发布通知的文件，如征求意见通知、召开审查会议通知等；

（4）用于记录参与方技术意见及处理情况的文件，如意见反馈表、意见汇总处理表、投票单等；

（5）记录其他相关信息的文件，如标准建议稿、参考的重要标准和技术文件、实验验证报告等。

2.6.3　编写标准前的准备

编写标准前的准备工作主要是在起草标准草案文本之前选择和确定项目，包括预研阶段和立项阶段。

2.6.3.1　必要性和可行性分析

对于国家标准而言，任何个人和单位都可以向国务院标准化行政主管部门提出制定某项国家标准的建议。但由于国家标准涉及范围广、影响程度深，需要按照规定的格式提出 PWI，用于论述提案将涉及的技术领域和相关群体、论证项目的必要性和可行性，对标准化工作进行规划并解释与现有文件的关系。项目的必要性和可行性分析主要从需求分析、技术基础分析、成本效益分析和时效性分析 4 个方面考虑，预计是否能在一定的时间和成本投入下完成标准制定。

A　需求分析

标准化对象的"需求"是指用户和市场对该标准化活动的需要程序，可以从技术、管理和公共领域等角度分析制修订该项标准的作用和影响。这些影响可能包括提升"相互理解和交流"、保证技术"安全可靠"、确保"电磁兼容性"、进行"卫生、环境保护"、提高"互换、接口、兼容程度"、增强标准化对象的"性能、功能、质量"、节约"能源和原材料"、进行"品种控制"、实现"消费者保护"等方面。

B　技术基础分析

分析技术基础，就是要考虑在现有技术条件下能实现标准化目标的可能性。标准化对象的技术基础是否充分，会极大地影响到标准化活动的难易程度。要考虑：所选技术是否符合主流技术的发展方向，有没有相类似的技术可以替代；相应的技术领域是否开展过标准化活动，是否进行过实验和验证工作。如果有其他技术文件可以经过修改或确认就成为标准草案，则标准制定程序可能会有所不同。

C　成本效益分析

成本效益分析需要估计完成项目所需的成本，包括人、财、物的使用情况，从而形成资金总额和支出内容预算，宜对资金来源情况进行估计和描述，并尽量对该标准化活动可能带来的经济效益和社会效益进行细化，如分析在合理的时间内不制定标准所造成的损失，包括定量的生产量或贸易额等。此外，成本效益分析还包括考虑标准化项目可能涉及的有关群体，如标准实施后将会影响哪些行业和消费者。

D　时效性分析

时效性分析包括通过对标准所涉及技术的评估和预测，分析由于技术进步的影响，该标准项目的有效性是多久；通过分析其他领域或组织的需求，判断拟开展项目需要开展的紧迫程度；现在制定项目是不是一个恰当的时间，是否已经充分估计了相应技术的预期发展，从而能够按照预定日程完成标准制定工作。

2.6.3.2　预研阶段

预研阶段的主要任务是由技术委员会评估 PWI，这是技术委员会甄选项目并考虑是否向国务院标准化行政主管部门上报 NP 的过程。

A　PWI 的评估

对 PWI 进行评估的工作主要由技术委员会来完成，技术委员会接收并登记 PWI 标志了预研阶段的开始。技术委员会通过召开会议、分发信函等形式，对 PWI 进行必要性、可行性论证。技术委员会应根据评估的情况，决定是向国务院行政主管部门提交基于该 PWI 完成的 NP，还是不予采纳该 PWI。

B　提交 NP

技术委员会在评估 PWI 后，若决定采纳该 PWI 并开展新项目，就应按评估的内容准备 NP 并提交给国务院行政主管部门。

NP 由技术委员会填写完成，其内容包括：建议项目名称、建议单位信息、标准类别、制定或修订情况、时间周期、是否采用快速程序、对应的国际标准或国外标准情况、专利识别、必要性、可行性和项目成本预算等内容。可以说，NP 反映了 PWI 的主要内容，以及技术委员会对该项目评价的结果。

NP 应附有标准建议稿或标准大纲，以供国家标准化行政主管部门详细了解拟规定的技术内容。其中，标准建议稿要给出各主要章条的标题和主要技术内容；标准大纲要给出标准的名称和基本结构，列出主要章条标题，并对所涵盖的技术要素进行说明。若为采用国际标准或修订现行国家标准的项目建议，应给出标准建议稿。

2.6.3.3　立项阶段

立项阶段是国务院标准化行政主管部门审批 NP，决定是否开展标准制定工作，下达相关计划的过程。主管部门通过对 NP 进行审查和征求意见，作出是否进入下一阶段的决定。经过审查和协调通过的建议，将被列入国家标准制修订计划项目，并下达给各技术委员会。

2.6.4　编写标准草案的主体框架

编写标准草案的主体框架，是指标准起草阶段的工作，是技术委员会成立 WG，并由 WG 编写标准草案的过程。

2.6.4.1　成立标准起草工作组

标准计划项目下达后，技术委员会将邀请标准起草单位的代表组成 WG。WG 的人员应具有代表性，精通该领域涉及的专业知识。如，对于某一个产品标准来说，就宜包括与该产品相关的生产、使用、科研等各有关方面的代表。同时，WG 成员应具有较丰富的专业知识和实践经验，熟悉业务，了解标准化工作的相关规定并具有较强的文字表达能力。

2.6.4.2　拟定工作计划

WG 成立后，应首先制定工作计划，内容包括：确定标准名称和范围；设计主要工作内容；安排工作进度；为工作组成员分工；安排调研计划及试验验证；确认与外单位协作项目和经费分配等。

2.6.4.3 开展调查研究和试验验证

WG 应通过调查研究和试验验证工作确定该标准制定的目标清晰准确，认真听取各有关方面的意见，与国际相关标准进行比对，从而确认技术指标。

开展调查研究，首先是要广泛收集与起草标准有关的资料并加以研究、分析。如：国内外标准资料；国内外的生产概况、达到的水平；生产企业的生产经验、存在问题及解决方法；相关的科研成果、专利；国内外产品样品、样机的有关数据对比及说明书等。对于关键技术问题或技术难点，可选择具有代表性、典型性的调查对象进行有针对性的调查研究。如深入生产实际，摸清现实生产情况；或走访相关科研单位、高等院校、生产企业和消费者，广泛征求意见。

而对需要进行试验验证才能确定的技术内容或指标，应选择有条件的单位进行试验验证，并提出试验验证报告和结论。试验验证前，应先拟定试验大纲，确定试验目的、要求、试验对象、试验方法，试验中使用的仪器、设备、工具以及应注意的事项等，以保证试验、验证的可靠性和准确性。

2.6.4.4 起草并完成工作组讨论稿

WG 在参考 NP 所附的标准建议稿或标准大纲的基础上，充分讨论哪些是本标准应该规定的规范性要素和技术范围，应该如何规定，以及规定到何种程度。然后按照 GB/T 1.1 的规定确认 WD 的结构，并进行编写和不断完善。同时，还要完成相关的编制说明和有关附件，用于在下一阶段中相关人员了解标准草案的制定背景和重要过程。

起草阶段编写的编制说明应包括但不限于以下内容：（1）任务来源、计划编号和其他基本情况；（2）WG 简况，包括 WG 成立及其成员情况；（3）起草阶段的主要工作内容，包括但不限于重要 WG 会议的主要议题和结论等；（4）标准编制的原则；（5）技术内容的确定方法与论据；（6）重大分歧意见的处理经过和依据；（7）其他应予说明的事项，如与其他文件的关系，涉及的专利等。另外，可将主要试验、验证技术报告，调查分析报告作为编制说明的附件。

当 WG 对 WD 达成一致后，该版本的标准草案成为 WD 最终稿，用于起草阶段 WG 向技术委员会报送并申请登记为 CD。同时还应填写一份"征求意见稿申报表"，用于 WG 向技术委员会申请标准制定工作进入下一阶段的事宜。若是采用国际标准制定国家标准的项目，还需要提交国际标准原文和（或）译文。技术委员会若确认报送的 WD 最终稿可以登记成为 CD，则可进入征求意见阶段。

如果 WG 在编写标准草案主体框架的过程中，发现并确认该项目存在不宜继续制定的因素，则由 WG 向技术委员会提出建议项目终止的申请。若技术委员会同意关于建议终止项目的申请，将向国务院标准化行政主管部门提出相关申请，由国务院标准化行政主管单门决定是否终止。

2.6.5 征求意见和审查

征求意见阶段和审查阶段主要是技术委员会征求意见、处理技术异议的过程。

2.6.5.1 征求意见阶段

征求意见阶段为技术委员会对 CD 征集意见的过程，自技术委员会将 WD 最终稿登记为 CD 时开始。其主要工作开始的标志是技术委员会分发 CD，主要工作结束的标志是 WG 处理完毕反馈意见。

A 发往有关单位征求意见

技术委员会向其所有委员和其他相关方分发 CD，必要时还可在公开的媒体上征求意见。征求意见时应明确征求意见的期限，一般为两个月，且不少于一个月。征求意见阶段由技术委员会分发的文件包括：

（1）技术委员会关于标准征求意见的通知，用于技术委员会向委员及其他相关方告之征求意见事宜；

（2）CD，用于向技术委员会委员以及其他相关方征求意见；

（3）编制说明及有关附件，用于被征求意见人员了解标准草案的制定情况；

（4）征求意见反馈表，用于被征求意见人员填写反馈意见。

若是采用国际标准制定国家标准的项目，还应附上国际标准原文和（或）译文。

B 意见的反馈与处理

被征求意见的委员应在规定期限内回复意见，如没有意见也宜复函说明，逾期不复函，技术委员会可按无异议处理。若委员对 CD 有重大异议，还需要具体说明依据。

在征求意见过程中，WG 要随时掌握主要分歧，对于难以取得一致意见的问题，要及时进行调查、分析和研究，加强联系和协商，提出解决方案，作为进一步协调统一的基础。此外，WG 应对反馈回来的意见进行归纳、整理，逐条提出处理意见。对意见的处理，大致有下列四种情况：采纳；部分采纳；未采纳，并说明理由或根据；待试验后确定，并安排试验项目、试验需求以及工作计划。对意见的处理应填写在《意见汇总处理表》这份工作文件中，并要在其中准确体现章条编号、意见或建议，提出单位的名称和处理情况等信息。

C 作出处理决定

在上述工作的基础上，WG 将作出下列申请之一：

（1）返回前期阶段，若反馈意见分歧较大，CD 需要进行重大技术修改，则需向技术委员会提出申请将该标准草案返回至起草阶段；若需延长制定周期还应向技术委员会提出延期申请；

（2）建议终止该项目，经确认该 CD 存在不宜进入下一阶段的因素，需向技术委员会提出终止项目的申请；

（3）进入下一阶段，WG 处理反馈意见，完成 CD 最终稿后，将向技术委员会提出进入下一阶段的申请并报送相关材料。这些材料包括：CD 最终稿；增加有征求意见阶段主要工作内容和重大技术修改处理意见的编制说明及有关附件；意见汇总处理表等。采用国际标准制定国家标准的项目，还应报送国际标准原文和（或）译文。

而技术委员会应在上述申请的基础上，作出下列决定之一：

（1）返回前期阶段，同意关于返回至起草阶段的申请，若需要延长制定周期，则还要向国务院标准化行政主管部门提出延期申请；

（2）建议终止该项目，同意建议终止项目的申请，向国务院标准化行政主管部门提出相关申请，由国务院标准化行政主管部门决定是否终止该项目；

（3）确认报送的 CD 最终稿，进入下一阶段。

2.6.5.2　审查阶段

审查阶段是对标准的技术指标与要求是否适应当前的技术水平和市场需求等方面进行审查，以确保标准的先进性和合理性，同时审查该标准与其他相关标准的协调情况，是否与国家有关法令相抵触等。

A　总体要求

审查阶段自技术委员会将 CD 最终稿登记为 DS 时开始。主要工作开始的标志是技术委员会审查 DS；主要工作结束的标志是结束审查，由技术委员会提出审查意见。

对于由技术委员会进行的审查工作，将按《全国专业标准化技术委员会管理规定》组织进行。对技术、经济意义重大，涉及面广，分歧意见较多的项目宜用会议审查；其余的可采用函审。会议审查时未出席会议且无正式书面意见的，或函审时未按规定时间提交的投票，技术委员会可按弃权处理。

技术委员会至今应在会议审查召开日期或函审截止日期一个月前分发以下文件，以供委员审查：

（1）关于审查标准的通知，用于技术委员会向委员告之申请标准事宜；

（2）DS，作为该阶段的标准草案，供委员审查；

（3）编制说明，用于委员了解 DS 的制定情况；

（4）意见汇总处理表，用于委员了解征求意见阶段的意见处理结论；

（5）国家标准送审稿投票单，用于函审时返回委员意见和表达情况，可用于会审需要投票时；

（6）国际标准原文和（或）译文，适用于采用国际标准制定国家标准的项目。

B　会议审查

标准审查会是对标准内容的全面审核及确认。标准中的重大技术分歧都应在会上通过讨论、协商取得一致。

a　采用会审的条件

有技术委员会负责的审查工作，将由技术委员会秘书处提请主任委员初审 DS 后提交全体委员进行审查。

对于没有技术委员会负责的会审项目，由项目主管部门或其委托的技术归口单位组织进行。参加审查的，应有各有关部门的主要生产、经销、使用、科研、检验等单位及大专院校的代表。其中，使用方面的代表不应少于四分之一。

b 参加会议的人员选择

审查会议应由技术委员会的所有委员参加，此外，还可邀请有关方面旁听。对于没有对口技术委员会负责组织审查的项目，可以邀请相关生产、经销、使用、科研、检验等单位及大专院校的代表参加。审查会代表的构成应合理、均衡。并应邀请持不同意见单位的代表参加，使审查会可从不同的角度对标准中的问题进行讨论，确保标准技术内容的全面、完整、准确、严密。

c 表决方式与会议纪要

会议审查要采用"协商一致"的办法。标准审查会尽量听取各方不同意见，对委员提出的合理意见，应积极采纳，对有分歧的内容要在协商一致的原则下解决。如需投票表决，应有不少于出席会议的委员人数四分之三同意为通过。在表决时起草人不能参加，其所在单位的代表也不能超过参加表决者的四分之一。会议代表出席率不足三分之二时，应重新组织审查。

在审查会上作出的主要修改意见，应在会议纪要中体现。审查会议纪要应如实反映审查会议的情况，包括会议议程、审查结论和修改意见等内容，并由技术委员会主任委员或副主任委员签字。会议纪要还要附以下信息和文件：参加审查会议委员，其他相关方代表的名单；未到会委员提交的国家标准送审稿投票单；对于修改意见较多的项目，还要把修改意见单独形成文件作为附录。

C 函审

对于采用信函审查的标准，参加函审的单位、人员的选定办法应与会审相同。有四分之三的回函投票同意则为通过。函审回函率不足三分之二时，应重新组织审查。

D 作出审查决定

在审查阶段，技术委员会将作出下列决定之一：

（1）审查不通过并返回至征求意见阶段，若需延长制定周期，应向国务院标准化行政主管部门提出延期申请；

（2）审查不通过，由 WG 修改 DS 并重新进行审查，若需延长制定周期，应向国务院标准化行政主管部门提出延期申请；

（3）建议终止该项目，审查不通过且发现该项目存在不宜进入下一阶段的因素，则向国务院标准化行政主管部门提出相关申请，由国务院标准化行政主管部门决定是否终止；

（4）审查通过，决定通过该项目进入下一阶段，由 WG 对 DS 进行完善作为 FDS。FDS 和相关材料经技术委员会确认后向国务院标准化行政主管部门报送，申请报批。

E 报送相关材料

审查阶段提交到批准阶段的文件包括：国家标准报批公文；国家标准报批文件清单；国家标准申报单；FDS；在会审或函审时用的 DS；征求意见稿；编制说明；国家标准送审稿审查结论表；审查会议纪要（会审时）；国家标准送审稿投票单；意见汇总处理表；采用国际标准制定国家标准的项目，还应提交国际标准原文和（或）译文。通过这些文件的对比、分析，可以反映出标准制定程序中的文件变更情况、技术变动结果、参与者情况、责任人意见、重要时间节点等活动过程，为批准阶段的审核工作提供依据。

2.6.6 标准的批准发布和维护

审查阶段结束后，标准草案的主要技术内容已经确定，随后将由国务院标准化行政主管部门决定是否给予其国家标准的效力。此外，在标准发布之后，相关的技术委员会还将继续保持对标准实施情况的跟踪和评估，开展维护工作，以保证国家标准的适用性。

2.6.6.1 批准阶段

批准阶段由国务院标准化行政主管部门登记 FDS 时开始。批准阶段主要工作开始的标志是国务院标准化行政主管部门对 FDS 进行程序审核，判定标准的制定程序是否符合我国标准制定程序的规定；主要工作结束的标志是结束审核，提出审核意见。

A 标准的审核

批准阶段的工作主要是对 FDS 进行程序审核。这包括以下几个方面的内容：

a 制定程序是否规范

国务院标准化行政主管部门将审核该项目是否按照《国家标准管理办法》和《标准化工作导则》的相关要求开展制定工作；是否按立项时的规定时间完成；若延期是否有相应的手续；所制定标准的名称、范围与计划有无变化；各环节是否有相关人员和单位的授权和确认。

b 相关文件是否规范

国务院标准化行政主管部门还将审核该项目过程中产生的各类标准草案和工作文件是否符合相关的规定，提交的种类和数量是否满足要求，从而确认该项目经过了必要的程序，并且遵循了相关的工作原则和要求。

B 作出审批决定

在批准阶段，国务院标准化行政主管部门将作出以下几种决定：

（1）决定该项目需要返回前期阶段，例如，发现了程序不符合制定程序规定的问题，将 FDS 及相关工作文件退回技术委员会，返回至前期阶段；

（2）发现该项目已不适宜技术经济发展的要求，可给予终止；

（3）确认 FDS 及相关工作文件满足制定程序的要求，批准 FDS 成为国家标准，给予标准编号后纳入国家标准批准发布公告，并将 FDS 作为国家标准的出版稿交至出版社。

2.6.6.2 出版阶段

出版阶段为出版机构按照 GB/T 1.1 的规定，对上阶段提交的拟用于出版的标准草案进行必要的编辑性修改，出版国家标准的过程。出版阶段自国家标准的出版机构登记国家标准时开始，主要工作开始的标志是出版机构对国家标准进行编辑性修改，主要工作结束的标志是国家标准出版发行。出版阶段完成的标志为国家标准正式出版。

2.6.6.3 复审阶段和废止阶段

复审阶段为技术委员会对国家标准的适用性进行评估的过程。每项国家标准的复审间隔周期不应超过 5 年。复审阶段由技术委员会布置复审工作时开始。复审阶段的主要工作是评估国家标准的适用性。主要工作开始的标志是技术委员会复审国家标准，主要工作结束的标志是结束复审，技术委员会形成复审意见。而废止阶段主要是对需要废止标准发布公告的过程。

A 复审内容

技术委员会可以从以下方面考虑国家标准的适用性，对标准的内容进行复审：首先是实施过程中是否发现了新的需要解决的问题；其次是技术指标是否仍适应科学技术的发展和经济建设的需要；再次是标准中的内容是否与当前法律法规有抵触；最后是采用国际标准制定的我国标准，是否需要与国际标准的变化情况保持一致。

B 复审意见及其处理

由国务院标准化行政主管部门根据技术委员会的复审结论作出下列决定。

（1）对标准进行修改。若国家标准中少量技术内容和表达需要修改，需要返回至起草阶段修改需要调整的技术内容。可采用"国家标准修改通知单"的方式发布修改内容。"国家标准修改通知单"的报批程序和格式按《国家标准管理方法》的相关规定执行。批准后的"国家标准修改通知单"将在国家标准化管理委员会网站等指定媒体上予以公告。

（2）修订标准。若国家标准中技术内容和表述需要做全面更新，返回至预研阶段进入修订程序。

（3）确认国家标准中技术指标和内容不需要调整，该标准继续有效。经确认继续有效的国家标准，其编号和年代号都不作改变。

（4）发现经济技术的发展使得已经不需要针对标准所涉及的标准化对象制定标准，则使相应的标准进入废止阶段。标准废止信息由国家标准化行政主管部门批准公布。标准废止之后，原国家标准的编号同时作废，也不得再用于其他国家标准的编号。

C 关于复审的管理

国家标准的复审工作由负责国家标准制修订的技术委员会负责。按照固定的时间周期，技术委员会应把复审归口标准的任务纳入工作计划，应广泛征求技术委员会委员和有关方面的意见并将复审意见上交至国家标准化行政主管部门。

国家标准化行政主管部门将对有关单位报送的复审意见进行审核、确认和批复。国家标准的确认有效、修订和废止的信息会在指定媒体上向社会发布。

第3章 合格评定程序

合格评定程序是经济社会发展到一定阶段的产物，是标准化的重要内容。合格评定程序是适应国际国内贸易的需要而产生的，并对贸易健康有序发展产生重要影响。合格评定程序不仅有力推动标准有效实施、提高生产效率和管理水平、促进贸易发展，而且有助于保护环境、保护消费者利益、促进公平竞争。严格规范的要求和程序，有效地保证了合格评定活动的质量和效果，随着标准化活动的深入开展，合格评定程序在促进经济和社会可持续发展方面正发挥着极其重要的作用。

3.1 合格评定程序的发展

在商品经济发展初期，当商品在市场上交易时，顾客需确认供方的商品是否满足某种或某几种需要。供方（第一方）为了推销其产品，通常采用"产品合格声明"的方式，来博取顾客（第二方）的信任。这种方式，在当时产品简单，不需要专门的检测手段就可以直观判别优劣的情况下是可行的。但是，随着科学技术的发展，产品品种日益增多，产品的结构和性能日趋复杂，仅凭买方的知识和经验很难判断产品是否符合要求，加之供方的"产品合格声明"并不总是可信的，因此，这种证明方式的信誉和作用就逐渐下降。这就使人们意识到由第一方进行的自我评价和由第二方进行的验收评价，具有许多弱点和缺陷，应由不受供需双方经济利益所支配的独立的第三方，利用公正、科学的方法对市场上流通的商品，特别是涉及人身安全与健康的商品进行评价、监督，以正确指导消费者的购买行为，保证消费者的基本利益。

1903 年，英国工程标准委员会第一次使用"风筝"标志来明示钢轨产品的质量符合性，这被公认为是世界上最早的、规范的产品认证制度。1979 年，英国发布了 BS 5750 质量保证模式标准，开始推行质量管理体系认证制度。由此，以产品认证和体系认证为主要形式的合格评定制度应运而生。

随着市场经济的发展，各类商品和服务的交换所需要的评价活动，除了认证之外，还有检测、检查、注册、检验、鉴定、认可等多种形式，涉及一系列相关的法律法规、标准、技术规范乃至国际准则、条约和协议等，如何用一个简单的术语来概括，并科学地反映各种评价活动的内涵则成了一个亟待解决的问题。ISO 和 IEC 经过多年讨论，于 1985 年决定采用"合格评定（Conformityassessment）"一词来统一、规范描述这一活动，同时将原国际标准化组织的认证委员会更名为"合格评定委员会"，至此在全世界范围内统一了这一名词术语。根据《合格评定、词汇和通用原则》（GB/T 27000—2006）所给出的定义，合格评定是：与产品、过程、体系、人员或机构有关的规定要求得到满足的证实。特别要说明的是，尽管合格评定一词已为多数国家所接受，但长期以来大多数国家一直用"认证"和"认可"来概括描述这类评价活动，因此习惯上也将合格评定活动俗称为"认证认可"活动。

3.2 合格评定程序的基本概述

合格评定活动在一定意义上可视为是证明符合技术法规和标准及证明符合合同要求的活动，因而也被视为是标准化活动中的"化"的具体体现，是贯彻标准的一个有力手段，也是国际贸易中的技术性贸易措施之一。

3.2.1 合格评定程序适用国际贸易的基本原则

WTO/TBT 协定中对各成员制定和实施合格评定程序提出了一些基本原则。这些原则主要包括：

（1）最小限制原则。进口成员所采用的合格评定程序不能超过其所相信的符合其技术法规和标准所必需的限度，同时，要保证尽可能快地进行和完成这一程序，除必需的信息外，不再要求提供更多的信息，而且测试设施地点要方便；

（2）非歧视性原则。合格评定程序对来自其他成员的进口产品的待遇不得低于给予国内同类产品和来自其他任何国家同类产品的待遇；

（3）透明度原则。合格评定的细节必须及时公布，使得其他成员能够尽早对合理的措施做出技术上的准备，对不合理的措施提出评议意见并要求制定措施的成员予以纠正，这样才能防止对贸易产生限制或扭曲；

（4）协调原则。WTO/TBT 协定积极鼓励世贸组织成员为协调合格评定程序而做出的努力，以减少成员间的差异对贸易造成的障碍。

3.2.2 合格评定程序的主要内容

合格评定由选取、确定、复核与证明四项功能有序组成，其中主要包括取样、检测、检查、审核、同行评审、复核、证明、声明、认证、认可、批准等步骤。

3.3 合格评定程序内容解释

根据《合格评定　词汇和通用原则》（GB/T 27000—2006 和 ISO/IEC 17000:2004），可以对这些内容做出如下解释。

（1）取样（sampling）：按照程序提供合格评定对象的样品的活动。

（2）检测（testing）：按照程序确定合格评定对象的一个或多个特性的活动。检测主要适用于材料、产品或过程。

（3）检查（inspection）：审查产品设计、产品、过程或安装并确定其与特定要求的符合性，或根据专业判断确定其与通用要求的符合性的活动。对过程的检查可以包括对人员、设施、技术和方法的检查。检查有时也称为检验。

（4）审核（audit）：获取记录、事实陈述或其他相关信息并对其进行客观评定，以确定规定要求的满足程度的系统的、独立的和形成文件的过程。审核适用于管理体系，而评审则适用于合格评定机构。

（5）同行评审（peerassessment）：协议集团（一项安排所基于的协议的全部签约机构）中其他机构或协议集团候选机构的代表依据规定要求对某机构的评审。

（6）复核（review）：针对合格评定对象满足规定要求的情况，对选取和确定活动及其结果的适宜性、充分性和有效性进行的验证。复核有时也称为审查。

（7）证明（attestation）：根据复核后作出的决定而出具的说明，以证实规定要求已得到满足。"符合性说明"的结论性说明是对规定要求已得到满足的保证，该保证本身并不足以提供合同方面或其他法律方面的担保。

（8）声明（declaration）：第一方证明。

（9）认证（certification）：与产品、过程、体系或人员有关的第三方证明，管理体系认证有时也被称为注册。认证适用于除合格评定机构（从事合格评定服务的机构）自身外的所有合格评定对象，认可适用于合格评定机构。

（10）认可（accreditation）：正式表明合格评定机构具备实施特定合格评定工作的能力的第三方证明。

（11）批准（approval）：根据明示目的或条件销售或使用产品或过程的许可。

从《TBT 协议》（即：《技术性贸易壁垒协议》，简称《TBT 协议》）给出的合格评定程序的定义和对其内容的注释，可将合格评定程序分成检验、认证、认可和注册批准四个层次。

（1）第一个层次是检验，包括取样、检测、检查等，它直接检查相应的特性或其实现过程与技术法规、标准要求的符合性，属于直接确定是否满足技术法规或标准有关要求的"直接的合格评定程序"。

（2）第二个层次是认证，包括审核、复核和证明等，具体表现形式是产品认证和体系认证。产品认证包括安全认证和合格认证等，体系认证包括质量管理体系认证、环境管理体系认证、能源管理体系认证、职业健康安全管理体系认证和信息安全管理体系认证等。

（3）第三个层次是认可，具体表现形式是认证机构认可、实验室认可等。WTO 鼓励成员国通过相互认可协议（MRAs）来减少多重测试和认证，以便利国际贸易。

（4）第四个层次是批准，注册批准程序更多的是政府贸易管制的手段，体现了国家的权力、政策和意志。

另外，随着标准化活动的广泛开展，一些新兴的合格评定活动也在不断涌现，例如，包括我国在内的世界主要国家所开展的针对终端用能产品的能效标识活动，从其本质看也属于合格评定的范畴。

3.4　实施主体与对象

总的来说，可将合格评定活动的实施主体划分为第一方、第二方和第三方。在市场经济条件下的贸易活动中，我们通常将产品、过程或服务的供应方称为第一方，将产品、过程或服务的采购或获取方称为第二方，而独立于第一方和第二方的一方，称之为"第三方"。按照国际惯例，独立的第三方机构应与第一方和第二方均没有直接的隶属关系和经济上的利益关系。

在《合格评定 词汇和通用原则》（ISO/IEC 17000：2004）中，对第一方、第二方和第三方合格评定分别给了具体的解释：第一方合格评定是指"由提供合格评定对象的人员或组织进行的合格评定活动"；第二方合格评定是指"由在合格评定对象中具有使用方利益的人员或组织进行的合格评定活动"；第三方合格评定是指"由既独立于提供合格评定对象的人员或组织、又独立于在对象中具有使用方利益的人员或组织的人员或机构进行的合格评定活动"。从上述解释可以看出，第一方、第二方和第三方合格评定的差别在于实施合格评定的主体分别是提供评定对象的个人或组织本身、与评定对象的使用利益相关的人员或组织以及独立于第一方和第二方利益之外的人员或组织。

合格评定的对象不仅包括产品、过程、服务、管理体系和人员等，也包括从事合格评定服务的机构。其中产品不仅包括硬件产品，也包括软件、流程性材料和服务；过程可包括设计过程、生产过程等；服务不仅包括宾馆、饭店、旅游、金融、教育等，也包括行政管理服务；管理体系不仅包括质量管理体系、环境管理体系、职业健康安全管理体系等传统的管理体系，随着ISO标准或国际惯例的陆续出台，诸如能源管理体系等也将逐步纳入合格评定的范围；人员不仅包括审核员、检查员等，也可包括诸如能源评估师等专业人员，值得注意的是，依照国际认证认可惯例，合格评定人员的资质评定与注册属于认证范畴；合格评定服务机构可包括产品认证机构、体系认证机构、检查机构、实验室以及培训机构等。

3.5 认证与认可

认证与认可是合格评定的两项基本活动。认可是认证发展到一定阶段的产物，是对第三方合格评定机构的实施能力予以确认，认证有效性控制是认可活动的主要目的。

3.5.1 认证与认可的区别

在合格评定中，认证是认可的主要基础，没有认证，认可也就失去了存在的意义。我们可以从主体、对象、目的和内容等方面，对认证和认可活动加以区别，如表3-1所示。

表3-1 认证与认可的区别

项 目	认 证	认 可
主体	具有认证资格的第三方机构	经授权的机构（通常由政府主管部门授权）
对象	产品、过程、服务、管理体系和人员	从事特定合格评定活动的机构
目的	为认证对象提供符合性的书面证明，使公众确信其符合规定要求	对认可对象从事特定活动的能力予以承认
内容	依据特定的标准对特定事项的符合性进行审核与评定，以确认其符合规定要求	依据特定的准则对认可对象从事特定活动的能力进行检查和评定，以确认其具备所要求的能力

3.5.2 认证模式与认可制度

依据认证认可的对象、目的和内容，认证认可实施主体可以将选取、确定、复核与证明等三项基本功能有序组合，建立相应的认证模式和认可制度。

3.5.2.1 认证模式

比较而言，管理体系认证模式相对简单，一般包括对申请方的现场审核和获证后的监督，通过对申请方的审核，发现证据，确认其管理体系的建立和实施是否符合相关标准的要求，在获证后还应定期进行监督审核，以确保管理体系的持续有效。

根据《合格评定 产品认证基础》(GB/T 27067—2006 和 ISO/IEC 指南 67:2004) 的规定，产品认证模式可包括下列一种或多种模式，这些可以与生产过程监督和（或）与供方质量管理体系的评审与监督结合使用。具体见表 3-2。

表 3-2 产品认证制度

产品认证制度的要素①	产品认证制度②,③,④							
	1a	1b	2	3	4	5	6	N⑤
1. 选取⑥（取样），适用时	√	√	√	√	√	√		
2. 确定⑥,⑦特性，适用时通过下列方法： （1）检测（ISO/IEC 17025）； （2）检查（GB/T 18346）； （3）设计评价； （4）服务评定	√	√	√	√	√	√	√	
3. 复核⑥,⑦（评价）	√	√	√	√	√	√	√	
4. 认证决定 批准、保持、扩大、暂停、撤销认证	√	√	√	√	√	√	√	
5. 许可（证明⑥） 批准、保持、扩大、暂停、撤销使用证书或标志的权利			√	√	√	√	√	
6. 监督，适用时通过下列方法进行： （1）从公开市场抽样检测或检查； （2）从工厂抽样检测或检查； （3）结合随机检测或检查的质量体系审核； （4）对生产过程或服务评定			√	√	√√√√	√√√√	√√	

①适用时，这些要素可以与申请方质量体系的初次评审和监督（ISO/IEC 指南 53 给出了示例）或对生产过程的初次评审相结合。实施这些评审的次序可以不同。

②产品认证制度应当至少包含 2.、3. 和 4. 的要素。

③ISO/IEC 指南 28 描述了一种经常使用且被证明有效的产品认证制度模式，它是对应于制度 5 的产品认证制度。

④对于涉及具体产品的产品认证制度，使用"方案"这一术语。

⑤"批次检测"和"100% 检测"等检测活动，须至少包含 1a 的要素，才可以被认为是产品认证制度。

⑥定义见 GB/T 27000。

⑦在某些制度中，评价意指确定，而在其他制度中则指审查。

3.5.2.2 认可模式

因经济发展阶段以及标准化的发展程度不同，世界各国的认可制度也存在一定程度的差异，但总的来说，目前各国所实施的认可制度主要具有如下特点。

（1）认可机构受政府主管部门授权，独立地对认证机构开展评审活动和作出认可评定结论。认可机构针对具体的认可对象将组成评审组，评审组按照规定的程序，依据相关的标准、指南和规定，通过文件审查、现场评审和综合评定等过程完成评审工作。

（2）实施认可的对象主要包括质量管理体系认证机构、产品认证机构、实验室以及认证人员培训机构等；实施认可的依据主要是 ISO/IEC 指南或依据 ISO/IEC 指南制定的相关标准。认可条件中对机构的独立法人地位和第三方公正性等有严格要求。

（3）认可对象中的认证机构通常需要经过批准和认可。认证机构的批准通常由相应的法律法规作出规定，例如我国的《中华人民共和国产品质量法》、《中华人民共和国标准化法》和《中华人民共和国认证认可条例》都明确规定认证机构必须得到国务院质量监督主管部门的批准和授权。相比而言，认证机构的认可通常不是强制性的，但由于对认证机构的具体授权范围在一定程度上取决于获得认可的范围，因此，在一定程度上，经过认可也成为认证机构获得认证资格的必要条件，同时，单边或双边认可也是实现国际间认证结果协调互认的基础。

3.5.3 相互承认

相互承认是指认证或认可机构之间通过签署相互承认协议，彼此承认认证或认可的结果。

当贸易关系越过国界以后，由于各国认证制度不同造成差异，供应商需要反复申请多国的认证，其人力、物力的消耗及费用的增加是可想而知的。同时，某些国家可利用认证制造贸易中的非关税壁垒，限制其他国家的商品或服务进入，特别是经济发达国家有可能据此对发展中国家采取歧视性政策。因此，实现认证或认可结果的相互承认已成为全球关注的问题，发展中国家对此呼声更高。

ISO 和 GATT 都意识到认证的国际互认对促进经济发展和消除贸易中的技术壁垒的重要性。WTO/TBT 协定鼓励各成员就相互承认合格评定结果进行谈判，并鼓励各成员以不低于本国合格评定机构的条件，允许其他成员的合格评定机构参与其合格评定活动。ISO 为积极推进各国认证制度的规范化，并在此基础上寻求实现国际互认作出了不懈的努力。

认可结果的相互承认通常情况下是由国际或区域性认可组织或联盟，如国际认可论坛（IAF）❶、太平洋认可合作组织（PAC）❷、国际实验室认可合作组织（ILAC）、亚太实验室认可合作组织（APLAC）❸ 等的各成员通过协商，按照国际准则和惯例，对相关机构的认可依据、认可过程等相互协调，形成一致，并通过相互见证的方式，对认可过程实施的

---

❶英文全称为 International Accreditation Forum，简称 IAF。
❷英文全称为 Pacific Accreditation Cooperation，简称 PAC。
❸英文全称为 Asia Pacific Laboratory Accreditation Cooperation，简称 APLAC。

一致性进行确认，从而实现认可结果的相互承认。

国与国之间能否实现认证结果的相互承认，实际上会涉及政治、经济和技术三个方面的因素，在政治环境和经济政策允许的前提下，技术因素起着决定性作用。从技术角度来看，认证结果的相互承认是建立在认证依据、认证过程、认证人员和实验室检测（仅适用于产品认证结果的相互承认）的相互协调的基础上，因此要求：

（1）认证所依据的标准和（或）技术规范相一致；

（2）认证的实施程序、实施准则相一致；

（3）实施认证的审核员的能力相一致，可行时，其资质可以相互承认；

（4）经认可的实验室的能力相互承认（仅适用于产品认证结果的相互承认），包括采用的检验方法一致、实验室管理满足相应的国际准则、计量仪器的量值可以溯源（或传递）等。

第4章　钢铁产品牌号表示方法

4.1　我国钢铁产品牌号表示方法

生铁、碳素结构钢、低合金结构钢、优质碳素结构钢、易切削钢、合金结构钢、弹簧钢、工具钢、轴承钢、不锈钢、耐热钢、焊接用钢、冷轧电工钢、电磁纯铁、原料纯铁、高电阻电热合金、粉末冶金材料、铸铁（件）、铸钢（件）、铁合金、高温合金和金属间化合物高温材料、耐蚀合金、精密合金等产品的牌号表示方法如下，应分别符合下列国家标准规定：

GB/T 221　　　钢铁产品牌号表示方法；

GB/T 4309　　粉末冶金材料分类和牌号表示方法；

GB/T 5612　　铸铁牌号表示方法；

GB/T 5613　　铸钢牌号表示方法；

GB/T 7738　　铁合金产品牌号表示方法；

GB/T 14992　高温合金和金属间化合物高温材料的分类和牌号；

GB/T 15007　耐蚀合金牌号；

GB/T 15018　精密合金牌号；

GB/T 15019　快淬金属分类和牌号。

4.1.1　基本原则

我国钢铁产品牌号表示的基本原则包括：

（1）钢铁产品牌号的表示，通常采用大写汉语拼合字母、化学元素符号和阿拉伯数字相结合的方法表示。为了交流和贸易的需要，也可采用大写英文字母或国际惯例表示符号。常用化学元素符号见表4-1。

（2）采用汉语拼音字母或英文字母表示产品名称、用途、特性和工艺方法时，一般从产品名称中选取有代表性的汉字的汉语拼音的首位字母或英文单词的首位字母。当和另一产品所取字母重复时，改取第二个字母或第三个字母，或同时选取两个（或多个）汉字或英文单词的首位字母。采用汉语拼音字母或英文字母，原则上只取一个，一般不超过三个。

（3）产品牌号中各组成部分的表示方法应符合相应规定，各部分按顺序，如无必要可省略相应部分。除有特殊规定外，字母、符号及数字之间应无间隙。

（4）产品牌号中的元素含量用质量分数表示。

表 4 – 1　常用化学元素符号

元素名称	化学元素符号	元素名称	化学元素符号	元素名称	化学元素符号	元素名称	化学元素符号
铁	Fe	锂	Li	钐	Sm	铝	Al
锰	Mn	铍	Be	锕	Ac	铌	Nb
铬	Cr	镁	Mg	硼	B	钽	Ta
镍	Ni	钙	Ca	碳	C	镧	La
钴	Co	锆	Zr	硅	Si	铈	Ce
铜	Cu	锡	Sn	硒	Se	钕	Nd
钨	W	铅	Pb	碲	Te	氮	N
钼	Mo	铋	Bi	砷	As	氧	O
钒	V	铯	Cs	硫	S	氢	H
钛	Ti	钡	Ba	磷	P		

注：混合稀土元素符号用"RE"表示。

4.1.2　钢铁产品牌号表示方法

4.1.2.1　生铁

生铁产品牌号通常由两部分组成：

第一部分表示产品用途、特性及工艺方法的大写汉语拼音字母；

第二部分表示主要元素平均含量（以千分之几计）的阿拉伯数字，炼钢用生铁、铸造用生铁、球墨铸铁用生铁、耐磨生铁为硅元素平均含量，脱碳低磷粒铁为碳元素平均含量，含钒生铁为钒元素平均含量，如表 4 – 2 所示。

表 4 – 2　生铁产品牌号的组成

序号	产品名称	第一部分			第二部分	牌号示例
		采用汉字	汉语拼音	采用字母		
1	炼钢用生铁	炼	LIAN	L	含硅量为 0.85% ~ 1.25% 的炼钢用生铁，阿拉伯数字为 10	L10
2	铸造用生铁	铸	ZHU	Z	含硅量为 2.80% ~ 3.20% 的铸造用生铁，阿拉伯数字为 30	Z30
3	球墨铸铁用生铁	球	QIU	Q	含硅量为 1.00% ~ 1.40% 的球墨铸铁用生铁，阿拉伯数字为 12	Q12
4	耐磨生铁	耐磨	NAI MO	NM	含硅量为 1.60% ~ 2.00% 的耐磨生铁，阿拉伯数字为 18	NM18
5	脱碳低磷粒铁	脱粒	TUO LI	TL	含碳量为 1.20% ~ 1.60% 的炼钢用脱碳低磷粒铁，阿拉伯数字为 14	TL14
6	含钒生铁	钒	FAN	F	含钒量不小于 0.40% 的含钒生铁，阿拉伯数字为 04	F04

4.1.2.2 铁合金产品牌号表示方法

A 牌号表示的基本原则

(1)凡列入国家标准和行业标准的铁合金产品都应按本标准的规定编制牌号。

(2)本标准中未规定的铁合金产品牌号表示方法,应根据本标准的规定原则进行编制。

(3)本标准采用汉语拼音字母、化学元素符号、阿拉伯数字及英文字母相结合的方法表示铁合金产品牌号。

常用化学元素符号见表4-3。

表4-3 常用化学元素符号

元素名称	化学元素符号	元素名称	化学元素符号	元素名称	化学元素符号
铁	Fe	锂	Li	钐	Sm
锰	Mn	铍	Be	锕	Ac
铬	Cr	镁	Mg	硼	B
镍	Ni	钙	Ca	碳	C
钴	Co	锆	Zr	硅	Si
铜	Cu	锡	Sn	硒	Se
钨	W	铅	Pb	碲	Te
钼	Mo	铋	Bi	砷	As
钒	V	铯	Cs	硫	S
钛	Ti	钡	Ba	磷	P
铝	Al	镧	La	氮	N
铌	Nb	铈	Ce	氧	O
钽	Ta	钕	Nd	氢	H

注:混合稀土元素符号用"RE"表示。

1)采用汉语拼音字母表示产品名称、用途、工艺方法和特性时,一般从代表该汉字的汉语拼音中选取,原则上取第一个字母。当和另一产品所取字母重复时,改取第二个字母或第三个字母。原则上只取一个字母,一般不超过两个。

2)产品名称、用途、特性和工艺方法表示符号见表4-4。

(4)铁合金产品牌号按顺序排序,如无必要,可省略相应部分。除有特殊规定外,汉语拼音字母、化学元素符号、阿拉伯数字及英文字母之间应无间隙。

表4-4 产品名称、用途、工艺方法和特性表示符号

名 称	采用的汉字及汉语拼音		采用符号	字 体	位 置
	汉 字	汉语拼音			
金属锰(电硅热法)、金属铬	金	JIN	J	大写	牌号头
金属锰(电解重熔法)	金重	JIN CHONG	JC	大写	牌号头
真空法微碳铬铁	真空	ZHEN KONG	ZK	大写	牌号头

续表 4 - 4

名　称	采用的汉字及汉语拼音		采用符号	字　体	位　置
	汉　字	汉语拼音			
电解金属锰	电金	DIAN JIN	DJ	大写	牌号头
钒渣	钒渣	FAN ZHA	FZ	大写	牌号头
氧化钼块	氧	YANG	Y	大写	牌号头
组别			英文字母		
			A	大写	牌号尾
			B	大写	牌号尾
			C	大写	牌号尾
			D	大写	牌号尾

B　牌号表示方法

各类铁合金产品牌号表示方法按下列格式编写。

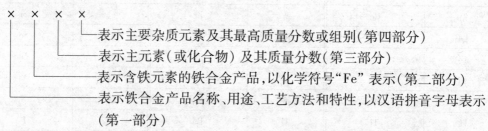

（1）需要表示产品名称、用途、工艺方法和特性时，其牌号以汉语拼音字母开始。

例如高炉法：用"G"（"高"字汉语拼音中的第一个字母）表示；

电解法：用"D"（"电"字汉语拼音中的第一个字母）表示；

重溶法：用"C"（"重"字汉语拼音中的第一个字母）表示；

真空法：用"ZK"（"真"、"空"字汉语拼音中的第一个字母组合）表示；

金属：用"J"（"金"字汉语拼音中的第一个字母）表示；

氧化物：用"Y"（"氧"字汉语拼音中的第一个字母）表示；

钒渣：用"FZ"（"钒"、"渣"字汉语拼音中的第一个字母组合）表示。

（2）含有一定铁量的铁合金产品，其牌号中应有"Fe"的符号，示例见表 4 - 5。

表 4 - 5　牌号示例

序号	产品名称	第一部分	第二部分	第三部分	第四部分	牌号表示示例
1	硅铁		Fe	Si75	Al1. 5-A	FeSi75Al1. 5-A
		T	Fe	Si75	A	TFeSi75-A
	金属锰	J		Mn97	A	JMn97-A
		JC		Mn98		JCMn98
	金属铬	J		Cr99	A	JCr99-A
2	钛铁		Fe	Ti30	A	FeTi30-A

序号	产品名称	第一部分	第二部分	第三部分	第四部分	牌号表示示例
3	钨铁		Fe	W78	A	FeW78-A
	钼铁		Fe	Mo60	A	FeMo60-A
	锰铁		Fe	Mn68	C7.0	FeMn68C7.0
	钒铁		Fe	V40	A	FeV40-A
	硼铁		Fe	B23	C0.1	FeB23C0.1
	铬铁		Fe	Cr65	C1.0	FeCr65C1.0
		ZK	Fe	Cr65	C0.010	ZKFeCr65C0.010
	铌铁		Fe	Nb60	B	FeNb60-B
	锰硅合金		Fe	Mn64Si27		FeMn64Si27
	硅铬合金		Fe	Cr30Si40	A	FeCr30Si40-A
	稀土硅铁合金		Fe	SiRE23		FeSiRE23
	稀土镁硅铁合金		Fe	SiMg8RE5		FeSiMg8RE5
	硅钡合金		Fe	Ba30Si35		FeBa30Si35
	硅铝合金		Fe	Al52Si5		FeAl52Si5
	硅钡铝合金		Fe	Al34Ba6Si20		FeAl34Ba6Si20
	硅钙钡铝合金		Fe	Al16Ba9Ca12Si30		FeAl16Ba9Ca12Si30
	硅钙合金			Ca31Si60		Ca31Si60
	磷铁		Fe	P24		FeP24
	五氧化二钒			$V_2O_5$98		$V_2O_5$98
	钒氮合金			VN12		VN12
	电解金属锰	DJ		Mn	A	DJMn-A
	钒渣	FZ		FZ1		FZ1（建议修订标准时，用英文字母代替阿拉伯数字）
	氧化钼块	Y		Mo55.0	A	YMo55.0-A
	氮化金属锰	J		MnN	A	JMnN-A
	氮化锰铁		Fe	MnN	A	FeMnN-A
	氮化铬铁		Fe	NCr3	A	FeNCr3-A（建议修订标准时，改为 FeCrN3-A）

（3）主元素（或化合物）及其质量分数表示，示例见表 4 – 5。

（4）需表明产品的杂质含量时，以元素符号及其最高质量分数或以组别符号"-A""-B"等表示，示例见表4-5。

4.1.2.3　碳素结构钢和低合金结构钢

（1）碳素结构钢和低合金结构钢的牌号通常由四部分组成：

第一部分前缀符号＋强度值（以 MPa 或 N/mm² 为单位），其中通用结构钢前缀符号为代表屈服强度的拼音的字母"Q"，专用结构钢的前缀符号见表 4 – 6；

第二部分（必要时）钢的质量等级，用英文字母 A、B、C、D、E、F、…表示；

第三部分（必要时）脱氧方式表示符号，即沸腾钢、半镇静钢、镇静钢、特殊镇静钢分别以"F"、"b"、"Z"、"TZ"表示，镇静钢、特殊镇静钢表示符号通常可以省略；

第四部分（必要时）产品用途、特性和工艺方法表示符号，见表 4 – 7。

碳素结构钢和低合金结构钢的牌号示例见表 4 – 8。

表 4 – 6 专用结构钢的前缀符号

产品名称	采用的汉字及汉语拼音或英文单词			采用字母	位 置
	汉 字	汉语拼音	英文单词		
热轧光圆钢筋	热轧光圆钢筋		Hot Rolled Plain Bars	HPB	牌号头
热轧带肋钢筋	热轧带肋钢筋		Hot Rolled Ribbed Bars	HRB	牌号头
细晶粒热轧带肋钢筋	热轧带肋钢筋＋细		Hot Rolled Ribbed Bars＋Fine	HRBF	牌号头
冷轧带肋钢筋	冷轧带肋钢筋		Cold Rolled Ribbed Bars	CRB	牌号头
预应力混凝土用螺纹钢筋	预应力、螺纹、钢筋		Prestressing，Screw，Bars	PSB	牌号头
焊接气瓶用钢	焊瓶	HAN PING		HP	牌号头
管线用钢	管线		Line	L	牌号头
船用锚链钢	船锚	CHUAN MAO		CM	牌号头
煤机用钢	煤	MEI		M	牌号头

表 4 – 7 产品用途、特性和工艺方法表示符号

产品名称	采用的汉字及汉语拼音或英文单词			采用字母	位 置
	汉 字	汉语拼音	英文单词		
锅炉和压力容器用钢	容	RONG		R	牌号尾
锅炉用钢（管）	锅	GUO		G	牌号尾
低温压力容器用钢	低容	DI RONG		DR	牌号尾
桥梁用钢	桥	QIAO		Q	牌号尾
耐候钢	耐候	NAI HOU		NH	牌号尾
高耐候钢	高耐候	GAO NAI HOU		GNH	牌号尾
汽车大梁用钢	梁	LIANG		L	牌号尾
高性能建筑结构用钢	高建	GAO JIAN		GJ	牌号尾
低焊接裂纹敏感性钢	低焊接裂纹敏感性		Crack Free	CF	牌号尾
保证淬透性钢	淬透性		Hardenability	H	牌号尾
矿用钢	矿	KUANG		K	牌号尾
船用钢	采用国际符号				

表 4 - 8 碳素结构钢和低合金结构钢的牌号示例

序号	产品名称	第一部分	第二部分	第三部分	第四部分	牌号示例
1	碳素结构钢	最小屈服强度 235MPa	A 级	沸腾钢		Q235AF
2	低合金高强度结构钢	最小屈服强度 345MPa	D 级	特殊镇静钢		Q345D
3	热轧光圆钢筋	屈服强度特征值 300MPa				HPB300
4	热轧带肋钢筋	屈服强度特征值 400MPa				HRB400
5	细晶粒热轧带肋钢筋	屈服强度特征值 400MPa				HRBF400
6	冷轧带肋钢筋	最小抗拉强度 550MPa				CRB550
7	预应力混凝土用螺纹钢筋	最小屈服强度 830MPa				PSB830
8	焊接气瓶用钢	最小屈服强度 345MPa				HP345
9	管线用钢	最小规定总延伸强度 415MPa				L415
10	船用锚链钢	最小抗拉强度 370MPa				CM370
11	煤机用钢	最小抗拉强度 510MPa				M510
12	锅炉和压力容器用钢	最小屈服强度 345MPa		特殊镇静钢	压力容器"容"的汉语拼音首位字母"R"	Q345R

（2）根据需要，低合金高强度结构钢的牌号也可以采用二位阿拉伯数字（表示平均含碳量，以万分之几计）加表 4 - 1 规定的元素符号及必要时加代表产品用途、特性和工艺方法的表示符号，按顺序表示。

例如：碳含量为 0.15% ~ 0.26%，锰含量为 1.20% ~ 1.60% 的矿用钢牌号为 20MnK。

4.1.2.4 优质碳素结构钢和优质碳素弹簧钢

（1）优质碳素结构钢牌号通常由五部分组成：

第一部分以二位阿拉伯数字表示平均碳含量（以万分之几计）；

第二部分（必要时）较高含锰量的优质碳素结构钢，加锰元素符号 Mn；

第三部分（必要时）钢材冶金质量，即高级优质钢、特级优质钢分别以 A、E 表示，优质钢不用字母表示；

第四部分（必要时）脱氧方式表示符号，即沸腾钢、半镇静钢、镇静钢分别以"F"、"b"、"Z"表示，但镇静钢表示符号通常可以省略；

第五部分（必要时）产品用途、特性或工艺方法表示符号，见表 4 - 7。

优质碳素结构钢牌号的示例见表 4 - 9。

（2）优质碳素弹簧钢的牌号表示方法与优质碳素结构钢相同，其示例见表 4 - 9。

表 4 - 9 优质碳素结构钢和优质碳素弹簧钢的牌号表示方法

序号	产品名称	第一部分	第二部分	第三部分	第四部分	第五部分	牌号示例
1	优质碳素结构钢	碳含量：0.05% ~ 0.11%	锰含量：0.25% ~ 0.50%	优质钢	沸腾钢		08F

序号	产品名称	第一部分	第二部分	第三部分	第四部分	第五部分	牌号示例
2	优质碳素结构钢	碳含量: 0.47% ~ 0.55%	锰含量: 0.50% ~ 0.80%	高级优质钢	镇静钢		50A
3	优质碳素结构钢	碳含量: 0.48% ~ 0.56%	锰含量: 0.70% ~ 1.00%	特级优质钢	镇静钢		50MnE
4	保证淬透性用钢	碳含量: 0.42% ~ 0.50%	锰含量: 0.50% ~ 0.85%	高级优质钢	镇静钢	保证淬透性钢表示符号 "H"	45AH
5	优质碳素弹簧钢	碳含量: 0.62% ~ 0.70%	锰含量: 0.90% ~ 1.20%	优质钢	镇静钢		65Mn

4.1.2.5　易切削钢

易切削钢牌号通常由三部分组成:

第一部分易切削钢表示符号 "Y";

第二部分以二位阿拉伯数字表示平均碳含量 (以万分之几计);

第三部分易切削元素符号, 如: 含钙、铅、锡等易切削元素的易切削钢分别以 Ca、Pb、Sn 表示; 加硫和加硫磷易切削钢, 通常不加易切削元素符号 S、P; 较高锰含量的加硫或加硫磷易切削钢, 本部分为锰元素符号 Mn; 为区分牌号, 对较高硫含量的易切削, 在牌号尾部加硫元素符号 S。

例如: 碳含量为 0.42% ~ 0.50%、钙含量为 0.002% ~ 0.006% 的易切削钢, 其牌号表示为 Y45Ca;

碳含量为 0.40% ~ 0.48%、锰含量为 1.35% ~ 1.65%、硫含量为 0.16% ~ 0.24% 的易切削钢, 其牌号表示为 Y45Mn;

碳含量为 0.40% ~ 0.48%、锰含量为 1.35% ~ 1.65%、硫含量为 0.24% ~ 0.32% 的易切削钢, 其牌号表示为 Y45MnS。

4.1.2.6　车辆车轴及机车车辆用钢

车辆车轴及机车车辆用钢牌号通常由两部分组成:

第一部分车辆车轴用钢表示符号 "LZ" 或机车车辆用钢表示符号 "JZ";

第二部分以二位阿拉伯数字表示平均碳含量 (以万分之几计)。

其示例如表 4 - 11 所示。

4.1.2.7　合金结构钢和合金弹簧钢

合金结构钢牌号通常由四部分组成:

第一部分以二位阿拉伯数字表示平均碳含量 (以万分之几计);

第二部分为合金元素含量, 以化学元素符号及阿拉伯数字表示, 具体表示方法为平均含量小于 1.50% 时, 牌号中仅标明元素, 一般不标明含量; 平均含量为 1.50% ~ 2.49%、2.50% ~ 3.49%、3.50% ~ 4.49%、4.50% ~ 5.49%、…时, 在合金元素后相应写成 2、3、4、5、…;

注：化学元素符号的排列顺序推荐按含量值递减排列；如果两个或多个元素的含量相等时，相应符号位置按英文字母的顺序排列；

第三部分钢材冶金质量，即高级优质钢、特级优质钢分别以 A、E 表示，优质钢不用字母表示；

第四部分（必要时）产品用途、特性或工艺方法表示符号，见表 4－7。

合金结构钢和合金弹簧钢牌号示例见表 4－10。

表 4－10　合金结构钢和合金弹簧钢牌号示例

序号	产品名称	第一部分	第二部分	第三部分	第四部分	牌号示例
1	合金结构钢	碳含量：0.22% ~0.29%	铬含量：1.50% ~1.80% 钼含量：0.25% ~0.35% 钒铌含量：0.15% ~0.30%	高级优质钢		25Cr2MoVA
2	锅炉和压力容器用钢	碳含量：≤0.22%	锰含量：1.20% ~1.60% 钼含量：0.45% ~0.65% 铌含量：0.025% ~0.050%	特级优质钢	锅炉和压力容器用钢	18MnMoNbER
3	优质弹簧钢	碳含量：0.56% ~0.64%	硅含量：1.60% ~2.00% 锰含量：0.70% ~1.00%	优质钢	—	60Si2Mn

4.1.2.8　非调质机械结构钢

非调质机械结构钢牌号通常由四部分组成：

第一部分非调质机械结构钢表示符号"F"；

第二部分以二位阿拉伯数字表示平均碳含量（以万分之几计）；

第三部分合金元素含量，以化学元素符号及阿拉伯数字表示，表示方法同合金结构钢第二部分；

第四部分（必要时）改善切削性能的非调质机械结构钢加硫元素符号 S。

非调质机械结构钢牌号的示例见表 4－11。

4.1.2.9　工具钢

工具钢通常分为碳素工具钢、合金工具钢、高速工具钢三类。

A　碳素工具钢

碳素工具钢牌号通常由四部分组成：

第一部分碳素工具钢表示符号"T"；

第二部分阿拉伯数字表示平均碳含量（以千分之几计）；

第三部分（必要时）较高含锰量碳素工具钢，加锰元素符号 Mn；

第四部分（必要时）钢材冶金质量，即高级优质碳素工具钢以 A 表示，优质钢不用字母表示。

工具钢牌号的示例见表 4－11。

B　合金工具钢

合金工具钢牌号通常由两部分组成：

第一部分平均碳含量小于 1.00% 时，采用一位数字表示碳含量（以千分之几计），平均碳含量不小于 1.00% 时，不标明含碳量数字；

第二部分合金元素含量，以化学元素符号及阿拉伯数字表示，表示方法同合金结构钢第二部分；低铬（平均铬含量小于 1%）合金工具钢，在铬含量（以千分之几计）前加数字"0"。

合金工具钢牌号的示例见表 4 - 11。

C　高速工具钢

高速工具钢牌号表示方法与合金结构钢相同，但在牌号头部一般不标明表示碳含量的阿拉伯数字。为了区别牌号，在牌号头部可以加"C"表示高碳高速工具钢。

高速工具钢牌号的示例见表 4 - 11。

4.1.2.10　轴承钢

轴承钢分为高碳铬轴承钢、渗碳轴承钢、高碳铬不锈轴承钢和高温轴承钢等四大类。

A　高碳铬轴承钢

高碳铬轴承钢牌号通常由两部分组成：

第一部分（滚珠）轴承钢表示符号"G"，但不标明碳含量；

第二部分合金元素"Cr"符号及其含量（以千分之几计），其他合金元素含量，以化学元素符号及阿拉伯数字表示，表示方法同合金结构钢第二部分。

高碳铬轴承钢牌号的示例见表 4 - 11。

B　渗碳轴承钢

在牌号头部加符号"G"，采用合金结构钢的牌号表示方法。高级优质渗碳轴承钢，在牌号尾部加"A"。

例如：碳含量为 0.17% ~ 0.23%，铬含量为 0.35% ~ 0.65%，镍含量为 0.40% ~ 0.70%，钼含量为 0.15% ~ 0.30% 的高级优质渗碳轴承钢，其牌号表示为 CJ20CrNiMoA。

C　高碳铬不锈轴承钢和高温轴承钢

在牌号头部加符号"G"，采用不锈钢和耐热钢的牌号表示方法。

例如：碳含量为 0.90% ~ 1.00%，铬含量为 17.0% ~ 19.0% 的高碳铬不锈轴承钢，其牌号表示为 G95Cr18；碳含量为 0.75% ~ 0.85%，铬含量为 3.75% ~ 4.25%，钼含量为 4.00% ~ 4.50% 的高温轴承钢，其牌号表示为 G80Cr4Mo4V。

4.1.2.11　钢轨钢、冷镦钢

钢轨钢、冷镦钢牌号通常由三部分组成：

第一部分钢轨钢表示符号"U"、冷镦钢（铆螺钢）表示符号"ML"；

第二部分以阿拉伯数字表示平均碳含量，优质碳素结构钢同优质碳素结构钢第一部分；合金结构钢同合金结构钢第一部分；

第三部分合金元素含量以化学元素符号及阿拉伯数字表示，表示方法同合金结构钢第二部分。

其示例见表4-11。

4.1.2.12 不锈钢和耐热钢

牌号采用表4-1规定的化学元素符号和表示各元素含量的阿拉伯数字表示。各元素含量的阿拉伯数字表示应符合以下规定。

A 碳含量

用两位或三位阿拉伯数字表示碳含量最佳控制值（以万分之几或十万分之几计）。

（1）只规定碳含量上限者，当碳含量上限不大于0.10%时，以其上限的3/4表示碳含量；当碳含量上限大于0.10%时，以其上限的4/5表示碳含量。

例如：碳含量上限为0.08%，碳含量以06表示；碳含量上限为0.20%，碳含量以16表示；碳含量上限为0.15%，碳含量以12表示。

对超低碳不锈钢（即碳含量不大于0.030%），用三位阿拉伯数字表示碳含量最佳控制值（以十万分之几计）。

例如：碳含量上限为0.030%时，其牌号中的碳含量以022表示；碳含量上限为0.020%时，其牌号中的碳含量以015表示。

（2）规定上、下限者，以平均碳含量×100表示。

例如：碳含量为0.16%~0.25%时，其牌号中的碳含量以20表示。

B 合金元素含量

合金元素含量以化学元素符号及阿拉伯数字表示，表示方法同合金结构钢第二部分。钢中有意加入的铌、钛、锆、氮等合金元素，虽然含量很低，也应在牌号中标出。

例如：碳含量不大于0.08%，铬含量为18.00%~20.00%，镍含量为8.00%~11.00%的不锈钢，牌号为06Cr19Ni10。

碳含量不大于0.030%，铬含量为16.00%~19.00%，钛含量为0.10%~1.00%的不锈钢，牌号为022Cr18Ti。

碳含量为0.15%~0.25%，铬含量为14.00%~16.00%，锰含量为14.00%~16.00%，镍含量为1.50%~3.00%，氮含量为0.15%~0.30%的不锈钢，牌号为20Cr15Mn15Ni2N。

碳含量为不大于0.25%，铬含量为24.00%~26.00%，镍含量为19.00%~22.00%的耐热钢，牌号为20Cr25Ni20。

4.1.2.13 焊接用钢

焊接用钢包括焊接用碳素钢、焊接用合金钢和焊接用不锈钢等。

焊接用钢牌号通常由两部分组成：

第一部分焊接用钢表示符号"H"；

第二部分各类焊接用钢牌号表示方法，其中优质碳素结构钢、合金结构钢和不锈钢应分别符合 4.1.2.3、4.1.2.7 和 4.1.2.12 规定。

焊接用钢牌号的示例见表 4-11。

4.1.2.14　冷轧电工钢

冷轧电工钢分为取向电工钢和无取向电工钢，牌号通常由三部分组成：

第一部分材料公称厚度（单位：mm）100 倍的数字；

第二部分普通级取向电工钢表示符号"Q"、高磁导率级取向电工钢表示符号"QG"或无取向电工钢表示符号"W"；

第三部分取向电工钢，磁极化强度在 1.7T 和频率在 50Hz，以 W/kg 为单位及相应厚度产品的最大比总损耗值的 100 倍；无取向电工钢，磁极化强度在 1.5T 和频率在 50Hz，以 W/kg 为单位及相应厚度产品的最大比总损耗值的 100 倍。

例如：公称厚度为 0.30mm、比总损耗 P1.7/50 为 1.30W/kg 的普通级取向电工钢，牌号为 30Q130。

公称厚度为 0.30mm、比总损耗 P1.7/50 为 1.10W/kg 的高磁导率级取向电工钢，牌号为 30QG110。

公称厚度为 0.50mm、比总损耗 P1.5/50 为 4.0W/kg 的无取向电工钢，牌号为 50W400。

4.1.2.15　电磁纯铁

电磁纯铁牌号通常由三部分组成：

第一部分电磁纯铁表示符号"DT"；

第二部分以阿拉伯数字表示不同牌号的顺序号；

第三部分根据电磁性能不同，分别采用加质量等级表示符号"A"、"C"、"E"。

电磁纯铁牌号的示例见表 4-11。

4.1.2.16　原料纯铁

原料纯铁牌号通常由两部分组成：

第一部分原料纯铁表示符号"YT"；

第二部分以阿拉伯数字表示不同牌号的顺序号。

高电阻电热合金牌号采用表 4-1 规定的化学元素符号和阿拉伯数字表示。牌号表示方法与不锈钢和耐热钢的牌号表示方法相同（镍铬基合金不标出含碳量）。

例如：铬含量为 18.00%~21.00%，镍含量为 34.00%~37.00%，碳含量不大于 0.08% 的合金（其余为铁），其牌号表示为"06Cr20Ni35"。

表 4-11 各种材料牌号的表示方法

产品名称	第一部分			第二部分	第三部分	第四部分	牌号示例
	汉字	汉语拼音	采用字母				
车辆车轴用钢	辆轴	LIANG ZHOU	LZ	碳含量：0.40% ~ 0.48%			L245
机车车辆用钢	机轴	JIZHOU	JZ	碳含量：0.40% ~ 0.48%			J245
非调质机械结构钢	非	FEI	F	碳含量：0.32% ~ 0.39%	钒含量：0.06% ~ 0.13%	硫含量：0.035% ~ 0.075%	F35VS
碳素工具钢	碳	TAN	T	碳含量：0.80% ~ 0.90%	锰含量：0.40% ~ 0.60%	高级优质钢	T8MnA
合金工具钢	碳含量：0.85% ~ 0.95%			硅含量：1.20% ~ 1.60% 铬含量：0.95% ~ 1.25%			9SiCr
高速工具钢	碳含量：0.80% ~ 0.90%			钨含量：5.50% ~ 6.75% 钼含量：4.50% ~ 5.50% 铬含量：3.80% ~ 4.40% 钒含量：1.75% ~ 2.20%			W6Mo5Cr4V2
	碳含量：0.86% ~ 0.94%			钨含量：5.90% ~ 6.70% 钼含量；4.70% ~ 5.20% 铬含量：3.80% ~ 4.50% 钒含量：1.75% ~ 2.10%			CW6Mo5Cr4V2
高碳铬轴承钢	滚	GUN	G	铬含量：1.40% ~ 1.65%	硅含量：0.45% ~ 0.75% 锰含量：0.95% ~ 1.25%		GCr15SiMn
钢轨钢	轨	GUI	U	碳含量：0.66% ~ 0.74%	硅含量：0.85% ~ 1.15% 锰含量：0.85% ~ 1.15%		U70MnSi
冷镦钢	铆螺	MAO LUO	ML	碳含量：0.26% ~ 0.34%	铬含量：0.80% ~ 1.10% 钼含量：0.15% ~ 0.25%		ML30CrMo
焊接用钢	焊	HAN	H	碳含量：≤0.10% 的高级优质碳素结构钢			H08A
	焊	HAN	H	碳含量：≤0.10% 铬含量：0.80% ~ 1.10% 钼含量：0.40% ~ 0.60% 的高级优质合金结构钢			H08CrMoA
电磁纯铁	电铁	DIAN TIE	DT	顺序号 4	磁性能 A 级		DT4A
原料纯铁	原铁	YUAN TIE	YT	顺序号 1			YT1

4.1.2.17　铸铁、铸钢及铸造合金牌号表示方法

铸铁、铸钢及铸造合金的牌号由前缀符号和阿拉伯数字及化学元素符号组成，分别表示抗拉性能或化学成分。常见前缀符号有：

ZG——表示铸钢；

ZU——表示铸钢轧辊。

4.1.2.18　高温合金

高温合金牌号，采用规定的符号和阿拉伯数字表示。

变形高温合金牌号，采用"GH"字母组合作前缀（"G"、"H"分别为"高"、"合"汉语拼音的首位字母），后接四位阿拉伯数字。"GH"符号后第一位数字表示分类号，即：

1——表示固溶强化型铁基合金；

2——表示时效硬化型铁基合金；

3——表示固溶强化型镍基合金；

4——表示时效硬化型镍基合金；

5——表示固溶强化型钴基合金；

6——表示时效硬化型钴基合金。

"GH"符号后第二、三、四位数字表示合金的编号。

铸造高温合金牌号，采用符号"K"作前缀，后接三位阿拉伯数字。"K"符号后第一位数字表示分类号，即：

2——表示时效硬化型铁基合金；

4——表示时效硬化型镍基合金；

6——表示时效硬化型钴基合金。

"K"符号后第二、三位数字表示合金的编号。

焊接用高温合金丝牌号，在变形高温合金牌号前缀符号"GH"之前加"H"符号（"H"为"焊"字汉语拼音首位字母），即采用"HGH"作前缀，后接四位阿拉伯数字。四位阿拉伯数字表示含义与变形高温合金相同。

例如：

GH1131——表示固溶强化型铁基变形高温合金；

GH2132——表示时效硬化型铁基变形高温合金；

GH3044——表示固溶强化型镍基变形高温合金；

GH4169——表示时效硬化型镍基变形高温合金；

K211——表示时效硬化型铁基铸造高温合金；

K403——表示时效硬化型镍基铸造高温合金；

K640——表示时效硬化型钴基铸造高温合金；

HGH1140——表示固溶强化型铁基焊接高温合金丝；

HGH4145——表示时效硬化型镍基焊接高温合金丝。

4.1.2.19 耐蚀合金

耐蚀合金牌号采用规定的符号和阿拉伯数字表示。

变形耐蚀合金牌号，以"NS"作前缀（"N"、"S"分别为"耐"、"蚀"汉语拼音的音位字母），后接四位阿拉伯数字。"NS"符号后第一位数字表示分类号，即：

NS1□□□——表示固溶强化型铁镍基合金；

NS2□□□——表示时效硬化型铁镍基合金；

NS3□□□——表示固溶强化型镍基合金；

NS4□□□——表示时效硬化型镍基合金。

"NS"符号后第二位数字表示不同合金系列号，如：

NS□1□□——表示镍 - 铬系合金；

NS□2□□——表示镍 - 钼系合金；

NS□3□□——表示镍 - 铬 - 钼系合金；

NS□4□□——表示镍 - 铬 - 钼 - 铜系合金；

NS□5□□——表示镍 - 铬 - 钼 - 氮系合金；

NS□6□□——表示镍 - 铬 - 钼 - 铜 - 氮系合金。

"NS"符号后第三位和第四位数字表示不同合金牌号顺序号。

铸造耐蚀合金牌号，在前缀符号"NS"前加"Z"符号（"Z"为"铸"字汉语拼音首位字母），即采用"ZNS"作前缀，后接四位阿拉伯数字。各数字表示含义与变形合金相同。

焊接用耐蚀合金丝牌号，在前缀符号"NS"前加符号"H"（"H"为"焊"字汉语拼音的首位字母），即采用"HNS"作前缀、后接四位阿拉伯数字。各数字表示含义与变形耐蚀合金相同。

例如：

NS1101——表示固溶强化型镍铬系铁镍基耐蚀合金；

NS3401——表示固溶强化型镍铬钼铜系镍基耐蚀合金；

NS4101——表示时效硬化型镍铬系镍基耐蚀合金；

HNS312——表示固溶强化型镍铬系镍基耐蚀合金焊丝。

4.1.2.20 精密合金

精密合金牌号，采用规定的符号与阿拉伯数字表示，以符号"J"（"精"字汉语拼音首位字母）与其前面的一位数字表示精密合金的基本类别。即：

1J——表示软磁合金；

2J——表示变形永磁合金；

3J——表示弹性合金；

4J——表示膨胀合金；

5J——表示热双金属；

6J——表示精密电阻合金。

"J" 符号后第一、二位数字表示不同合金牌号（但热双金属例外）的序号。

合金牌号的序号，原则上应以主元素（除铁外）百分含量中值表示。若合金序号重复，其中某合金序号可采用主元素百分含量与另一合金元素百分含量之和的中值表示，或以主元素百分含量的上（或下）限表示，以示区别。

对于同一合金成分，由于生产工艺不同，性能亦不同的合金，或同一合金成分（包括基本相同者），用途不同，性能要求也异的合金，在必须予以区别时，则应于序号之后标以汉语拼音字母（表示合金主要特性或用途的汉语拼音字母）相区别。

热双金属牌号，在 "J" 符号后的一、二位数字表示比弯曲公称值的整数（单位：$10^{-6}/℃$）；第三位及其后数字表示电阻率公称值；数字后标以字母 "A"、"B" 则分别表示被动层相同而主动层不同的两种热双金属牌号。

例如：

1J50——表示（含镍约 50.16%）软磁合金；

1J79——表示（含镍约 79%）软磁合金；

2J32——表示变形永磁合金；

3J53——表示弹性合金；

4J29——表示（含镍约 29%）膨胀合金；

5J1580——表示比弯曲约为 $14.6 \times 10^{-6}/℃$、电阻率约为 $78\mu\Omega/cm$ 的热双金属；

5J1306A——表示比弯曲约为 $13 \times 10^{-6}/℃$、电阻率约为 $60\mu\Omega/cm$ 的热双金属。

4.1.2.21　快淬金属牌号

快淬金属牌号采用规定的符号与阿拉伯数字表示，以 "K" 符号（"K" 为 "快" 字汉语拼音首位字母）表示 "快淬金属"。符号 "K" 及前面的一位数字表示快淬金属基本特性的类别，即：

1K□□□——表示快淬软磁合金；

2K□□□——表示快淬永磁合金；

3K□□□——表示快淬弹性合金；

4K□□□——表示快淬膨胀合金；

5K□□□——表示快淬热双金属；

6K□□□——表示快淬精密电阻合金；

7K□□□——表示快淬焊接合金；

8K□□□——表示快淬耐蚀耐热合金。

"K" 符号后第一位数字表示快淬金属基体成分的类别，即：

□K1□□——表示快淬铁基合金；

□K2□□——表示快淬钴基合金；

□K3□□——表示快淬镍基合金；

□K4□□——表示快淬铁钴基合金；

□K5□□——表示快淬铁镍基合金；

□K6□□——表示快淬钴镍基合金；

□K7□□——表示快淬铜基合金。

"K"符号后第二、三位数字表示同一快淬金属类别内不同牌号的序号。

牌号尾部一般情况下不加符号，根据特殊需要，可在牌号尾部加上表示该快淬金属某种特性的符号，如：

尾部加"J"，表示快淬金属具有矩形磁滞回线特性；尾部加"H"，表示该快淬金属具有恒导磁特性。

例如：

1K101——表示快淬软磁铁基合金（Fe - Si - B 系）；

1K201——表示快淬软磁钴基合金（高脉冲磁导率）；

1K502——表示快淬软磁铁镍基合金（Fe - Ni - V - Si - B 系）；

2K101——表示快淬永磁铁基合金（Nd - Fe - B 系）；

3K301——表示快淬弹性镍基合金（Ni - Si - B 系）；

7K301——表示快淬可焊镍基合金；

8K501——表示快淬耐热铁镍基合金；

1K501H——表示具有恒导磁特性的快淬软磁铁镍基合金（Fe - Ni - P - B 系）；

1K601J——表示具有矩形磁滞回线特性的快淬软磁钴镍基合金（Co - Ni - Fe - Si - B 系）。

4.2 俄罗斯钢、合金牌号表示方法

ГОСТ 为原苏联的标准代号，现在俄罗斯仍沿用此代号作为国家标准代号。ГОСТ 标准中钢牌号表示方法，基本上与我国的表示方法相同，只有少数例外，但它用的字母来自俄语。

4.2.1 普通碳素钢

ГОСТ 380—198《普通碳素钢》中牌号表示方法采用了国际标准 ISO630：1995《钢结构钢 - 钢板、宽钢带、棒材、型钢与异型钢》和 ISO1052：1982《一般工程用 - 钢牌号表示方法》的规定，其牌号有：Ст0，Ст1кп，Ст1пс，Ст1сп，Ст2кп，Ст2пс，Ст2сп，Ст3кп，Ст3пс，Ст3сп，Ст3Гпс，Ст3Гсп，Ст4кп，Ст4пс，Ст4сп，Ст5пс，Ст5сп，Ст5Гпс，Ст6пс，Ст6сп。其中：字母 Ст 表示钢；数字表示按钢等级的化学成分的常规含量；字母 Г 表示钢中的锰含量不小于 0.80%；字母 кп，пс，сп 表示脱氧方法：кп 表示沸腾钢；пс 表示半镇静钢；сп 表示镇静钢。

4.2.2 优质碳素钢

以平均含碳量 ×100 表示，例如平均含碳量（质量分数）为 0.08% 的钢，其牌号为 08。如果钢中含锰量较高，应标明锰符号，如 20Г。钢中硫磷含量低的高级优质钢，要加后缀 А，例如 50А；含磷硫更低的最高级优质钢加后缀 Ш，如 50Ш。58 号钢后有括弧

（55ПП）是旧钢号，是专供派登托钢丝用钢的老牌号名称。

含锰（质量分数）2%的钢已与ГОСТ 4543合金钢合并，已不再叫碳素钢。

4.2.3 碳素工具钢

碳素工具钢前缀为Y，后面以平均含碳量×10表示。如钢中含锰量较高，则加"Г"字；如钢中磷硫含量较低，叫优质碳素工具钢，例如平均含碳量（质量分数）为0.80%的较高含锰量碳素工具优质钢，其牌号为Y8ГА。

4.2.4 易切结构钢

易切结构钢前缀有两种：含硫易切钢用A表示；含铅易切钢用AC表示，随后以平均含碳量×100表示，如含锰量较高则外加"Г"字，例如平均含碳量（质量分数）为0.40%的锰钢，其牌号为A40Г。含铅易切钢分碳素钢和合金钢两类，例如含碳量（质量分数）平均值为0.14%的含铅易切钢，用AC14表示；平均含碳量（质量分数）为0.40%，且含有铬、锰、镍、钼的含铅易切削钢，用AC40ХГНМ表示。此外，同时加硒和硫的易切钢，仍属加硫易切钢体系，如A40ХЕ，其中Е为硒的符号。

4.2.5 低合金钢

标准《提高强度钢》（ГОСТ 19281—1989）为了采用ISO标准，把钢号命名方法改为按屈服强度下限值命名，同时又保留了原来以化学成分命名的钢号体系，作为附加要求。也就是说旧钢号的表示方法是一种过渡性措施，介绍如下：

以强度命名的，是以屈服强度下限表示，现有强度级为265、295、315、325、345、355、375、390及440等9个牌号，均以MPa表示。

以化学成分命名的，碳含量以平均值×100表示，合金元素含量（质量分数）大于等于1.45%（单个元素）则应标出2，小于1.45%不标明含量数，但应给出所含合金元素符号，例如18Г2АФД。此外若是镇静钢加后缀сп，半镇静钢加пс。

4.2.6 合金结构钢、弹簧钢

合金结构钢和弹簧钢命名方法与低合金结构钢以化学成分的命名方法相同，但这两类钢分优质钢和高级优质钢两类，高级优质钢要加后缀А，例如30ХГСА，60С2ГА等。

4.2.7 高碳铬轴承钢

高碳铬轴承钢前辍用Ш表示，碳含量不予标出，含铬量以平均值×10表示，例如平均含铬量（质量分数）为1.5%的轴承钢用ШХ15表示。如其中含有硅锰应标出СГ符号，即ШХ15СГ。用电渣炉冶炼的轴承钢在钢号最后标出"–Ш"，如ШХ15СГ–Ш。

4.2.8 焊条和焊补用钢

焊条钢的前缀用Св—表示，焊补钢用Нп—表示。由于这两类钢基本上包括优质碳素

钢、低合金钢、合金结构钢、不锈耐热钢、耐蚀合金和高速钢等，其后的表示方法同相应钢类，举例如下：$C_Б$ –08ГА　$C_Б$ –06Х21Н7БТ、$C_Б$08А、$C_Б$08АА（S、P 含量比 $C_Б$08А 更低）、$C_Б$ – Х80、$H_П$ – 30、$H_П$ – Р6М5 等。

4.2.9 合金工具钢

除含碳量的表示方法与合金结构钢不同以外，其合金元素表示方法与合金结构钢相同。为了不使钢号过长，含碳量（质量分数）大于 1.0% 的钢不标明含碳量，例如 ХВГ、ХВ5 等；平均碳含量（质量分数）小于 1.0% 者要标出含碳量，以平均含碳量×10 表示，例如，6ХВГ 表示平均含碳量（质量分数）为 0.60% 的铬钨锰合工钢。合金工具钢不分优质钢与高级优质钢，其后不加 А。

4.2.10 高速工具钢

高速工具钢的前缀用 Р 表示，其余合金元素的表示方法与合金结构钢基本相同，但钨的化学元素符号省略，含钨量紧接在前缀 Р 后标明，如 Р18、Р6М5、Р6М5К5 等。

4.2.11 不锈耐热钢

碳含量用两位数字表示，含碳量只规定上限者，以上限值×100 表示，规定上、下限者用平均含碳量×100 表示，例如 12Х13，08Х17Т。用电渣冶炼及其他特殊冶炼方法冶炼的钢还要加后缀 Ш（电渣法）、$B_Я$（真空法）等。

4.2.12 其他钢材

这类钢材多为专用钢材，如造船、锅炉、桥梁、铁道、压力容器用钢等。

4.2.12.1 造船用钢

造船用钢用 А、В、С、D、Е、А32，D32，Е32，А36，D36，Е36，А40，D40，Е40 等，其牌号采用国际船规规定。

4.2.12.2 锅炉用钢

碳素钢在钢号之后加 К 表示锅炉用，例 15К，20К，22К 等，合金钢不加，例如 12ХМ、12Х1МΦ。

4.2.12.3 桥梁钢

桥梁钢同低合金钢表示方法，现在已不再加 М，详见 ГОСТ 6713 – 1975。

4.2.12.4 钢轨钢

平炉冶炼的钢用 М 前缀，其后数字为碳含量平均值，例如 М74、М71 等。

几乎所有钢类都有铸钢件，其表示方法是用基本钢类的牌号加后缀 Л，例如，30Л、30ХГВФЛ、14Х18Н4Г4Л、110Г13ХВРЛ 等。

4.2.13 电工用钢

电工用钢主要包括电工纯铁和硅钢板（带），现分别介绍如下。

4.2.13.1 电工纯铁

ГОСТ 3836—1983 改其名为"电工用非合金薄钢板及钢带",牌号表示方法也改变了,完全采用数字表示,共五位数字,每位数字的含义如下:

第一位数字表示组织状态及轧材类别,用 1 和 2 表示,1 是热轧各向同性钢板(带);2 为冷轧各向同性钢板(带);

第二位数字表示时效系数的试验,0 为不要求;1 为要求;

第三位数字表示要求矫顽力的组别,此处均用 8 表示;

第四及第五位数字写出标准规定的矫顽力指标值。

举例如下:

10832——热轧各向同性钢板(带),不要求做时效试验,矫顽力第 8 组,矫顽力保证值为 32.0A/M;

21880——冷轧各向同性钢板(带),要求做时效试验,矫顽力为第 8 组,其保证值为 80.0A/M。

电工纯铁也可以制成棒材,ГОСТ 11035—1993 规定的牌号表示方法仍为五位数字,但其含义有些差别。

第一位数字表示压力加工类别,1 为热轧和热锻;2 为冷拉;

第二位数字为 0 时表示不要求做时效检验;1 为要求时效检验;

第三位数字表示矫顽力组别,均为 8 组;

第四及五位数字为矫顽力保证值。

几个代表性牌号如:10864,20864,11864,21864。

4.2.13.2 电工硅钢

硅钢用四位数字表示,其含义如下。

第一位数字用 1,2,3 分别代表:

1——热轧无取向硅钢,无取向即各向同性;

2——冷轧无取向硅钢;

3——冷轧取向硅钢。

第二位数字表示含硅量:

0——含硅≤0.40%(非合金);

1——含硅 >0.40% ~0.80%;

2——含硅 >0.80% ~1.80%;

3——含硅 >1.80% ~2.80%;

4——含硅 >2.80% ~3.80%;

5——含硅 >3.80% ~4.80%。

第三位数字表示磁性能组别:

0——表示 P1.7/50 铁损值组别;

1——表示 P1.5/50 铁损值组别;

2——表示 P1.0/400 或 P1.5/400 铁损值组别；

6——表示弱磁场的磁感应强度组别，即 B0.4；

7——表示中等磁场的磁感应强度组别，即 B10 或 B5。

举例如下：

1211（老牌号：Э11）

1212（老牌号：Э22）

1413（老牌号：Э33）

1514（老牌号：Э43A）

2011（老牌号：Э0100）

2111（老牌号：Э1000）

2211（老牌号：Э1300）

2311（老牌号：Э2200）

2411（老牌号：Э3100）

3311（老牌号：Э411）

3314（老牌号：Э330A）

3424（老牌号：Э360A）

4.2.14　耐蚀及耐热合金

耐蚀及耐热合金不标出碳含量，但牌号中标出主元素的百分含量，如 XH40Б、H70M、XH85 MЮ、XH77BTЮ、XH77TЮ – Bя等。

4.2.15　精密合金

精密合金分为 7 类，其牌号表示方法分两个系统。第一个系统是高电阻合金表示方法；第二个系统包括另外 6 类精密合金，这 6 类是软磁精密合金、硬磁精密合金、定膨胀精密合金、弹性精密合金、超导电精密合金和热双金属等，现分两类介绍如下。

4.2.15.1　高电阻合金

高电阻合金的表示方法同合金钢，但含碳量不予标出，例如 X20H80，如含碳量不大于 0.06%，则以 0 表示含碳量，如 0X25Ю5A，0X27Ю5A。

4.2.15.2　其他精密合金

用化学元素符号俄文字母表示，在化学元素符号之前标明主合金元素（除铁以外）百分含量，取平均值，如 34HKM，52K10Ф，29HK，36HXTЮ5M，65БT，45HГЮ；除主合金元素以外的其他合金元素是否标明其含量，要看情况而定，如果不可能发生重复，便可以省去。例如 34HKM，其中 K 28.5% ~30.0%，M 2.8% ~3.2%便省去，因为含 HKM 的牌号中 H 是 34% 的只有一个牌号，与相邻的 40HKM 不重复。又如 52K10Ф、52K11Ф、52K12Ф、52K13Ф 是含 Ф 量不同的系列牌号，就要标明 Ф 含量。请注意 Ф 含量应标在符号 Ф 之前，此点与一般合金钢的位置不同。

　　热双金属按结构划分也有牌号，有两层的和三层的，用 ТБ□□□/□□ 表示，其中 □□□ 和 □□ 均为数字，例如 ТБ200/113 为 75ГНЯ 与 36Н 复合，ТБ120/11 由 Л90（黄铜）与 36Н 复合，ТВ120/40 由 24НХ、36Н 及 Нп₂（镍基合金）复合，详见 ГОСТ 10533—2005。

4.3　美国钢、合金牌号表示方法

4.3.1　钢牌号

　　美国汽车工程师协会 SAE 和美国材料与试验协会 ASTM 的"金属与合金统一数字代号体系"（"UNS"体系），包括 17 个数字代号系列，每一系列由一个固定的前缀字母和五个数字组成，在大多数情况下，一个前缀字母表示同一类型的金属。这个统一数字代号体系，基本上是在各个协会组织原有各种材料编号体系的基础上，稍作变动，合并统一而成的，见表 4 – 12。

表 4 – 12　美国黑色金属及合金体系表

		说　　明
D00001 ~ D99999	规定力学性能钢	
F00001 ~ F99999	铸铁	
G00001 ~ G99999	AISI 和 SAE 碳钢及合金钢	
H00001 ~ H99999	AISI 可淬透性钢	前缀字母"H"为"HARDENABILITY"（可淬透的）的第一个字母
J00001 ~ J99999	铸钢（工具钢除外）	
K00001 ~ K99999	杂类钢及铁基合金	
S00001 ~ S99999	耐热及耐蚀（不锈）钢	前缀字母"S"为"STAINLESS"（不锈）的第一个字母
T00001 ~ T99999	工具钢	前缀字母"T"为"TOOL"（工具）的第一个字母
N00001 ~ N99999	镍及镍合金	前缀字母"N"为"NIKEL"的第一个字母

　　SAE 和 AISI 原有牌号体系基本由三位、四位或五位数字组成，在大多数情况下，两个体系是一致的，只在部分牌号上有差别，见表 4 – 13。

表 4 –13　UNS、SAE、AISI 体系表

UNS 体系	SAE 体系	AISI 体系	组别及特征	牌号对照举例		
				UNS	SAE	AISI
碳　素　钢						
G10□□0	10□□	10□□	一般碳素钢，非硫易切削碳素钢，锰含量(质量分数)最大为 1.00%，左列牌号系列中的"□□"表示平均碳含量为万分之几	G10450	1045	1045
G11□□0	11□□	11□□	硫切削碳素钢，左列牌号系列中的"□□"表示平均碳含量为万分之几	G11370	1137	1137

UNS 体系	SAE 体系	AISI 体系	组别及特征	牌号对照举例		
				UNS	SAE	AISI
G12□□0	12□□	12□□	磷硫复合易切削碳素钢，左列牌号系列中的"□□"表示平均碳含量为万分之几	G12130	1213	1213
G15□□0	15□□	15□□	高锰碳素钢，左列牌号系列中的"□□"表示平均碳含量为万分之几	G15520	1552	1552
合 金 钢						
G13□□0	13□□	13□□	锰钢，平均锰含量(质量分数)为 1.75%，左列牌号系列中的"□□"表示平均碳含量为万分之几	G13350	1335	1335
G23□□0	23□□	23□□	镍钢、平均镍含量(质量分数)为 3.50%，左列牌号系列中的"□□"表示平均碳含量为万分之几			
G25□□0	25□□	25□□	镍钢，平均镍含量(质量分数)为 5.00%，左列牌号系列中的"□□"表示平均碳含量为万分之几			
G31□□0	31□□	31□□	镍铬钢，平均镍含量(质量分数)为 1.25%，铬含量(质量分数)为 0.65%、0.80%，左列牌号系列中的"□□"表示平均碳含量为万分之几			
G32□□0	32□□	32□□	镍铬钢，平均镍含量(质量分数)为 1.75%，铬含量(质量分数)为 1.07%，左列牌号系列中的"□□"表示平均碳含量为万分之几			
G33□□0	33□□	33□□	镍铬钢，平均镍含量(质量分数)为 3.50%，铬含量(质量分数)为 1.50%、1.57%，左列牌号系列中的"□□"表示平均碳含量为万分之几			
G34□□0	34□□	34□□	镍铬钢，平均镍含量(质量分数)为 3.00%，铬含量(质量分数)为 0.77%，左列牌号系列中的"□□"表示平均碳含量为万分之几			
G40□□0	40□□	40□□	钼钢，平均钼含量(质量分数)为 0.20%、0.25%，左列牌号系列中的"□□"表示平均碳含量为万分之几	G40280	4028	4028
G41□□0	41□□	41□□	铬钼钢，平均铬含量(质量分数)为 0.50%、0.80%、0.95%，钼含量(质量分数)为 0.12%、0.20%、0.25%、0.30%，左列牌号系列中的"□□"表示平均碳含量为万分之几	G41300	4130	4130
G43□□0	43□□	43□□	镍铬钼钢，平均镍含量(质量分数)为 1.82%，铬含量(质量分数)为 0.50%、0.80%，钼含量(质量分数)为 0.25%，左列牌号系列中的"□□"表示平均碳含量为万分之几	G43400	4340	4340
G44□□0	44□□	44□□	钼钢，平均钼含量(质量分数)为0.40%、0.52%，左列牌号系列中的"□□"表示平均碳含量为万分之几	G44270	4427	
G46□□0	46□□	46□□	镍钼钢，平均镍含量(质量分数)为 0.85%、1.82%，钼含量(质量分数)为 0.20%、0.25%，左列牌号系列中的"□□"表示平均碳含量为万分之几	G46150	4615	4615

UNS 体系	SAE 体系	AISI 体系	组别及特征	牌号对照举例		
				UNS	SAE	AISI
G47□□0	47□□	47□□	镍铬钼钢, 平均镍含量(质量分数)为 1.05%, 铬含量(质量分数)为 0.45%, 钼含量为 0.20%、0.35%, 左列牌号系列中的"□□"表示平均碳含量为万分之几	G47200	4720	4720
G48□□0	48□□	48□□	镍钼钢, 平均镍含量(质量分数)为 3.50%, 钼含量(质量分数)为 0.25%, 左列牌号系列中的"□□"表示平均碳含量为万分之几	G48200	4820	4820
G50□□0	50□□	50□□	铬钢, 平均铬含量(质量分数)为 0.27%、0.40%、0.50%、0.65%, 左列牌号系列中的"□□"表示平均碳含量为万分之几	G50460	5046	5046
G51□□0	51□□	51□□	铬钢, 平均铬含量(质量分数)为 0.80%、0.87%、0.92%、0.95%、1.00%、1.05%, 左列牌号系列中的"□□"表示平均碳含量为万分之几	G51320	5132	5132
G50□□6	50□□□	50□□□	铬钢, 平均铬含量(质量分数)为 0.27%、0.50%, 左列牌号系列中的"□□"(或"□□□")表示平均碳含量为万分之几, 此系列为高碳铬轴承钢	G50986	50100	E50100
G51□□6	51□□□	51□□□	铬钢, 平均铬含量(质量分数)为 0.80%、1.02%, 左列牌号系列中的"□□"(或"□□□")表示平均碳含量为万分之几, 此系列为高碳铬轴承钢	G51986	51100	E51100
G52□□6	52□□□	52□□□	铬钢, 平均铬含量(质量分数)为 1.45%, 左列牌号系列中的"□□"(或"□□□")表示平均碳含量为万分之几, 此系列为高碳铬轴承钢	G52986	52100	E52100
G61□□0	61□□	61□□	铬钒钢, 平均铬含量(质量分数)为 0.60%、0.80%、0.95%, 钒含量最小为 0.10%、0.15%, 左列牌号系列中的"□□"表示平均碳含量为万分之几	G61180	6118	6118
G71□□0	71□□		钨铬钢, 平均钨含量(质量分数)为 13.50%、16.50%、铬含量(质量分数)为 3.50%			
G72□□0	72□□		钨铬钢, 平均钨含量(质量分数)为 1.75%, 铬含量(质量分数)为 0.75%, 左列牌号系列中的"□□"表示平均碳含量为万分之几			
G81□□0	81□□	81□□	镍铬钼钢, 平均镍含量(质量分数)为 0.30%, 铬含量(质量分数)为 0.40%, 钼含量为 0.12%, 左列牌号系列中的"□□"表示平均碳含量为万分之几	G81150	8115	8115

UNS 体系	SAE 体系	AISI 体系	组别及特征	牌号对照举例		
				UNS	SAE	AISI
G86□□0	86□□	86□□	镍铬钼钢,平均镍含量(质量分数)为0.55%,铬含量(质量分数)为0.50%,钼含量(质量分数)为0.20%,左列牌号系列中的"□□"表示平均碳含量为万分之几	G86200	8620	8620
G87□□0	87□□	87□□	镍铬钼钢,平均镍含量(质量分数)为0.55%,铬含量(质量分数)为0.50%,钼含量(质量分数)为0.25%,左列牌号系列中的"□□"表示平均碳含量为万分之几	G87400	8740	8740
G88□□0	88□□	88□□	镍铬钼钢,平均镍含量(质量分数)为0.55%,铬含量(质量分数)为0.50%,钼含量(质量分数)为0.35%,左列牌号系列中的"□□"表示平均碳含量为万分之几	G88220	8822	8822
G92□□0	92□□	92□□	硅锰铬钢,平均硅含量(质量分数)为1.40%、2.00%,锰含量(质量分数)为0.70%、0.75%、0.82%、0.85%,铬含量(质量分数)为0.17%、0.32%、0.70%,左列牌号系列中的"□□"表示平均碳含量为万分之几	G92600	9260	9260
G93□□0 G93□□6	93□□		镍铬钼钢,平均镍含量(质量分数)为3.25%,铬含量(质量分数)为1.20%,钼含量(质量分数)为0.12%,左列牌号系列中的"□□"表示平均碳含量为万分之几"G93□□6"中的"6"为轴承钢	G93106	9310	
G94□□0	94□□	94□□	镍铬钼钢,平均镍含量(质量分数)为0.45%,铬含量(质量分数)为0.40%,钼含量(质量分数)为0.12%,6,左列牌号系列中的"□□"表示平均碳含量为万分之几			
G97□□0	97□□		镍铬钼钢,平均镍含量(质量分数)为0.55%,铬含量(质量分数)为0.17%,钼含量(质量分数)为0.20%,左列牌号系列中的"□□"表示平均碳含量为万分之几			
G98□□0	98□□		镍铬钼钢,平均镍含量(质量分数)为1.00%,铬含量(质量分数)为0.80%,钼含量(质量分数)为0.25%,左列牌号系列中的"□□"表示平均碳含量为万分之几			
含硼或含铅的碳素钢和合金钢						
G□□□□1	□□B□□	□□B□□	含硼钢,UNS系牌号末位数字为"1",SAE、AISI系牌号第二、三位数字中间加"B"字,"B"为"Boron"(硼)的第一个字母,其他符号含义与碳素钢和合金钢的一般规定相同	G10461 G50601	10B46 50B60	10B46 50B60

UNS 体系	SAE 体系	AISI 体系	组别及特征	牌号对照举例		
				UNS	SAE	AISI
G□□□□4	□□L□□	□□L□□	含铅钢,UNS 系牌号末位数字为"4",SAE,AISI 系牌号第二、三位数字中间加"L"字,"L"为"Lead"(铅)的第一个字母,其他符号含义与碳素钢和合金钢的一般规定相同	G10454	10L45	10L45
			保证淬透性的碳素钢和合金钢			
H□□□□0	□□□□H	□□□□H	不含硼的保证淬透性的碳素钢和合金钢,UNS 系前缀符号为"H",SAE、AISI 系后缀符号为"H","H"为"Hardenability"的第一个字母,各牌号系列数字含义与碳素钢和合金钢的一般规定相同	H10450 H43400	1045H 4340H	1045H 4340H
H□□□□1	□□B□□H	□□B□□H	含硼的保证淬透性的碳素钢和合金钢,UNS 系前缀符号为"H",末位数字为"1",SAE、AISI 系第二、三位数字中间为"B",后缀符号为"H",各牌号系列数字含义与碳素钢和合金钢的一般规定相同	H15371 H50501	15B37H 50B50H	15B37H 50B50H
			不锈钢和耐热钢(阀门钢除外)			
S1□□□□		63□	沉淀硬化不锈钢及其他特殊不锈钢,UNS 系"□□□□"表示顺序号(大多采用企业团体的商业牌号特征数字),AISI 系"63□"中"□"为顺序号"63□"系为沉淀硬化不锈钢	S17400 S17700 S15700	17 – 4PH 17 – 7PH 15 – 7 Mo	630 631 632
S2□□□□	302□□	2□□	铬锰镍奥氏体不锈钢,UNS 系第二、三位数字与 SAE、AISI 系的最后两位数字相同,但 SAE,AISI 牌号较少	S20200	30202	202
S3□□□□	303□□	3□□	铬镍奥氏体不锈钢,UNS 系第二、三位数字与 SAE、AISI 系的最后两位数字相同。UNS 系最后两位数字一般为"00",而"03"表示超低碳钢,其他数字用来区分主要化学成分相同而个别成分稍有差别或包含有特殊元素的一组牌号。SAE、AISI 系牌号最后加"L",表示超低碳钢,加"N"表示含氮钢,还有其他符号。UNS 系包含少数沉淀硬化不锈钢牌号	S30400 S31603	30304 30316L	304 316L
S4□□□□	514□□	4□□	高铬马氏体和低碳高铬铁素体钢,UNS 系第二、三位数字与 SAE、AISI 系的最后两位数字相同。UNS 系最后两位数字一般为"00",其他数字用来区分主要化学成分相近而个别成分稍有差别或包含有特殊元素的同组牌号,SAE、AISI 系牌号最后加有某些拉丁字母的牌号表示与基本牌号化学成分相近的但个别成分稍有差别或包含有特殊元素的同组牌号	S40300 S43020	51403 51430F	403 430F

UNS 体系	SAE 体系	AISI 体系	组别及特征	牌号对照举例		
				UNS	SAE	AISI
S5□□□	515□□	S□□	低铬马氏体钢,平均铬含量(质量分数)为5%、7%、9%	S50100	51501	501
工 具 钢						
T113□□□	M□(□)	M□(□)	钼系高速工具钢,UNS系牌号最后两位(或一位)数字与SAE、AISI 最后两位(或一位)数字相同。SAE、AISI系的前缀符号"M"为"Molybdenum"(钼)的第一个字母	T11342	M42	M42
T120□□	T□	T□	钨系高速工具钢,UNS系牌号最后一位数字与SAE、AISI系最后一位数字相同。SAE、AISI系的前缀符号"T"为"Tungsten"(钨)的第一个字母	T12002	T2	T2
T208□□	H□□	H□□	热作模具钢,UNS系牌号最后两位数字与SAE、AISI系最后两位数字相同。SAE、AISI系的前缀符号"H"为"Hot"(热)的第一个字母。其中,"H1□"为中碳中铬型热作模具钢,"H2□"为钨系热作模具钢,"H4□"为钼系热作模具钢	T20813 T20822 T20841	H13 H22 H41	H13 H22 H41
T301□□	A□	A□	空冷硬化中合金冷作工具钢,UNS系牌号最后一位数字与SAE、AISI系最后一位数字相同。SAE、AISI系的前缀符号"A"为"Air"(空气)的第一个字母	T30104	A4	A4
T304□□	D□	D□	高碳高铬型冷作工具钢,UNS系牌号最后一位数字与SAE、AISI系最后一位数字相同。SAE、AISI系的前缀符号"D"	T30403	D3	D3
T315□□	O□	O□	油淬冷作工具钢,UNS系牌号最后一位数字与SAE、AISI系最后一位数字相同。SAE、AISI系的前缀符号"O"为"Oil"(油)的第一个字母	T31502	O2	O2
T419□□	S□	S□	耐冲击工具钢,UNS系牌号最后一位数字与SAE、AISI系最后一位数字相同。SAE、AISI系的前缀符号"S"为"Shock"(冲击)的第一个字母	T41906	S6	S6
T516□□	P□(□)	P□(□)	低碳型工具钢,UNS系牌号最后一位(或两位)数字与SAE、AISI系最后一位(或两位)数字相同。SAE、AISI的前缀符号为"P"	T51606	P6	P6
T606□□	F□	F□	碳钨工具钢,UNS系牌号最后一位数字与SAE、AISI系最后一位数字相同。SAE、AISI的前缀符号为"F"	T60602	F2	F2
T612□□	L□	L□	低合金特种用途工具钢,UNS系牌号最后一位数字与SAE、AISI系的最后一位数字相同。SAE、AISI的前缀符号"L"为"Low"(低)的第一个字母	T72305	L5	L5

UNS 体系	SAE 体系	AISI 体系	组别及特征	牌号对照举例		
				UNS	SAE	AISI
T723□□	W□	W□	水淬工具钢，UNS 系牌号最后一位数字与 SAE、AISI 系的最后一位数字相同。SAE、AISI 的前缀符号"W"为"Water"（水）的第一个字母	T72305	W5	W5
杂类钢及铁基合金						
K□□□□□			包括特殊的碳素钢、合金钢、阀门钢、超级合金、电热合金、膨胀合金等。SAE、AISI 没有统一体系	K44315 K63008 K66286 K94600	(300M) (2I -4N) (A286)	

4.3.2　铸钢件

不锈耐热钢铸件，ASTM 是采用 ACI 系统，其他类铸钢则没有规律性，现将 ACI 不锈耐热钢铸件系统简介如下：

钢号的第一字母用 C 或 H 表示，其中 C 表示在 650℃以下使用，H 表示 650℃以上使用；第二个字母表示不同的含镍量范围，第二个字母采用表 4 - 14 规定。

表 4 - 14　铸钢件牌号中第二个字母的含义

字 母	含镍量（质量分数）/%	字 母	含镍量（质量分数）/%	字 母	含镍量（质量分数）/%
A	<1.0	F	9.0 ~12.0	T	33.0 ~37.0
B	<4.0	H	11.0 ~14.0	U	37.0 ~41.0
C	4.0 ~7.0	I	14.0 ~18.0	W	58.0 ~62.0
D		K	18.0 ~22.0	X	64.0 ~68.0
E	8.0 ~11.0	N	23.0 ~27.0		

4.3.3　电工钢

电工钢牌号构成为：

　　　　　　　□□　　　　○　　　　　□□□

　　　　公称厚度　　硅钢种类　　要求铁损值

例如：36F130 是公称厚度为 0.36mm，要求铁损 1.30 （P1.5T/60）的 F 类硅钢种类，符号的含义：

C——成张薄板，完全加工，用 P1.5T/60Hz 检查铁损，下同；

D——成张薄板，半加工；

F——非取向电工钢，完全加工；

S——非取向电工钢，半加工；

G——取向电工钢，完全加工；

H——取向电工钢，完全加工；

P——取向电工钢，完全加工，用 P1.7T/60Hz 检查铁损。

以公制表示的，在牌号后加 M，例如：47S551M。以英制表示则无后缀，例如：47S250。

其他电工用钢和合金：

用 grade□，或 Alloy□表示，□为序号，例如：ASTM A801—82（86）铁 - 钴高磁性饱和合金，其牌号为 Alloy1，Alloy2。标准中只有一个牌号的，不给命名，用标准号代替。

4.4 日本钢、合金牌号表示方法

在日本 JIS 标准中，钢分为普通钢、特殊钢和铸锻钢。普通钢按产品形状分为条钢、厚板、薄板、钢管、线材和丝；特殊钢按其特殊性又细分为强度钢、工具钢、特殊用途钢。钢牌号原则上由三部分组成：

第一部分：表示材质；

第二部分：表示种类；

第三部分：表示材料种类的特征数字。

例如：　　S　　S　　41　；　　　S　　UP　　6

　　　　　(1)　(2)　(3)　　　　　(1)　(2)　　(3)

4.4.1 机械结构用钢牌号

4.4.1.1 牌号中符号的顺序位置

机械结构用钢牌号按其构成顺序为：

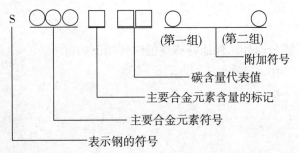

其中，○为英文字；□为数字。

主要合金元素含量标记见表 4 - 15。

表 4 - 15　主要合金元素含量　　　　　　　　　　（%）

主要合金元素含量标记	Mn 钢	CrMn 钢		Cr 钢	CrMn 钢、CrMoAl 钢		NiCr 钢		NiCrMo 钢		
	Mn	Mn	Cr	Cr	Cr	Mo	Ni	Cr	Ni	Cr	Mo
1					≥0.30 ~ <0.80	<0.15					
2	≥1.00 ~ <1.30	≥1.00 ~ <1.30	≥0.30 ~ <0.90	≥0.30 ~ <0.80	≥0.30 ~ <0.80	≥0.15 ~ <0.30	≥1.00 ~ <2.00	≥0.25 ~ <1.25	≥0.20 ~ <0.70	≥0.20 ~ <1.00	≥0.15 ~ <0.40
3					≥0.80 ~ <1.40	<0.15					
4	≥1.30 ~ <1.60	≥1.30 ~ <1.60	≥0.30 ~ <0.90	≥0.80 ~ <1.40	≥0.80 ~ <1.40	≥0.15 ~ <0.30	≥2.00 ~ <2.50	≥0.25 ~ <1.25	≥0.70 ~ <2.00	≥0.40 ~ <1.50	≥0.15 ~ <0.40
5		≥1.30 ~ <1.60	≥0.90		≥1.40	<0.15					
6	≥1.60	≥1.60	≥0.30 ~ <0.90	≥1.40 ~ <2.00	≥1.40	≥0.15 ~ <0.30	≥2.50 ~ <3.00	≥0.25 ~ <1.25	≥2.00 ~ <3.50	≥1.00	≥0.15 ~ <1.00
7				≥2.00	≥0.80 ~ <1.40	<0.60	≥3.00	≥0.20 ~ <1.25	≥3.50	≥0.70 ~ <1.50	≥0.15 ~ <0.40

4.4.1.2　碳含量代表值

碳含量代表值用规定的碳含量中间值乘 100 的数值表示，如该数值不是整数值，去掉小数取整数表示；如该数值在 9 以下时，其数值前加 "0" 表示；如两种牌号主要合金元素符号、含量标记及碳含量代表值相同时，在碳含量较多的碳含量代表值上加 "1" 表示。

4.4.1.3　附加符号

第一组，对基本钢添加特殊元素时使用下列符号：

加 Pb 钢　　　L

加 S 钢　　　S

加 Ca 钢　　　U

第二组，除化学成分以外，保证特殊性能时使用下列符号：

保证淬透性钢　　　H

渗碳用碳素钢　　　K

4.4.2　钢牌号分类

钢牌号分类见表 4 - 16。

表4-16 钢牌号分类

分类	名 称	符 号	备 注
	汽车结构用热轧钢板及钢带	SAPH	S: Steel（钢）；A: Automobile（汽车）；P: Press（压）；H: Hot（热）
	链条用圆钢	SBC	S: Steel（钢）；B: Bar（棒）；C: Chain（链）
	预应力钢筋用钢棒	SBPR	S: Steel（钢）；B: Bar（棒）；P: Prestressed（预应力）；R: Round（圆）
		SBPD	D: Deformed（异形）
	瓦垄钢板	SDP	S: Steel（钢）；D: Deck（瓦垄）；P: Plate（板）
	银亮钢棒用一般钢材	SGD	S: Steel（钢）；G: General（一般）；D: Drawn（拉制）
	焊接结构用70kg级高品屈服强度钢板	SHY	S: Steel（钢）；H: High Yield（高屈服的）；Y:（焊接）
		SHY-NS-S	N: Nickel（镍）
		SHY-NS-F	S: Special（特殊的） F: Fine（细晶粒）
结构钢	焊接结构用轧制钢材	SM	S: Steel（钢）；M: Marine（船舶）
	焊接结构用耐大气腐蚀的轧制钢材	SMA	S: Steel（钢）；M: Marine（船舶）；A: Atmospheric（大气）
	高耐大气腐蚀的轧制钢材	SPA-H	S: Steel（钢）；P: Plate（板）；A: Atmospheric（大气）；H: Hot（热）
		SPA-C	C: Cold（冷）
	钢筋混凝土用钢棒	SR	S: Steel（钢）；R: Round（圆）
		SD	D: Deformed（异形）
	一般结构用轧制钢材	SS	S: Steel（钢）；S: Structure（结构）
	一般结构用轻量型钢	SSC	S: Steel（钢）；S: Structure（结构）；C: Cold forming（冷成型）
	铆钉用圆钢	SV	S: Steel（钢）；V: Rivet（铆钉）
	一般结构用焊接轻量H型钢	SWH	S: Steel（钢）；W: Weld（焊接）；H:（H形）
压力容器用钢	锅炉用轧制钢板	SB	S: Steel（钢）；B: Boiler（锅炉）
	锅炉及压力容器用MnMo钢及Mn-MoNi钢钢板	SB-M	M: Molybdenum（钼）
	锅炉及压力容器用CrMo钢板	SBV	S: Steel（钢）；B: Boiler（锅炉）；V: Vessel（容器）
		SCMV	S: Steel（钢）；C: Chromium（铬）；M: Molybdenum（钼）；V: Vessel（容器）
	高压瓦斯容器用钢板及钢带	SGC	S: Steel（钢）；G: Gas（煤气）；C: Cylinder（圆筒）
	中常温压力容器用碳素钢板	SGV	S: Steel（钢）；G: General（一般）；V: Vessel（容器）
	中常温压力容器用高强度钢板	SEV	S: Steel（钢）；E: Elevated Temperature（高温）；V: Vessel（容器）
	低温压力容器用碳素钢板	SLA	S: Steel（钢）；L: Low Temperature（低温）；A: Al（含铝镇静钢）
	低温压力容器用Ni钢钢板	SL-N	S: Steel（钢）；L: Low Temperature（低温）；N: Nickel（镍）
	压力容器用钢板	SPV	S: Steel（钢）；P: Pressure（压力）；V: Vessel（容器）
	压力容器用调质型MnMo钢，MnMoNi钢钢板	SQV	S: Steel（钢）；Q: Quenched（淬火）；V: Vessel（容器）

续表4-16

分类	名称	符号	备注
薄钢板	冷轧钢板及钢带	SPCC	S: Steel (钢); P: Plate (板); C: Cold (冷); C: Commercial (商业的)
		SPCCT	S: Steel (钢); P: Plate (板); C: Cold (冷); C: Commercial (商业的); T: Test (试验)
		SPCD	S: Steel (钢); P: Plate (板); C: Cold (冷); D: Deep Drawn (深冲)
		SPCE	S: Steel (钢); P: Plate (板); C: Cold (冷); E: Deep Drawn Extra (极深冲)
		SPCEN	N: Nor-ageing (非时效)
	热轧软钢和钢带	SPHC	S: Steel (钢); P: Plate (板); H: Hot (热); C: Commercial (商业的)
		SPHD	S: Steel (钢); P: Plate (板); H: Hot (热); D: Drawn (冲压)
		SPHE	S: Steel (钢); P: Plate (板); H: Hot (热); E: Deep Drawn Extra (极深冲)
		SPHT	S: Steel (钢); P: Plate (板); H: Hot (热); T: Tube (管)
	钢管用热轧碳素钢带 珐琅用低碳钢板及钢带	SPP	S: Steel (钢); P: Procelain (珐琅)
	镀熔化铝钢板及钢带	SAC	S: Steel (钢); A: Aluminium (铝); C: Commercial (商业的)
		SAD	D: Deep Drawn (深冲)
		SAE	E: Deep Drawn Extra (极深冲)
	电镀锌钢板及钢带	SEHC	S: Steel (钢); E: Electrolytic (电镀); H: Hot (热); C: Commercial (商业的)
		SECCT	S: Steel (钢); E: Electrolytic (电镀); C: Cold (冷); C: Commercial (商业的); T: Test (试验)
		SEHD	S: Steel (钢); E: Electrolytic (电镀); H: Hot (热); D: Deep Drawn (深冲)
		SECD	S: Steel (钢); E: Electrolytic (电镀); C: Cold (冷); D: Deep Drawn (深冲)
		SEHE	S: Steel (钢); E: Electrolytic (电镀); H: Hot (热); E: Deep Drawn Extra (极深冲)
		SECEN	S: Steel (钢); E: Electrolytic (电镀); C: Cold (冷); E: Deep Drawn Extra (极深冲); N: Non-ageing (非时效)
镀层钢板/涂层钢板	镀锡板及镀锡薄板	SPB	S: Steel (钢); P: Plate (板); B: Black (黑的)
		SPTE	S: Steel (钢); P: Plate (板); T: Tin (锡); E: Electric (电的)
		SPTH	S: Steel (钢); P: Plate (板); T: Tin (锡); H: Hot-Dip (热镀)
	镀锌钢板	SPGC	S: Steel (钢); P: Plate (板); G: Galvanized (电镀的); C: Commercial (商业的)
		SPGR	S: Steel (钢); P: Plate (板); G: Galvanized (电镀的); R: Roof (屋顶)
		SPGA	S: Steel (钢); P: Plate (板); G: Galvanized (电镀的); A: Architecture (建筑)
		SPGS	S: Steel (钢); P: Plate (板); G: Galvanized (电镀的); S: Structure (结构)
		SPGH	S: Steel (钢); P: Plate (板); G: Galvanized (电镀的); H: Full Hard (全硬的)
		SPGW	S: Steel (钢); P: Plate (板); G: Galvanized (电镀的); W: Wave (波)
		SPGD	S: Steel (钢); P: Plate (板); G: Galvanized (电镀的); D: Drawn (冲压)
		SPGDD	S: Steel (钢); P: Plate (板); G: Galvanized (电镀的); DD: Deep Drawn (深冲)
	涂色镀锌钢板	SCG	S: Steel (钢); C: Color (颜色); G: Galvanized (电镀的)

续表 4-16

分类	名 称	符 号	备 注
线材	硬钢盘条	SWRH	S: Steel（钢）；W: Wire（线）；R: Rod（棒）；H: Hard（硬）
	软钢盘条	SWRM	S: Steel（钢）；W: Wire（线）；R: Rod（棒）；M: Mild（软）
	琴用钢盘条	SWRS	S: Steel（钢）；W: Wire（线）；R: Rod（棒）；S: Spring（弹簧）
	涂药电焊条芯用盘条	SWRY	S: Steel（钢）；W: Wire（线）；R: Rod（棒）；Y:（焊接）
	冷镦用碳素钢盘条	SWRCH	S: Steel（钢）；W: Wire（线）；R: Rod（棒）；C: Cold（冷）；H: Heading（镦）
钢丝	硬钢丝	SW	S: Steel（钢）；W: Wire（丝）
	冷镦用碳素钢丝	SWCH	S: Steel（钢）；W: Wire（丝）；C: Cold（冷）；H: Heading（镦）
	钢丝	SWM	S: Steel（钢）；W: Wire（丝）；M: Mild（软）
	铠装用镀锌钢丝	SWMG	S: Steel（钢）；W: Wire（丝）；M: Mild（软）；G:（铠装）
	琴钢丝	SWP	S: Steel（钢）；W: Wire（丝）；P: Piano（钢琴）
	PC 钢丝及 PC 钢绞线	SWPR	S: Steel（钢）；W: Wire（丝）；P: Prestressed（预应力）；R: Round（圆）
	PC 硬钢丝	SWPD	S: Steel（钢）；W: Wire（丝）；P: Prestressed（预应力）；D: Deformed（异形）
		SWCR	S: Steel（钢）；W: Wire（丝）；C: Concrete（混凝土）；R: Round（圆）
		SWCD	S: Steel（钢）；W: Wire（丝）；C: Concrete（混凝土）；D: Deformed（异形）
	电机转子连接用镀锡琴素钢丝	SWPE	S: Steel（钢）；W: Wire（丝）；P: Piano（钢琴）；E: Electrolytic（电镀的）
	弹簧用油回火碳素钢丝	SWO	S: Steel（钢）；W: Wire（丝）；O: Oil temper（油回火）
	阀弹簧用油回火碳素钢丝	SWO-V	S: Steel（钢）；W: Wire（丝）；O: Oil temper（油回火）；V: Valve（阀）
	阀弹簧用油回火 CrV 钢丝	SWOCV-V	S: Steel（钢）；W. Wire（丝）；O: Oil temper（油回火）；C: Chromium（铬）；V: Vanadium（钒）；V: Valve（阀）
	阀弹簧用油回火 SiCr 钢丝	SWOSC-V	S: Steel（钢）；W: Wire（丝）；O: Oil temper（油回火）；S: Silicon（硅）；C: Chromium（铬）；V: Valve（阀）
	弹簧用油回火 SiMn 钢丝	SWOSM	S: Steel（钢）；W: Wire（丝）；O: Oil Temper（油回火）；S: Silicon（硅）；M: Manganese（锰）
	涂药电焊条芯用钢丝	SWY	S: Steel（钢）；W: Wire（丝）；Y:（焊接）
钢管	配管用碳素钢钢管	SGP	S: Steel（钢）；G: Gas（煤气）；P: Pipe（管）
	水道用镀锌钢管	SGPW	S: Steel（钢）；G: Galvanized（电镀）；P: Pipe（管）；W: Water（水）
	锅炉及热交换器用碳素钢钢管	STB	S: Steel（钢）；T: Tube（管）；B: Boiler（锅炉）
	锅炉及热交换器用合金钢钢管	STBA	S: Steel（钢）；T: Tube（管）；B: Boiler（锅炉）；A: Alloy（合金）
	低温热交换器用钢管	STBL	S: Steel（钢）；T: Tube（管）；B: Boiler（锅炉）；L: Low Temperature（低温）
	加热炉用钢管	STF	S: Steel（钢）；T: Tube（管）；F: Fire Heater（火焰加热）
		STFA	S: Steel（钢）；T: Tube（管）；F: Fire Heater（火焰加热）；A: Alloy（合金）
		SUS-TF	S: Steel（钢）；U: Use（用途）；S: Stainless（不锈钢）；T: Tube（管）；F: Fired Heater（火焰加热）
		NCF□□-TF	N: Nickel（镍）；C: Chromium（铬）；F: Ferrum（铁）；T: Tube（管）；F: Fire Heater（火焰加热）；□□: Machine（机器）
	汽车制造用电阻焊碳素钢管	STAM□□G	S: Steel（钢）；T: Tube（管）；A: Automobile（自动的）；M: Machine（机器）；□□:（抗拉强度）；G: General Purposes（一般用途）

续表 4 - 16

分类	名称	符号	备注
		STAM□□H	S: Steel (钢); T: Tube (管); A: Automobile (自动的); M: Machine (机器); □□: (抗拉强度); H: High Yield Strength (高屈服强度);
	汽缸用碳素钢管	STC	S: Steel (钢); T: Tube (管); C: Cylinder (汽缸)
	高压瓦斯容器用无缝钢管	STH	S: Steel (钢); T: Tube (管); H: High Pressure (高压)
	一般结构用碳素钢钢管	STK	S: Steel (钢); T: Tube (管); K: (结构)
	机械结构用碳素钢钢管	STKM	S: Steel (钢); T: Tube (管); K: (结构); M: Machine (机械)
	结构用合金钢钢管	STKS	S: Steel (钢); T: Tube (管); K: (结构); S: Special (特殊)
	结构用不锈钢钢管	SUS - TK	S: Steel (钢); U: Use (用途); S: Stainless (不锈钢); T: Tube (管); K: (结构)
	不锈钢清洁管	SUS - TBS	S: Steel (钢); U: Use (用途); S: Stainless (不锈钢); TB: Tube (管); S: Sanitary (清洁)
	一般结构用矩形钢管	STKR	S: Steel (钢); T: Tube (管); K: (结构); R: Rectanguclar (矩形)
	钻探用无缝钢管	STMC	S: Steel (钢); T: Tube (管); M: Mining (开采); C: Core 或 Casing (蕊或套)
		STMR	R: Boring Rod (钻杆)
钢管	油井用无缝钢管	STO	S: Steel (钢); T: Tube (管); O: Oil (油)
	配管用合金钢钢管	STPA	S: Steel (钢); T: Tube (管); P: Pipe (管); A: Alloy (合金)
	压力配管用碳素钢钢管	STPG	S: Steel (钢); T: Tube (管); P: Pipe (管); G: General (一般)
	低温配管用钢管	STPL	S: Steel (钢); T: Tube (管); P: Pipe (管); L: Low Temperature (低温)
	高温配管用碳素钢钢管	STPT	S: Steel (钢); T: Tube (管); P: Pipe (管); T: Temperature (温度)
	配管用电弧焊碳素钢钢管	STPY	S: Steel (钢); T: Tube (管); P: Pipe (管); Y: (焊接)
	高压配管用碳素钢钢管	STS	S: Steel (钢); T: Tube (管); S: Special
	锅炉及热交换器用不锈钢钢管	SUS - TB	S: Steel (钢); U: Use (用途); S: Stainless (不锈钢); T: Tube (管); B: Boiler (锅炉)
	配管用电弧焊大口径不锈钢钢管	SUS - TPY	S: Steel (钢); U: Use (用途); S: Stainless (不锈钢); T: Tube (管); P: Pipe (管); Y: (焊接)
	配管用不锈钢钢管	SUS - TP	S: Steel (钢); U: Use (用途); S: Stainless (不锈钢); T: Tube (管); P: Pipe (管)
	一般配管用不锈钢钢管	SUS - TPD	S: Steel (钢); U: Use (用途); S: Stainless (不锈钢); T: Tube (管); P: Pipe (管); D: Domestic (民用的)
	波形管及波形型钢	SCP - R	S: Steel (钢); C: Corrugate (波纹); R: Round (圆)
		SCP - RS	S: Steel (钢); C: Corrugate (波纹); R: Round (圆); S: Spiral (螺旋形)
		SCP - E	S: Steel (钢); C: Corrugate (波纹); E: Elongation (伸长)
		SCP - P	S: Steel (钢); C: Corrugate (波纹); P: Pipe Arch (半圆形)
		SCP - A	S: Steel (钢); C: Corrugate (波纹); A: Arch (半圆形)

续表 4-16

分类	名 称	符 号	备 注
机械结构用钢	机械结构用碳素钢钢材	S□□C	S: Steel (钢); □□: (碳含量); C: Carbon (碳)
	CrMoAl 钢钢材	SACM	S: Steel (钢); A: Aluminum (铝); C: Chromium (铬); M: Molybdenum (钼)
	CrMo 钢钢材	SCM	S: Steel (钢); C: Chromium (铬); M: Molybdenum (钼)
	Cr 钢钢材	SCr	S: Steel (钢); Cr: Chromium (铬)
	NiCr 钢钢材	SNC	S: Steel (钢); N: Nickel (镍); C: Chromium (铬)
	NiCrMo 钢钢材	SNCM	S: Steel (钢); N: Nickel (镍); C: Chromium (铬); M: Molybdenum (钼)
	机械结构用 Mn 钢及 MnCr 钢钢材	SMn	S: Steel (钢); Mn: Manganese (锰)
		SMnC	S: Steel (钢); Mn: Manganese (锰); C: Chromium (铬)
	高温螺栓用合金钢钢材	SNB	S: Steel (钢); N: Nickel (镍); B: Bolt (螺栓)
	螺栓用特殊用途合金钢棒材	SNB	S: Steel (钢); N: Nickel (镍); B: Bolt (螺栓)
工具钢	碳素工具钢	SK	S: Steel (钢); K: (工具)
	中空钢钢材	SKC	S: Steel (钢); K: (工具); C: Chisel (凿子)
	合金工具钢	SKS	S: Steel (钢); K: (工具); S: Special (特殊)
		SKD	S: Steel (钢); K: (工具); D: (模具)
		SKT	S: Steel (钢); K: (工具); T: (锻造)
	高速工具钢钢材	SKH	S: Steel (钢); K: (工具); H: High Speed (高速)
特殊用途钢	易切钢 硫易切钢	SUM	S: Steel (钢); U: Use (用途); M: Machinebility (切削性)
	轴承钢 高碳铬轴承钢	SUJ	S: Steel (钢); U: Use (用途); J: (轴承)
	弹簧钢 弹簧钢钢材	SUP	S: Steel (钢); U: Use (用途); P: Spring (弹簧)
	不锈钢 不锈钢棒	SUS-B	S: Steel (钢); U: Use (用途); S: Stainless (不锈钢); B: Bar (棒)
	冷加工不锈钢棒	SUS-CB	S: Steel (钢); U: Use (用途); S: Stainless (不锈钢); C: Cold (冷); B: Bar (棒)
	热轧不锈钢板	SUS-HP	S: Steel (钢); U: Use (用途); S: Stainless (不锈钢); H: Hot (热); P: Plate (板)
	冷轧不锈钢板	SUS-CP	S: Steel (钢); U: Use (用途); S: Stainless (不锈钢); C: Cold (冷); P: Plate (板)
	热轧不锈钢带	SUS-HS	S: Steel (钢); U: Use (用途); S: Stainless (不锈钢); H: Hot (热); S: Strip (带)
	冷轧不锈钢带	SUS-CS	S: Steel (钢); U: Use (用途); S: Stainless (不锈钢); C: Cold (冷); S: Strip (带)
	弹簧用不锈钢带	SUS-CSP	S: Steel (钢); U: Use (用途); S: Stainless (不锈钢); C: Cold (冷); S: Strip (带); P: Spring (弹簧)

续表4-16

分类	名称	符号	备注
不锈钢	不锈钢线材	SUS-WR	S: Steel（钢）；U: Use（用途）；S: Stainless（不锈钢）；W: Wire（线）；R: Rod（棒）
	焊接用不锈钢线材	SUS-Y	S: Steel（钢）；U: Use（用途）；S: Stainless（不锈钢）；Y:（焊接）
	不锈钢钢丝	SUS-W	S: Steel（钢）；U: Use（用途）；S: Stainless（不锈钢）；W: Wire（丝）
	弹簧用不锈钢钢丝	SUS-WP	S: Steel（钢）；U: Use（用途）；S: Stainless（不锈钢）；W: Wire（丝）；P: Spring（弹簧）
	冷镦用不锈钢钢丝	SUS-WS	S: Steel（钢）；U: Use（用途）；S: Stainless（不锈钢）；W: Wire（丝）；S: Screw（螺钉）
	热轧不锈钢等边角钢	SUS-HA	S: Steel（钢）；U: Use（用途）；S: Stainless（不锈钢）；H: Hot（热）；A: Angle（角）
	冷成型不锈钢等边角钢	SUS-CA	S: Steel（钢）；U: Use（用途）；S: Stainless（不锈钢）；C: Cold forming（冷成型）；A: Angle（角）
	不锈钢锻制品用坯	SUS-FB	S: Steel（钢）；U: Use（用途）；S: Stainless（不锈钢）；F: Forging（锻件）；B: Billet（坯）
	涂层不锈钢钢板	SUSC	S: Steel（钢）；U: Use（用途）；S: Stainless（不锈钢）；C: Coating（涂层）
		SUSCD	S: Steel（钢）；U: Use（用途）；S: Stainless（不锈钢）；C: Coating（涂层）；D: Double（双面）
特殊用途钢	耐热钢钢棒	SUHB	S: Steel（钢）；U: Use（用途）；H: Heat Resisting（耐热）；B: Bar（棒）
	耐热钢钢板	SUHP	S: Steel（钢）；U: Use（用途）；H: Heat Resisting（耐热）；P: Plate（板）
	耐蚀耐热超级合金棒	NCF-B	N: Nickel（镍）；C: Chromium（铬）；F: Ferrum（铁）；B: Bar（棒）
	耐蚀耐热超级合金板	NCF-P	N: Nickel（镍）；C: Chromium（铬）；F: Ferrum（铁）；P: Plate（板）
	配管用NiCrFe合金无缝管	NCF-TP	N: Nickel（镍）；C: Chromium（铬）；F: Ferrum（铁）；T: Tube（管）；P: Pipe（管）
	热交换器用NiCrFe合金无缝管	NCF-TB	N: Nickel（镍）；C: Chromium（铬）；F: Ferrum（铁）；T: Tube（管）；B: Boiler（锅炉）
锻钢	碳素钢锻制品	SF	S: Steel（钢）；F: Forging（锻件）
	碳素钢锻制品用坯	SFB	S: Steel（钢）；F: Forging（锻件）；B: Bloom（钢坯）
	压力容器用碳素钢锻制品	SFVC	S: Steel（钢）；F: Forging（锻件）；V: Vessel（容器）；C: Carbon（碳）
	压力容器用调质型合金钢锻制品	SFVQ	S: Steel（钢）；F: Forging（锻件）；V: Vessel（容器）；Q: Quenched（调质）
	高温压力容器部件用合金钢锻制品	SFHA	S: Steel（钢）；F: Forging（锻件）；H: High-Temperature（高温）；A: Alloy（合金）

续表 4－16

分类	名　称	符　号	备　　注
锻钢	高温高压力容器部件用不锈钢锻制品	SUS－F	S: Steel (钢); U: Use (用途); S: Stainless (不锈钢); F: Forging (锻件)
	低温压力容器用锻制品	SFL	S: Steel (钢); F: Forging (锻件); L: Low－Temperature (低温)
	CrMo 钢锻制品	SFCM	S: Steel (钢); F: Forging (锻件); C: Chromium (铬); M: Molybdenum (钼)
	NiCrMo 钢锻制品	SFNCM	S: Steel (钢); F: Forging (锻件); N: Nickel (镍); C: Chromium (铬); M: Molybdenum (钼)
铸钢	碳素钢铸件	SC	S: Steel (钢); C: Casting (铸件)
	焊接结构用铸件	SCW	S: Steel (钢); C: Casting (铸件); W: Weld (焊接)
	焊接结构用离心铸钢管	SCW－CF	S: Steel (钢); C: Casting (铸件); W: Weld (焊接); CF: Centrifugal (离心的)
	结构用高强度碳素钢及低合金钢铸件	SCC	S: Steel (钢); C: Casting (铸件); C: Carbon (碳)
		SCMn	S: Steel (钢); C: Casting (铸件); Mn: Manganese (锰)
		SCSiMn	S: Steel (钢); C: Casting (铸件); Si: Silicon (硅); Mn: Manganese (锰)
		SCMnCr	S: Steel (钢); C: Casting (铸件); Mn: Manganese (锰); Cr: Chromium (铬)
		SCMnM	S: Steel (钢); C: Casting (铸件); Mn: Manganese (锰); M: Molybdenum (钼)
		SCCrM	S: Steel (钢); C: Casting (铸件); Cr: Chromium (铬); M: Molybdenum (钼)
		SCMnCrM	S: Steel (钢); C: Casting (铸件); Mn: Manganese (锰); Cr: Chromium (铬); M: Molybdenum (钼)
		SCNCrM	S: Steel (钢); C: Casting (铸件); N: Nickel (镍); Cr: Chromium (铬); M: Molybdenum (钼)
	不锈钢铸件	SCS	S: Steel (钢); C: Casting (铸件); S: Stainless (不锈钢)
	耐热钢铸件	SCH	S: Steel (钢); C: Casting (铸件); H: Heat Resisting (耐热)
	高温 Mn 钢铸件	SCMnH	S: Steel (钢); C: Casting (铸件); Mn: Manganese (锰); H: High (高)
	高温高压用铸钢件	SCPH	S: Steel (钢); C: Casting (铸件); P: Pressure (压力); H: High－temperature (高温)
	高温高压用离心铸钢管	SCPH－CF	S: Steel (钢); C: Casting (铸件); P: Pressure (压力); H: High－temperature (高温); CF: Centrifugal (离心的)
	低温高压用铸钢件	SCPL	S: Steel (钢); C: Casting (铸件); P: Pressure (压力); L: Low－temperature (低温)
电磁材料	永磁材料	MC	M: Magnet (磁); C: Casting (铸件)
		MP	M: Magnet (磁); P: Powder (粉末)
	电磁软铁棒	SUYB	S: Steel (钢); U: Use (用途); Y: Yoke (磁轭); B: Bar (棒)
	电磁软铁板	SUYP	S: Steel (钢); U: Use (用途); Y: Yoke (磁轭); P: Plate (板)
	冷轧硅钢带	S□□	S: Silicon (硅); □□: 50C/S1.0T 厚度 0.35mm 的铁损值 W10/50 的前两位数
	取向硅钢带	G□□	G: Grain (晶粒); □□: 50C/S1.7T 厚度 0.35mm 的铁损值 W17/50 的前两位数
	小型电机用磁性钢带	S□□	S: Silicon (硅); □□: 铁损 W10/50 换算值的前两位数
	磁极用铁板	P□□	P: Pole (板); □□: 抗拉强度最低值

4.5　德国钢、合金牌号表示方法

德国 DIN 标准的钢牌号表示方法有 DIN 17006 体系和 DIN 17007 体系两种。

4.5.1　DIN 17006 体系的钢牌号表示方法

DIN 17006 对各类钢的概念作了如下规定：

非合金钢——钢中 $w(\mathrm{Si}) < 0.5\%$, $w(\mathrm{Mn}) < 0.8\%$, $w(\mathrm{Al})$ 和 $w(\mathrm{Ti}) < 0.1\%$, $w(\mathrm{Cu}) < 0.25\%$;

合金钢——钢中上述成分超过或特意加入其他合金元素的;

低合金钢——钢中总合金元素含量（质量分数）在 5% 以下的;

高合金钢——钢中一种合金元素含量（质量分数）在 5% 以上的。

DIN 17006 的钢号由以下三部分组成：

（1）表示钢强度或化学成分的主体部分;

（2）冠在主体前面表示冶炼或原始特性的缩写字母;

（3）附在主体后面的代表保证范围的数字和处理状态的缩写字母。

上述主体部分以及采用的字母和数字含义见表 4 – 17。

表4 – 17　DIN 17006 钢号的含义

熔炼方法 （代表字母）	原始特征 （代表字母）	主体部分	保证范围 （代表数字）	处理状态 （代表字母）
B:贝氏炉钢 E:电炉钢 （一般的） GS:铸钢 I:感应电炉钢 LE:电弧炉钢 M:平炉钢 PP:熟铁 SS:焊接用钢 T:托马斯钢 Ti:坩埚炉 W:转炉代用钢 附加字母: B:碱性 Y:酸性	A:耐时效的 G:含较高的 P 和（或）S H:半镇静钢 K:含较低的 P 和（或）S L:耐碱脆的 P:可压焊的（可锻焊的） Q:可冷镦的（可挤压的，可冷变形的） R:镇静钢 S:可熔焊的 U:沸腾钢 Z:可拉伸的	按照材料强度: 主体符号"St" 抗拉强度下限 按照化学成分: 碳素符号 含碳量 合金元素符号 合金含量 或前置字母 X 含碳量 合金元素符号 合金含量	1:屈服点 2:弯曲或顶锻试验 3:冲击韧性 4:屈服强度和弯曲或顶锻试验 5:弯曲或顶锻试验及冲击韧性 6:屈服强度及冲击韧性 7:屈服强度和弯曲或顶锻试验及冲击韧性 8:高温强度或蠕变强度 9:电气特性或磁性 无数字——弯曲或顶锻试验（每炉一个试样）	A:经回火的 B:经处理获得最好的可切削性 E:经渗碳淬火的 G:经软化退火的 H:经淬火的 HF:表面经火焰淬火的 HT:表面经高频感应淬火的 K:经冷加工的（如冷轧、冷拉等） N:经正火的 NT:经渗氮的 S:经消除应力退火的 U:未经处理的 V:经调质的

4.5.1.1　按照材料强度的表示方法

这种表示方法仅适用于非合金钢,钢号的主体由"St"（Stahl 的缩写）字母和随后的抗拉强度下限数值（MPa）组成。

例如:St 52 表示抗拉强度不小于 510MPa 的非合金钢。

4.5.1.2 按照化学成分的表示方法

这种表示方法又可分为非合金钢、低合金钢和高合金钢三种类型。

A 非合金钢

对于碳素钢来说，只有在使用时，当钢的其他性能比抗拉强度更重要，或钢材需要用户自己进行热处理时（如渗碳钢、调质钢），才采用按化学成分的表示方法。

牌号主体是由碳素符号"C"和随后的表示平均含碳量万分之几的数字组成。

例如：

C15、C15E——平均含碳（质量分数）0.15%的渗碳钢，后者"E"表示经渗碳淬火的；

C35、C35N——平均含碳（质量分数）0.35%的调质钢，后者"N"表示经正火的。

按照对碳素钢的不同质量要求（对磷、硫含量的限制程度）以及不同用途，还可在钢号开头冠以 Ck、Cm、Cf、Cq 等字母。

例如：

C□□——钢中 $w(P)$，$w(S) \leqslant 0.045\%$（□□表示平均碳含量万分之几的数字，下同）；

Ck□□——控制硫、磷含量的优质钢；

Cm□□——控制硫含量的优质钢，钢中 $w(S) = 0.020\% \sim 0.035\%$；

Cf□□——表面淬火用钢；

Cq□□——冷镦用钢。

B 低合金钢

牌号主体是由表示含碳量为万分之几的数字、合金元素符号和表示合金元素含量值的数字组成。合金元素采用化学符号来表示，并按其含量的多少依次排列；当含量相同时则按字母次序排列。合金元素含量值的表示方法见表4-18。

表4-18 低合金钢用合金元素含量值的表示方法

合 金 元 素	指数（平均含量的百分数乘以）
Cr、Co、Mn、Ni、Si、W	4
Al、Cu、Mo、Nb、Ta、Ti、V	10
C、N、P、S	100

由于牌号中元素符号后的数字，是表示合金元素平均含量与表4-15中指数的乘积，所以该牌号中的化学成分应通过除以原来的指数得到。

例如：

13Cr2——表示平均含碳（质量分数）为0.13%，平均含铬（质量分数）$(2 \div 4)\% = 0.5\%$ 的铬钢；

25CrMo4——表示平均含碳（质量分数）为0.25%，平均含铬（质量分数）$(4 \div 4)\% = 1\%$，含钼的铬钼钢。

在有些图纸或资料上，如需注明其热处理状态，则采用表4-17中所规定的代表字母。

C 高合金钢

牌号开始冠以字母"□"，表示为高合金钢；随后是表示钢平均含碳量为万分之几的数字和按含量多少依次排列的合金元素的化学符号；最后是标明各主要合金元素含量的平均百分值（按四舍五入化为整数）。

例如：X10CrNi188 表示 $w(C) = 0.10\%$、$w(Cr) = 18\%$，$w(Ni) = 8\%$ 的不锈钢。

如果由于含碳量不必注明时，则字母 "X" 也可省略。

D   碳素工具钢

它的钢号主体和上述非合金钢表示方法一致，是由字母 "C" 和表示平均碳含量的数字组成，后面加上 "W□" 以区别钢的质量和用途。

例如：

C□□W1——钢中 $w(P)$，$w(S) \leqslant 0.020\%$，□□表示平均碳含量万分之几的数字，W 表示工具钢；

C□□W2——钢中 $w(P)$，$w(S) \leqslant 0.030\%$，W 表示工具钢；

C□□WS——特殊用途工具钢。

E   高速工具钢

牌号开头冠以字母"S"，表示高速工具钢；后面由代表合金元素平均含量的 3~4 组数字组成，每组之间用短线隔开，各组数字按 W - Mo - V - Co 次序排列，Cr 不必表示。用数字表示的合金元素含量直接以平均含量的百分数来表示，不必乘以指数。不含 Mo 的高速钢，则用数字"0"表示；而不含 Co 的高速钢，则只用前三组数字表示即可，不必再用"0"表示。

例如：

S12 - 1 - 4 - 5，表示平均 $w(W) = 12\%$，$w(Mo) = 1\%$，$w(V) = 4\%$，$w(Co) = 5\%$，$w(Cr) = 4\%$ 的高速钢。

S18 - 0 - 1，表示平均 $w(W) = 18\%$，不含 Mo，$w(V) = 1\%$，不含钴（$w(Cr) = 4\%$）的高速钢，相当于我国常用的 W18Cr4V 钢。

4.5.1.3   铸钢牌号表示方法

铸钢牌号开头冠以"GS -"或"G -"，在需要时，铸模浇注可在短线前加"K"，离心浇注可加"Z"，例如 GSK - □□或 GSZ - □□。

在其他方面，铸钢的牌号表示方法和上述变形钢是相同的。对于非合金铸钢可按强度或化学成分表示，而合金铸钢只能用化学成分表示，举例如下。

（1）非合金铸钢按强度表示：

GS - 52——抗拉强度为 509.6MPa（52kgf/mm²）的铸钢；

GS - L45——抗拉强度为 441MPa（45kgf/mm²）的耐碱脆铸钢。

（2）非合金铸钢按化学成分表示：

GS - C10——含碳（质量分数）0.10% 的铸钢；

GS - C10MnSi——含碳（质量分数）0.10%、含锰量较高并用硅脱氧的铸钢。

（3）低合金铸钢（按化学成分表示）：

GS - 15Cr3E——含碳（质量分数）0.15%、含铬（质量分数）0.75% 的铬钢，经渗碳淬火；

GS - 25CrMo56V + S65——含碳（质量分数）0.25%、含铬（质量分数）1.2%、含钼（质量分数）0.6% 的铬钼钢，经调质后抗拉强度达 637MPa（65kgf/mm²），经消除应力退火。

（4）高合金铸钢（按化学成分表示）：

G - X15CrNi188——含碳（质量分数）0.15%、含铬（质量分数）18%、含镍（质量分数）8% 的不锈铸钢；

G - X40CrNi2614——含碳（质量分数）0.40%、含铬（质量分数）26%、含镍（质量分数）14% 的耐热铸钢。

4.5.2　DIN 17007 体系的钢数字代号表示方法

DIN 17007 数字代号与 DIN 17006 字母－数字体系两种表示钢牌号方法,在钢铁和其他金属材料标准中同时并列,广泛应用。

数字代号系由 7 位数字组成,数字所表示的含义如下:

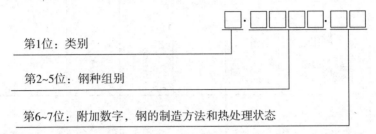

上述数字代号第 1 位数字:0 表示生铁和铁含金;1 表示钢和铸钢;2 表示重金属(除钢铁外);3 表示轻金属;4 ~ 8 表示非金属材料。

对于钢和铸钢的数字代号体系第一位数字为"1",此时第二、第三位数字见表 4 – 19。表中每个单元格左上角的数字是表示类别的数字,即为数字代号结构中的第二位和第三位数字;而第四位和第五位数字是任意确定的,并不代表钢种成分;第六位和第七位数字为附加数字,在标准中常常不使用。第六位数字用来表示"钢的获得方法"(冶炼方法和浇注方法),具体含义为:

0——不定的或无意义的;

1——沸腾碱性转炉钢(托马斯钢);

2——镇静碱性转炉钢(托马斯钢);

3——特殊冶炼方法沸腾钢,例如特殊精炼转炉钢;

4——特殊冶炼方法镇静钢,例如特殊精炼转炉钢;

5——沸腾平炉钢;

6——镇静平炉钢;

7——沸腾氧气吹炼钢;

8——镇静氧气吹炼钢;

9——电炉钢。

第七位数字用来表示"处理状态",具体含义为:

0——不经处理或自由处理(在变形加工后,不希望或不保证一定的热处理);

1——正火;

2——软化退火;

3——热处理后具有良好的可切削性;

4——韧性调质;

5——调质;

6——硬性调质;

7——冷变形;

8——弹簧硬化冷变形;

9——根据特殊规定的处理。

表4-19 钢和铸钢的数字代号体系（第二、第三位数字）

	普通钢和优质钢	特殊碳素钢 特殊物理性能钢	工具钢	各类钢	化学稳定性钢	特殊合金钢	结构钢	结构钢	
	联邦德国 别国						合金钢 结构钢	钢	钢	
0	**00** 普通钢	**10** 特殊物理性能钢	**20** Cr	**30**	**40** 不含Mo、Nb、Ti	**50** Mn、Si、Cu	**60** Cr-Ni >2.0%<3.0%Cr	**70** Cr	**80** Cr-Si-Mo Cr-Si-Mn-Mo Cr-Si-Mo-V Cr-Si-Mn-Mo-V
1	**01** **91** 一般结构钢 R_m<500MPa	**11** <0.50%C 结构钢	**21** Cr-Si Cr-Mn Cr-Mn-Si	**31** 含Mo、Nb、Ti	**41** 含Mo、Nb、Ti	**51** Mn-Si Mn-Cr	**61**	**71** Cr-Si Cr-Mn Cr-Si-Mn	**81** Cr-Si-V Cr-Si-Mn-V
2	**02** **92** 除耐热钢外的其他结构钢 R_m<500MPa	**12** >0.50%C	**22** Cr-V Cr-V-Si Cr-V-Mn-Si	**32** 含钴的	**42** 硬质合金 含钴的	**52** Mn-Cu Mn-V、Si-V Mn-V-Si-V	**62** Ni-Si Ni-Mn Ni-Cu	**72** Cr-Mo 含<0.35%Mo	**82**
3	**03** **93** <0.12%	**13**	**23** Mo Cr-Mo Cr-Mo-V	**33** 不含钴的 高速钢	**43** 不含Mo、Nb、Ti 不锈钢	**53** Mn-Ti、Si-Ti Mn-Si-Ti Mn-Si-Zr	**63** Ni-Mo Ni-Mo-Mn Ni-Mo-V、Ni-Mn-V	**73** Cr-Mo 含>0.35%Mo	**83**
4	**04** **94** C或 R_m<400MPa 非合金优质钢	**14**	**24** W Cr-W 高速钢	**34** 耐磨钢	**44** 含Mo、Nb、Ti	**54** Mo、Mn-Mo Si-Mo、Mo、Ti、V、W	**64**	**74**	**84** Cr-Si-Ti Cr-Si-Mn-Ti
5	**05** **95** >0.12%<0.25%C或 R_m>400<500MPa	**15**	**25** W-V Cr-W-V	**35** 轴承钢	**45** 含Cu、或Ti <2.0%Ni	**55** 微合金化结构钢	**65** Cr-Ni-Mo 含有<0.40%Mo+<2.0%Ni	**75** Cr-V 含<2.0%Cr	**85** 渗氮钢
6	**06** **96** >0.25%<0.55%C或 R_m>500<700MPa	**16**	**26** W（除24、25和27外的）	**36** 不含钴（Ni-Al除外） 具有特殊物理性能的材料	**46** 含Ni、或Cu 耐大气合金钢	**56** Ni	**66** Cr-Ni-Mo 含<0.4%Mo+>2.0%>3.5%Ni	**76** Cr-V 含>2.0%Cr	**86**
7	**07** **97** >0.55%C或 R_m>700MPa 磷或硫含量较高的	**17**	**27** 含Ni的	**37** 含钴合金及Ni-Al合金	**47** 含<2.0%Ni	**57** Cr-Ni 含<1.0%Cr	**67** Cr-Ni-Mo 含>3.5%<5.0%Ni 或<0.4%Mo	**77** Cr-Mo-V	**87**
8	**08** **98** <0.30%C 合金优质钢	**18** 特殊用途钢	**28** 其他	**38**	**48** 含>2.0%Ni 耐热钢	**58** Cr-Ni 含>1.0%>1.5%Cr	**68** Cr-Ni-V Cr-Ni-V-W	**78** Cr-V	**88** 非热处理钢 除89以外的
9	**09** **99** <0.30%C	**19** 其他	**29**	**39** 含Ni的	**49** 高温材料	**59** Cr-Ni 含>1.5%<2.0%Cr	**69** Cr-Ni 57-58以外的	**79** Cr-Mn-Mo Cr-Mn-Mo-V	**89** 高强可焊接结构钢

注：在表中每一单元格内，除表示"类别"的数字外，为该材料类别或主要合金组成。R_m 表示材料的抗拉强度。

4.6 英国钢、合金牌号表示方法

英国钢牌号体系基本上参照美国钢铁协会的数字体系。

4.6.1 碳素钢

碳素钢(从左向右)第一位数字为0、1、2,表示含义如下:

0——表示普通碳素钢含锰量(一般 $w(Mn) \leqslant 1.00\%$);

1——表示较高含锰量碳素钢(一般 $w(Mn) > 1.00\%$);

2——表示易切削碳素钢。

第二、第三位数字表示含义如下:

对普通含锰量碳素钢,表示平均含锰量的万分之几数值;

对锰含量较高的碳素钢,加上第一位数共同表示平均含锰量的万分之几数值;

对易切削碳素钢,表示最小或平均含硫量的万分之几数值。

第四位为英文字母(A、M、H),表示供货条件,字母含义如下:

A——保证化学成分("A"为"Analyse"的第一个字母);

M——保证力学性能("M"为"Mechanical"的第一个字母);

H——保证淬透性("H"为"Hardenability"的第一个字母)。

第五、六位数字表示平均含碳量万分之几数值。

碳素钢牌号表示方法举例:

040A10——表示含 Mn 量(质量分数)为 0.30% ~ 0.50%、含 C 量(质量分数)为 0.08% ~ 0.13%的且保证化学成分的普通含锰量碳素钢;

075H40——表示含 Mn 量(质量分数)为 0.50% ~ 1.00%、含 C 量(质量分数)为 0.30% ~ 0.44%的且保证淬透性的普通含锰量碳素钢;

120M36——表示含 Mn 量(质量分数)为 1.00% ~ 1.40%、含 C 量(质量分数)为 0.32% ~ 0.40%的,并且保证化学成分的较高含锰量碳素钢(即碳锰钢);

216M28——表示含 S 量(质量分数)为 0.12% ~ 0.20%、含 C 量(质量分数)为 0.24% ~ 0.32%的,并且保证力学性能的易切削碳素钢。

4.6.2 合金钢(包括弹簧钢、合金结构钢、轴承钢等)

合金钢牌号的第一位数字为 5 ~ 9。

用第一、二、三位数字共同表示合金系列组别。

第四位为英文字母(A、M、H),表示供货条件,字母含义同碳素钢一致。

第五、六位数字表示平均含碳量万分之几数值。

合金钢牌号表示方法举例见表 4 – 20。

表 4 – 20 合金钢牌号表示方法举例

合金系列组别	类 型	牌 号 举 例
503	1% Ni 调质钢	503M40——表示含碳量(质量分数)为 0.36% ~ 0.44% 的保证力学性能的 1% Ni 调质钢

合金系列组别	类 型	牌 号 举 例
523	1/2% Cr 调质钢	523A14——表示含碳量（质量分数）为 0.12% ~ 0.17% 的保证化学成分的 1/2% Cr 调质钢
526	3/4% Cr 调质钢	526M60——表示含碳量（质量分数）为 0.55% ~ 0.65% 的保证力学性能的 3/4% Cr 调质钢
527	3/4% Cr 表面硬化钢	527A19——表示含碳量（质量分数）为 0.17% ~ 0.22% 的保证化学成分的 3/4% Cr 表面硬化钢
527	3/4% Cr 弹簧钢	527A60——表示含碳量（质量分数）为 0.55% ~ 0.65% 的保证化学成分的 3/4% Cr 弹簧钢
530	1% Cr 调质钢	530H30——表示含碳量（质量分数）为 0.27% ~ 0.33% 的保证淬透性的 1% Cr 调质钢
534	$1\frac{1}{2}$% Cr 调质钢	534M99——表示含碳量（质量分数）为 0.95% ~ 1.10% 的保证力学性能的 $1\frac{1}{2}$% Cr 调质钢（轴承钢）
535	$1\frac{1}{2}$% Cr 调质钢	535M99——表示含碳量（质量分数）为 0.95% ~ 1.10% 的保证力学性能的 $1\frac{1}{2}$% Cr 调质钢（轴承钢）
605	$1\frac{1}{2}$% Mn – Mo 调质钢	605H37——表示含碳量（质量分数）为 0.34% ~ 0.41% 的保证淬透性的 $1\frac{1}{2}$% Mn – Mo 调质钢
606	$1\frac{1}{2}$% Mn – Mo 调质钢（易切削钢）	606M36——表示含碳量（质量分数）为 0.32% ~ 0.40% 的保证力学性能的 $1\frac{1}{2}$% Mn – Mo 调质钢
608	$1\frac{1}{2}$% Mn – Mo 调质钢（高 Mo）调质钢	608H37——表示含碳量（质量分数）为 0.31% ~ 0.41% 的保证淬透性的 $1\frac{1}{2}$% Mn – Mo 调质钢
635	0.75% Ni – Cr 表面硬化钢	635A15——表示含碳量（质量分数）为 0.13% ~ 0.18% 的保证化学成分的 0.75% Ni – Cr 表面硬化钢
637	1% Ni – Cr 表面硬化钢	637M17——表示含碳量（质量分数）为 0.14% ~ 0.20% 的保证力学性能的 1% Ni – Cr 表面硬化钢
640	1.25% Ni – Cr 调质钢	640H35——表示含碳量（质量分数）为 0.32% ~ 0.38% 的保证力学性能的 1.25% Ni – Cr，调质钢
653	3% Ni – Cr 调质钢	653M31——表示含碳量（质量分数）为 0.27% ~ 0.35% 的保证力学性能的 3% Ni – Cr 调质钢
655	3.25% Ni – Cr 表面硬化钢	655A12——表示含碳量（质量分数）为 0.10% ~ 0.15% 的保证化学成分的 3.25% Ni – Cr 表面硬化钢
659	4% Ni – Cr 表面硬化钢	659H15——表示含碳量（质量分数）为 0.12% ~ 0.18% 的保证淬透性的 4% Ni – Cr 表面硬化钢
665	1.75% Ni – Mo 表面硬化钢	665M20——表示含碳量（质量分数）为 0.17% ~ 0.23% 的保证力学性能的 1.75% Ni – Mo 表面硬化钢

合金系列组别	类　型	牌　号　举　例
708	1% Cr－Mo 调质钢	708A42——表示含碳量（质量分数）为 0.40% ～0.45% 的保证化学成分的 1% Cr－Mo 调质钢
709	1% Cr－Mo 调质钢	709M40——表示含碳量（质量分数）为 0.36% ～0.44% 的保证力学性能的 1% Cr－Mo 调质钢
722	3% C－Mo 调质钢	722M24——表示含碳量（质量分数）为 0.20% ～0.28% 的保证力学性能的 3% Cr－Mo 调质钢
735	1% Cr－V 弹簧钢	735A50——表示含碳量（质量分数）为 0.46% ～0.54% 的保证化学成分的 1% Cr－V 弹簧钢
785	1.5% Mn－Ni－Mo 调质钢	785M15——表示含碳量（质量分数）为 0.15% ～0.19% 的保证力学性能的 1.5% Mn－Ni－Mo 调质钢
805	0.5% Ni－Cr－Mo 表面硬化钢	805H20——表示含碳量（质量分数）为 0.17% ～0.23% 的保证淬透性的 0.5Ni－Cr－Mo 表面硬化钢
805	0.5% Ni－Cr－Mo 弹簧钢	805A60——表示含碳量（质量分数）为 0.55% ～0.65% 的保证化学成分的 0.5% Ni－Cr－Mo 弹簧钢
815	1.5% Ni－Cr－Mo 表面硬化钢	815M17——表示含碳量（质量分数）为 0.14% ～0.20% 的保证力学性能的 1.5% Ni－Cr－Mo 表面硬化钢
816	1.5% Ni－Cr－Mo 调质钢	816M40——表示含碳量（质量分数）为 0.36% ～0.44% 的保证力学性能的 1.5% Ni－Cr－Mo 调质钢
817	1.5% Ni－Cr－Mo 调质钢	817M40——表示含碳量（质量分数）为 0.36% ～0.44% 的保证力学性能的 1.5% Ni－Cr－Mo 调质钢
820	1.75% Ni－Cr－Mo 表面硬化钢	820A16——表示含碳量（质量分数）为 0.14% ～0.19% 的保证化学成分的 1.75% Ni－Cr－Mo 表面硬化钢
822	2% Ni－Cr－Mo 表面硬化钢	822H17——表示含碳量（质量分数）为 0.14% ～0.20% 的保证淬透性的 2% Ni－Cr－Mo 表面硬化钢
826	2.5% Ni－Cr－Mo 调质钢	826M40——表示含碳量（质量分数）为 0.36% ～0.44% 的保证力学性能的 2.5% Ni－Cr－Mo 调质钢
830	3% Ni－Cr－Mo 调质钢	830M31——表示含碳量（质量分数）为 0.27% ～0.35% 的保证力学性能的 3% Ni－Cr－Mo 调质钢
832	3.5% Ni－Cr－Mo 表面硬化钢	832H13——表示含碳量（质量分数）为 0.10% ～0.16% 的保证淬透性的 3.5% Ni－Cr－Mo 表面硬化钢
835	4% Ni－Cr－Mo 表面硬化钢	835A15——表示含碳量（质量分数）为 0.13% ～0.18% 的保证化学成分的 4% Ni－Cr－Mo 表面硬化钢
835	4% Ni－Cr－Mo 调质钢	835M30——表示含碳量（质量分数）为 0.26% ～0.34% 的保证力学性能的 4% Ni－Cr－Mo 调质钢
875	1.75% Cr－Ni－Mo 调质钢	875M40——表示含碳量（质量分数）为 0.36% ～0.44% 的保证力学性能的 1.75% Cr－Ni－Mo 调质钢
897	3.25% Cr－Mo－V 调质钢	897M39——表示含碳量（质量分数）为 0.35% ～0.43% 的保证力学性能的 3.25% Cr－Mo－V 调质钢
905	1.5% Cr－Al－Mo 调质钢	905M31——表示含碳量（质量分数）为 0.27% ～0.35% 的保证力学性能的 1.5% Cr－Al－Mo 调质钢
925	Si－Mn－Cr－Mo 弹簧钢	925A60——表示含碳量（质量分数）为 0.55% ～0.65% 的保证化学成分的 Si－Mn－Cr－Mo 弹簧钢
945	1.5% Mn－Ni－Cr－Mo 调质钢	945M38——表示含碳量（质量分数）为 0.34% ～0.42% 的保证力学性能的 1.5% Mn－Ni－Cr－Mo 调质钢

4.6.3 不锈钢(包括耐热钢、阀门钢)

不锈钢牌号的第一位数字为3和4,其中:

3——奥氏体不锈钢系列;

4——马氏体和铁素体不锈钢系列。

第二、第三位数字表示不同组别的顺序号,并且多数常用牌号与美国钢铁协会(AISI)的数字体系一致。

第四位为英文字母"S",表示该类钢广义的特征("S"为"Stainless"的第一个字母)。

第五、第六位数字表示基本成分相同的钢组中不同牌号的区分号,如一般规定"01"为此钢组的基本成分钢号,而11~99为硬性规定的,没有明显的规律。

但也有例外情况不符合以上规律。例如:17% Cr – 5% Ni – 8% Mn – N 奥氏体不锈钢,其牌号为284S16。

不锈钢牌号表示方法举例见表4 – 21。

表4 – 21 不锈钢牌号表示方法举例

合金系列组别	类 型	牌 号 举 例
301	17% Cr – 7% Ni	301S21——表示 17% Cr – 7% Ni 奥氏体不锈钢
302	18% Cr – 9% Ni – 0.15% C(最大)	302S25——表示 18% Cr – 9% Ni,而 $w(C) \leqslant 0.12\%$ 的奥氏体不锈钢
303	18% Cr – 9% Ni 易切削钢	303S41——表示 18% Cr – 9% Ni 含硒易切削奥氏体不锈钢
304	18% Cr – 10% Ni – 0.09% C(最大)	304S12——表示 18% Cr – 10% Ni,而 $w(C) \leqslant 0.03\%$ 的奥氏体不锈钢
305	18% Cr – 12% Ni – 0.10% C(最大)	305S19——表示 18% Cr – 12% Ni,而 $w(C) \leqslant 0.10\%$ 奥氏体不锈钢
309	23% Cr – 15% Ni	309S24——表示 23% Cr – 15% Ni 奥氏体耐热钢
310	23% Cr – 20% Ni	310S24——表示 23% Cr – 20% Ni 奥氏体耐热钢
312	24% Cr – 18% Ni	312S24——表示 24% Cr – 18% Ni 奥氏体耐热钢
315	17% Cr – 10% Ni – 1.5% Mo	315S16——表示 17% Cr – 10% Ni – 1.5Mo 奥氏体不锈钢
316	17% Cr – 12% Ni – 2.5% Mo	316S16——表示 17% Cr – 12% Ni – 2.5% Mo,而 $w(C) \leqslant 0.07\%$ 的奥氏体不锈钢
317	18% Cr – 12% Ni – 3.5% Mo	317S12——表示 18% Cr – 12% Ni – 3.5% Mo,而 $w(C) \leqslant 0.03\%$ 的奥氏体不锈钢
318	17% Cr – 12% Ni – 2.5% Mo – Nb	318S17——表示 17% Cr – 12% Ni – 2.5% Mo – Nb 奥氏体不锈钢
320	17% Cr – 12% Ni – 2.5% Mo – Ti	320S17——表示 17% Cr – 12% Ni – 2.5% Mo – Ti,而 $w(C) \leqslant 0.08\%$ 的奥氏体不锈钢
321	18% Cr – 9% Ni – Ti – 0.12% C(最大)	321S20——表示 18% Cr – 9% Ni – Ti,而 $w(C) \leqslant 0.12\%$ 的奥氏体不锈钢

合金系列组别	类 型	牌 号 举 例
325	18% Cr - 9% Ni - Ti 易切削钢	325S21——表示 18% Cr - 9% Ni - Ti 含硫易切削奥氏体不锈钢
326	17% Cr - 11% Ni - 2.5% Mo 含硒易切削钢	326S36——表示 17% Cr - 11% Ni - 2.5% Mo 含硒易切削奥氏体不锈钢
331	14% Cr - 14% Ni - W	331S42——表示 14% Cr - 14% Ni - W 奥氏体耐热钢
347	18% Cr - 9% Ni - Nb - 0.09% C(最大)	347S17——表示 18% Cr - 9% Ni - Nb,而 $w(C) \leqslant 0.08\%$ 的奥氏体不锈钢
349	21% Cr - 4% Ni - N	349S52——表示 21% Cr - 4% Ni 含氮奥氏体耐热钢
352	21% Cr - 4% Ni - Nb - N	352S54——表示 21% Cr - 4% Ni - Nb 含氮奥氏体耐热钢
381	21% Cr - 12% Ni - N	381S34——表示 21% Cr - 12% Ni 含氮奥氏体耐热钢
401	3% Si - 8% Cr	401S45——表示 3% Si - 8% Cr 的马氏体耐热钢
403	12% Cr - 0.10% C(最大)	403S17——表示 12% Cr,而 $w(C) \leqslant 0.08\%$ 的铁素体不锈钢
405	12% Cr - Al - 0.10% C(最大)	405S17——表示 12% Cr - Al,而 $w(C) \leqslant 0.08\%$ 的铁素体不锈钢
409	11% Cr - Ti - 0.09% C(最大)	409S17——表示 11% Cr - Ti,而 $w(C) \leqslant 0.09\%$ 的铁素体不锈钢
410	12% Cr - 0.15% C(最大)	410S21——表示 12% Cr,而 $w(C) = 0.09\% \sim 0.15\%$ 的马氏体不锈钢
416	12% Cr 易切削钢	416S37——表示 12% Cr 易切削马氏体不锈钢
420	12% Cr - 0.12% ~ 0.40% C	420S45——表示 12% Cr,而 $w(C) = 0.28\% \sim 0.36\%$ 的马氏体不锈钢
430	17% Cr	430S15——表示 17% Cr 铁素体不锈钢
431	17% Cr - 2% Ni	431S29——表示 17% Cr - 2% Ni 马氏体不锈钢
434	17% Cr - Mo	434S19——表示 17% Cr - Mo 铁素体不锈钢
441	17% Cr - 2% Ni 易切削钢	441S29——表示 17% Cr - 2% Ni 易切削马氏体不锈钢
442	20% Cr - 0.15% C(最大)	442S19——表示 20% Cr,而 $w(C) \leqslant 0.15\%$ 铁素体不锈钢
443	20% Cr - 2% Si - 1.5% Ni - 0.70% ~ 0.90% C	443S65——表示 20% Cr - 2% Si - 1.5% Ni,而 $w(C) = 0.70\% \sim 0.90\%$ 的马氏体耐热钢

4.6.4 工具钢

工具钢分为高速工具钢、热作工具钢、冷作工具钢、耐冲击工具钢、特殊用途工具钢和水淬工具钢。

4.6.4.1 高速工具钢

钼系高速工具钢以"BM□□"表示牌号。字母"M"为"Molybdenum"的第一个字母；"□□"为一位或两位数字,表示不同牌号顺序号。

钨系高速工具钢以"BT□□"表示牌号。字母"T"为"Tungsten"的第一个字母；"□□"为一位或两位数字,表示不同牌号顺序号。

4.6.4.2 热作工具钢

热作工具钢以"BH□□"表示牌号,字母"H"为"Hot"的第一个字母；"□□"为一位或两位数字,表示不同牌号的顺序号,分为铬系和钨系两组：

(1)一般铬系热作工具钢为 BH1～BH19;

(2)钨系热作工具钢为 BH20～BH39,为了区别基本成分相近的一组牌号,常在数字后面再加英文字母"A"、"B"、"C"等,例如："BH10A"。

4.6.4.3 冷作工具钢

高碳高铬型冷作工具钢以"BD□"表示牌号,字母"D"无特殊含义；"□"为一位数字,表示不同牌号的顺序号。在特殊情况下,在数字后面加英文字母,如"BD2A",以"A"表示与"BD2"近似成分的牌号的顺序号。

中合金空淬型冷作工具钢以"BA□"表示牌号,字母"A"为"Air"的第一个字母；"□"为一位数字,表示不同牌号的顺序号。

油淬型冷作工具钢以"BO□"表示牌号,字母"O"为"Oil"的第一个字母；"□"为一位数字,表示不同牌号的顺序号。

4.6.4.4 耐冲击工具钢

耐冲击工具钢以"BS□"表示牌号,字母"S"为"Shock"的第一个字母；"□"为一位数字,表示不同牌号的顺序号。

4.6.4.5 特殊用途工具钢

特殊用途工具钢分为低合金型钢和碳钨型钢两组：

(1)低合金型特殊用途工具钢以"BL□"表示牌号,字母"L"为"Low"的第一个字母；"□"为一位数字,表示不同牌号的顺序号;

(2)碳钨型特殊用途工具钢以"BF□"表示牌号,字母"F"无特殊含义；"□"为一位数字,表示不同牌号的顺序号。

4.6.4.6 水淬工具钢

水淬工具钢以"BW□"表示牌号,字母"W"为"Water"的第一个字母；"□"为一位数字,表示不同牌号的顺序号。对基本成分相近的一组牌号,为了加以区别,常在数字后面再加英文字母"A"、"B"、"C"等,例如"BWIA"、"BWIB"、"BWIC"。

工具钢牌号表示方法举例见表4-22。

表4-22 工具钢牌号表示方法

钢类	组别	牌号	牌号举例
高速工具钢	钼系	BM□□	BM42——表示钼系9.5%Mo-8%Co-4%Cr-1.5%W-V高速工具钢
	钨系	BT□□	BT20——表示钨系22%W-4.5%Cr-1.5%V高速工具钢
热作工具钢	铬系	BH□□	BH13——表示铬系5%Cr-1.5%Mo-1%V热作工具钢
	钨系		BH21——表示钨系9%W-3%Cr热作工具钢
冷作工具钢	高碳高铬钢	BD□	BD2——表示12%Cr-Mo-V高碳高铬冷作工具钢
	中合金空淬钢	BA□	BA6——表示2%Mn-1%Cr-1.4%Mo中合金空淬型冷作工具钢
	油淬钢	BO□	BO2——表示1.7%Mn-V油淬型冷作工具钢
耐冲击工具钢		BS□	BS5——表示1.8%Si-Mo-V耐冲击工具钢
特殊用途工具钢	低合金钢	BL□	BL3——表示低合金特殊用途工具钢
	碳钨钢	BF□	BF1——表示1.5%W-Cr-V碳钨型特殊用途工具钢
水淬工具钢		BW□	BW2——表示水淬工具钢

4.6.5 电工用钢

电工用钢分为以下四类：

(1)厚度为0.25mm以上的无取向钢；

(2)厚度为0.25mm以上的取向钢；

(3)具有规定力学性能的高磁导率钢；

(4)厚度为0.25mm以下的薄的磁钢。

4.6.5.1 厚度为0.25mm以上的无取向钢

厚度为0.25mm以上的无取向钢,材料牌号用标准厚度钢材在频率为50Hz、磁通密度峰值为1.5T时每百分之一瓦特、每千克的比铁损的最大值(W/kg)表示。举例见表4-23。

表4-23 厚度为0.25mm以上无取向钢牌号举例

牌号	最大的比铁损/$W \cdot kg^{-1}$	标准厚度/mm	备 注
1000	10.00	0.65	
500	5.00	0.50	频率为50Hz,磁通密度峰值为1.5T
300	3.00	0.35	
250	2.50	0.35	

4.6.5.2 厚度为0.25mm以上的取向钢

厚度为0.25mm以上的取向钢材料牌号用四位符号表示,前两位符号为数字,表示公称厚度(mm×100);后两位符号与美国钢铁协会(AISI)该类钢名称一致。举例见表4-24。

表 4 - 24　厚度为 0.25mm 以上取向钢牌号举例

牌　号	标准厚度/mm	备　注
35M7	0.35	表示标准厚度为 0.35mm 的取向钢
30M6	0.30	表示标准厚度为 0.30mm 的取向钢
28M5	0.28	表示标准厚度为 0.28mm 的取向钢

4.6.5.3　具有规定力学性能的高磁导率钢

具有规定力学性能的高磁导率钢,材料牌号用屈服强度 $R_{e0.1}$ 的最低值(MPa)表示。举例见表 4 - 25。

表 4 - 25　具有规定力学性能的高磁导率钢牌号举例

牌号	屈服强度 $R_{e0.1}$（最低值）/MPa	备　注
150	150	表示屈服强度 $R_{e0.1}$ 最低为 150MPa 的高磁导率钢
325	325	表示屈服强度 $R_{e0.1}$ 最低为 325MPa 的高磁导率钢
525	525	表示屈服强度 $R_{e0.1}$ 最低为 525MPa 的高磁导率钢

4.6.5.4　厚度为 0.25mm 以下的薄磁钢

厚度为 0.25mm 以下的薄磁钢,材料牌号用两个字母和二位或三位数字表示。第一个符号为字母"T",表示薄的磁钢;第二个符号为字母"O"或"N"表示取向的或无取向的材料;后面两位或三位数字表示公称厚度(μm)。举例见表 4 - 26。

表 4 - 26　厚度为 0.25mm 以下的薄磁钢牌号举例

牌号	标准厚度/mm	状态	备　注
T050	0.050	取向的	表示公称厚度为 0.050mm 的取向的薄的磁钢
T0100	0.100	取向的	表示公称厚度为 0.100mm 的取向的薄的磁钢
TN175	0.175	无取向的	表示公称厚度为 0.175mm 的无取向的薄的磁钢

BS 6404:1988 电工用钢标准表示方法,其基本结构如下式

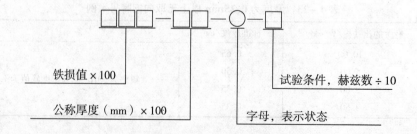

铁损值×100

公称厚度（mm）×100

试验条件,赫兹数÷10

字母,表示状态

示例 4 - 1:第一至三位是铁损值,在 50Hz 下试验的铁损不小于 5.20,厚度为 0.65mm 的硅钢,其牌号为:520 - 65 - E5,E 表示无取向硅钢。

示例 4 - 2:1016 - 65 - D6　表示铁损 10.16,在 60Hz 下作试验,0.65mm 厚的非合金钢

（纯铁）。

示例 4 - 3:350 - 65 - A6　其中 A 为最终退火交货,其余数字的意义与上述例子相同。

示例 4 - 4:取向硅钢的表示方法与上述数例相似,其中字母用:

N——正常铁损材料,如 089 - 27 - N5;

S——低铁损材料,如 130 - 27 - S5;

P——高导磁材料,如 146 - 30 - P6。

其他软磁材料,大部分采用 IEC 牌号,不再列举。

4.6.6　铸钢件

除不锈耐热钢以外,其表示方法没有一定规律。不锈钢铸件牌号表示方法与钢号表示方法相同,用 304C12,302C25 等表示,其他牌号有用强度表示的,也有用序号表示的。

4.7　法国钢、合金牌号表示方法

4.7.1　非合金钢

非合金钢通常是指除 C 和 Fe 以外,钢中残余元素的含量(质量分数)均不超过表 4 - 27 中所列的数值,表中未列出的其他残余元素的含量则不得超过 0.1% 的钢。

表 4 - 27　残余元素含量界限(质量分数)　　(%)

元素	Mn	Si	Cr	Ni	Mo	V	W	Co	Al	Ti	Cu	P	S	P + S
含量	1.2	1.0	0.25	0.50	0.10	0.05	0.30	0.30	0.30	0.30	0.30	0.12	0.10	0.20

4.7.1.1　普通钢(A 类钢)

AD□钢是一般商品钢,要求有一定延展性,抗拉强度为 323 ~ 490MPa,弯曲试验(90°)直径 =4 ×厚度。

4.7.1.2　其他类钢

钢号开头为"A",表示一般用钢;"A"后面给出的数字是表示材料的抗拉强度不低于该数值;其数字所表示的抗拉强度范围如表 4 - 28 所示。

表 4 - 28　数字表示的抗拉强度

数　字	33	37	42	48	56	65	75	85	95
抗拉强度/MPa (kgf · mm^{-2})	323 ~ 392 (33 ~ 40)	362 ~ 431 (37 ~ 44)	411 ~ 490 (42 ~ 50)	470 ~ 548.8 (48 ~ 56)	548.8 ~ 637 (56 ~ 65)	637 ~ 735 (65 ~ 75)	735 ~ 842.8 (75 ~ 85)	833 ~ 931 (85 ~ 95)	931 ~ 1029 (95 ~ 105)

专门用途的钢在数字后再标以各种大写字母来表示。例如:

T——结构用钢;

N——船体用钢;

C——锅炉或受压装置用钢;

BA——混凝土用钢筋。

钢号最后所标的数字表示钢的质量等级,其符号有:1、2、2bis、3、3bis、4、4bis(bis 表示冷加工状态)。而每一种质量符号都有其相应的质量指数 N,常用的质量等级为 1 级、2 级、3级、4 级,其相应的各钢种的质量指数 N 列于表 4 – 29。

表4 – 29　质量指数 N

钢　号	质 量 指 数 N			
	1 级	2 级	3 级	4 级
A33	98	110	116	121
A37	96	109	114	119
A42	94	106	112	116
A48	94	106	112	116
A56	94	106	112	116
A65	98	108	114	118
A75		108	114	119
A85		110		
A95		110		

钢中硫、磷等含量的高低,采用小写字母 a、b、c、…、m 来表示硫、磷含量依次减低,见表 4 – 30。

钢材退火状态者用小写字母"r"表示。可焊接的钢以大写字母"S"表示。

表4 – 30　硫、磷含量(质量分数)减低表　　　　　　　　　　　　　　　(%)

符　号	P	S	P + S	符　号	P	S	P + S
a	0.09	0.065	0.14	f	0.04	0.035	0.065
b	0.08	0.06	0.12	g	0.025	0.035	0.060
c	0.06	0.05	0.10	h	0.030	0.025	0.055
d	0.05	0.05	0.09	k	0.020	0.025	0.045
e	0.04	0.04	0.07	m	0.020	0.015	0.035

4.7.1.3　非合金结构钢(结构用碳素钢)

(1)CC 类钢。牌号有 CC10,CC12,CC20,CC28,CC35,CC45,CC55,在 CC 后面的数字表示钢的平均碳含量为万分之几,例如,CC20 表示平均碳含量(质量分数)为 0.20% 的碳素钢,其磷、硫含量(质量分数)一般均为 0.040% ,个别为 0.050%。

(2)XC 类钢。其碳含量的范围较 CC 类钢窄,磷、硫含量亦限制严格。这类钢的钢号有:XC10,XC12,XC15,XC18,XC85,XC90,XC100,XC130,数字表示钢的平均碳含量为万分之几。在数字后标有"TS"的,对磷、硫含量的限制更严格。

4.7.2　合金钢

按照钢中合金元素含量的不同,分为低合金钢和高合金钢。

4.7.2.1 低合金钢(合金元素总量(质量分数)低于5%)

低合金钢的含碳量是以 C% 的 100 倍的数字来表示;各主要合金元素采用大写字母来表示,见表4-31;各合金元素的含量多少,是采用主元素实际平均含量百分数乘以表4-31中所列的该元素的指数来表示的;钢中主要合金元素的含量低于表4-32所列的含量,钢号中不必标出,但硼例外;硫系易切削钢在表示合金元素的字母后再加"F"。

表4-31 主要合金元素字母及指数

元素化学符号	钢号中采用的字母	指数	元素化学符号	钢号中采用的字母	指数
Cr	C	4	Sn	E	10
Co	K	4	Mg	G	10
Mn	M	4	Mo	D	10
Ni	N	4	P	P	10
Si	S	4	Pb	Pb	10
Al	A	10	W	W	10
Be	Be	10	V	V	10
Cu	U	10	Zn	Z	10

例如:42CD4 其中:42 表示 $w(C) = 0.42\%$;主要合金元素采用大写字母表示,查表4-31,C 表示 Cr,D 表示 Mo,4 表示主元素 Cr 含量,按表4-31除以相应指数4,得到含量为 1%。即表示平均含量 $w(C)$ 为 0.42%,$w(Cr)$ 为 1%,$w(Mo)$ 为 0.10% 的 Cr-Mo 钢。

表4-32 主要合金元素的含量(质量分数)　　　　　　(%)

元素名称	Mn 和 Si	Ni	Cr	Mo	V
含量(质量分数)	1.20	0.50	0.25	0.10	0.05

4.7.2.2 高合金钢(其中有一种合金元素超过5%)

高合金钢的钢号开头冠以大写字母"Z";合金元素的含量直接以实际的平均含量百分数来表示,不乘以指数;当表示合金元素含量的数字小于 10 时,则在该数字之前冠以"0";其他表示方法和低合金钢相同。

例如:Z12N5 其中:Z 表示高合金钢;12 表示 $w(C) = 0.12\%$;N 表示 Ni;5 表示 $w(Ni) = 5\%$。即表示平均 $w(C) = 0.12\%$,$w(Ni) = 5\%$ 的 Ni 结构钢。

4.7.3 工具钢

现行的 NF 标准工具钢钢号基本上同时采用两种表示方法:一种是由字母和数字组成的钢号,例如 Y45CD4,可表示出钢的主要化学成分;另一种是由数字体系组成的牌号,例如,与钢号 Y45CD4 相对应的数字号为"2331"。

4.7.3.1 冷作碳素工具钢

冷作碳素工具钢牌号开头用"Y"表示工具钢,"Y"后面的下角数字1、2、3分别表示不同质量等级,再后面数字表示平均碳含量。$Y_1\square\square$ 表示 $w(P)$ 和 $w(S)$ 不大于 0.020%;$Y_2\square\square$ 表示 $w(P)$,$w(S)$ 不大于 0.025%,$Y_3\square\square$ 表示 $w(P,S)$ 不大于 0.035%。例如钢号 Y_390,表

示平均 $w(C)$ 为 0.9%，$w(P,S)$ 不大于 0.035% 的碳素工具钢，相当于我国国家标准的 T9 工具钢。

冷作碳素工具钢数字代号由四位数字组成，编号原则如下：

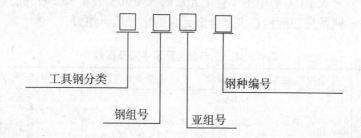

数字代号体系和相对应的牌号（前缀）见表 4-33。例如数字代号 1303，即普通质量碳素工具钢，其相对应的钢号为 $Y_3 90$。

表 4-33　数字代号和对应的牌号

钢组	钢的特性		亚组	添加的元素
	质量等级（$w(C) \leqslant 1.5\%$）	对应的钢号		
11□□	特级质量碳素工具钢	Y_1□□	110□	
			116□	V
12□□	高级质量碳素工具钢	Y_2□□	120□	
			123□	Cr
13□□	普通质量碳素工具钢	Y_3□□	130□	

4.7.3.2　冷作和热作合金工具钢

A　牌号

当合金工具钢的成分与合金结构钢钢种相近时，为了便于区别，则将工具钢钢号开头冠以"Y"。例如：Y35NCD16，以区别于合金结构钢 35NCD16。其余合金工具钢钢号则和上述的高合金钢及低合金钢的钢号表示方法相同。

B　数字代号

编号原则与冷作碳素工具钢相同，也是由四位数字组成。冷作合金工具钢的数字代号分为 21□□、22□□、23□□、27□□ 和 28□□ 五个钢组；热作合金工具钢则分为 33□□、34□□、35□□ 和 36□□ 四个钢组。各钢组的特性及其亚组，见表 4-34 及表 4-35。

例如：数字代号 2213，即 Mn 含量高的耐磨性良好的冷作不变形工具钢。

表 4-34　冷作合金工具钢各钢组特性及其亚组

钢　组	钢的特性	亚组	钢中合金元素
21□□	耐磨（$w(C) \geqslant 0.9\%$）	212□	Si
		213□	$w(Cr) = 0.75\% \sim 2\%$
		214□	W

钢　组	钢的特性	亚组	钢中合金元素
22□□	不变形： 耐磨性良好的 耐磨性极好的	221□ 223□	Mn $w(Cr) \approx 5\%$ 或 12%
23□□	耐机械冲击 $0.3\% < w(C) < 0.7\%$	232□ 233□ 234□	Si Cr W
27□□	耐某些介质腐蚀 $w(C) \geqslant 0.3\%$	273□	$w(Cr) \geqslant 12\%$ 可能还有其他合金元素
28□□	在压力下有较好的冲压性 $w(C) < 0.2\%$	283□ 288□	$w(Cr) \geqslant 5\%$ Ni,Cr

表 4-35　热作合金工具钢各钢组特性及其亚组

钢组	钢的特性	亚组	钢中合金元素
33□□	耐机械冲击	333□ 338□	Cr Ni
34□□	耐热冲击	343□ 345□	$w(Cr) \approx 5\%$ Mo
35□□	耐高温腐蚀	354□ 355□	$w(W) \geqslant 5\%$ Mo
36□□	耐高温(奥氏体钢)	363□ 368□	Cr,Ni Ni,Cr + Ti

4.7.3.3　高速工具钢

A　牌号

基本上按上述高合金钢的钢号表示方法。

例如：Z85WDCV06 - 05 - 04 - 02　其中：Z 表示高合金钢；85 表示 $w(C)$ 为 0.85%；WD-CV 表示 W、Mo、Cr、V；06 表示 $w(W)$ 为 6%；05 表示 $w(Mo)$ 为 5%；04 表示 $w(Cr)$ 为 4% Cr；02 表示 $w(V)$ 为 2%。

B　牌号简写代号

由于大多数钢号不便表达、书写和记忆，所以通常采用三组(或四组)数字的代号，每组数字之间用短线隔开。排列次序为 W - Mo - V；对于不含 Mo 的钢，用数字"0"表示；对于含 Co 的钢，则增加第四组数字。

例如：牌号 Z85WDCV06 - 05 - 04 - 02，代号为 6 - 5 - 2。

C　数字代号

编号原则与冷作碳素工具钢相同，也是由四位数字组成。高速工具钢数字代号体系分为 41□□、42□□、43□□、44□□ 四个钢组。各钢组的特性及其亚组见表 4-36。

例如：数字代号 4301，相对应的钢号代号为 6 - 5 - 2，即 $w(W)$ 为 6%；$w(Mo)$ 为 5%、$w(V)$ 为 2% 的高速工具钢。

表 4 - 36　高速工具钢各钢组特性及其亚组

钢组	钢特性 ($w(C) > 0.7\%$, $w(Cr) \approx 4\%$)	亚　组	钢中合金元素
41□□	$w(W) \approx 12\%$	415□	Mo
		416□	$w(V) > 3\%$(高 C)
		417□	含 Co
42□□	$w(W) \approx 18\%$	420□	含 Co
		427□	含 Co
43□□	$w(W, Mo) \approx 5\% \sim 6\%$	430□	$w(V) \leqslant 3\%$(高 C)
		436□	$w(V) > 3\%$(高 C)
		437□	含 Co
44□□	$w(Mo) \approx 8\%$	444□	$w(W) \approx 2\%$
		447□	含 Co

4.8　欧洲钢、合金牌号表示方法

欧洲标准化委员会(CEN)于 1992 年颁发了钢号表示方法,其中 EN 10027.1—1992 钢号以符号表示;EN 10027.2—1992 以数字表示钢号。这是欧洲 18 个国家一致同意的标准。标准前言中规定:各国必须不加任何改变地采用本标准来表示本国标准中的钢号(指第一部分)。

4.8.1　EN 10027.1 钢牌号表示方法

本方法以字母和数字混合来表示钢的用途及主要特性——力学、物理、化学性能等。

为了不发生混淆,还有一些附加符号如用于高低温、表面状态及热处理条件不同等,将按 EC10(正在起草中)作出补充规定。

钢号表示分为两组,下面分别说明。

4.8.1.1　Ⅰ组,钢牌号以其用途及力学性能或物理性能表示

第Ⅰ组使用下列符号(字母),字母大部分用英文字母表示,个别也有例外,如 G 代表铸件,是来自德文(Guβs Tucke),铸件有按Ⅰ组表示的,也有按Ⅱ组表示的。按Ⅰ组表示者,使用下列字母:

S——结构钢;P——压力用途钢;L——管道用钢;E——工程用钢。在字母之后用数字表示,数字是最低屈服强度值,单位为 MPa,以最薄一档的屈服强度标准值表示。

B——钢筋混凝土用钢,来源于德文(Beton - stahl),在字母后的数字是屈服强度标准值,单位为 MPa。

Y——预应力钢筋混凝土用钢,其后数字用最低抗拉强度值表示,单位为 MPa。

R——钢轨用钢或铁道用钢,其后数字以最低抗拉强度规定值表示,单位为 MPa。

H——高强度钢供冷成形用冷轧扁平产品,其后数字是屈服强度最小规定值,单位为 MPa,当钢只规定抗拉强度最小值时,则改用 T 字,随后数字是抗拉强度最小规定值。

D——冷成形用扁平产品(除 e 以外),在 D 字之后,用下列符号(字母)表示:C——冷轧产品;D——直接冷成形的热轧产品;X——轧制状态下不作硬性规定的产品。

4.8.1.2 Ⅱ组,钢牌号以化学成分表示

第Ⅱ组(用化学成分表示)牌号表示分为以下四个亚组:

(1)亚组,非合金钢(易切削钢除外),平均含锰量(质量分数)小于1%,其牌号由以下两部分符号组成:

字母 C;平均含碳量(%)×100,当碳含量没有规定一个范围时,由标准技术委员会确定一个恰当的数值。

(2)亚组,平均含锰量(质量分数)≥1%的非合金钢、非合金易切削钢及合金钢(高速钢除外),当平均合金元素含量(质量分数)<5%时,钢的牌号由以下几部分组成:

平均含碳量(%)×100,当碳含量不规定范围值时,由标准技术委员会确定一个恰当的数值;钢中合金元素用化学符号表示,元素符号的顺序应以含量递减的顺序排列,当两个或两个以上元素的成分含量相同时,应按字母的顺序排列;每一合金元素的平均值,应乘以表4-37所示的系数,然后约整为整数值,各元素的整数值与相应的元素符号顺序相对应,用连字符隔开。

(3)亚组,合金钢(高速钢除外),当合金元素含量至少有一个元素含量(质量分数)≥5%时,其牌号由下列几部分组成:

字母 X;平均含碳量(%)×100,当钢中含碳量没有规定范围时,由标准技术委员会确定一个适当的数值;钢中合金元素用化学符号表示,元素符号的顺序以含量递减顺序排列,当两个或两个以上元素的成分含量相同时,应按字母的顺序排列;钢中合金元素的平均含量,应修约成整数,各元素的含量顺序应分别与该元素符号相对应排列,并用连字符隔开。

(4)亚组,高速钢,其牌号由以下几部分组成:

字母 HS;合金元素的百分含量按以下顺序排列:钨(W)、钼(Mo)、钒(V)、钴(Co),含量以平均值并修约成整数表示,数值之间用连字符隔开。

表4-37中系数值大小是按照钢中元素含量大小规律制定的,系数大者钢中该元素含量小,系数小者,钢中含量多。

表4-37 系数值

元　素	系　数	元　素	系　数
Cr、Co、Mn、Ni、Si、W	4	Ce、N、P、S	100
Al、Be、Cu、Mo、Nb、Pb、Ta、Ti、V、Zr	10	B	1000

4.8.2 EN 10027.2 数字牌号表示方法

本标准规定:在欧洲标准中必须采用此表示方法作为补充牌号表示系统,但在各国标准中是否应用则是随意的。数字系统的前三位较为固定,而第四、五位是序号,设有专人负责登记注册。本系统作为牌号补充系统是因为它便于数据处理,但牌号的注册登记单位是由欧洲钢铁标准化委员会(ECISS)负责,集中管理编号。

4.8.2.1　数字牌号系统的结构

结构式用下图表示：

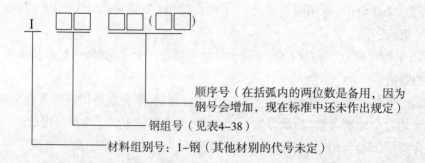

顺序号（在括弧内的两位数是备用，因为钢号会增加，现在标准中还未作出规定）

钢组号（见表4-38）

材料组别号：1—钢（其他材别的代号未定）

4.8.2.2　钢组号

钢组号详见表4-38。

表4-38　钢组号

序号	非合金钢			合金钢							
				优质钢	特殊钢						
	普通钢	优质钢	特殊钢		工具钢	杂类钢	不锈及耐热钢	结构钢、压力容器用钢及工程用钢			
0	00 90 普通钢		10 特殊物理性能钢		20 Cr	30	40 不锈钢，$w(Ni)<2.5\%$,不含Mo、Nb及Ti	50 Mn-Cr-Cu	60 Cr-Ni2.0% ≤$w(Cr)$<3.0%	70 Cr Cr-B	80 Cr-Si-Mo Cr-Si-Mn-Mo Cr-Si-Mo-V Cr-Si-Mn-Mo-V
1	01 91 一般结构钢(R_m<500MPa)		11 结构钢，压力容器用钢及工程用钢 $w(C)<0.50\%$		21 Cr-Si Cr-Mn Cr-Mn-Si	31	41 不锈钢，$w(Ni)<2.5\%$及含Mo但不含Nb及Ti	51 Mn-Si Mn-Cr	61	71 Cr-Si Cr-Mn Cr-Mn-B Cr-Si-Mn	81 Cr-Si-V Cr-Mn-V Cr-Si-Mn-V
2	02 92 其他结构钢，不进行热处理（R_m<500MPa）		12 结构钢、压力容器用钢及工程用钢 $w(C)$≥0.50%		22 Cr-V Cr-V-Si Cr-V-Mn Cr-V-Mn-Si	32 含Co高速钢	42	52 Mn-Cu Mn-V Si-V Mn-Si-V	62 Ni-Si Ni-Mn Ni-Cu	72 Cr-Mo $w(Mo)$<35% Cr-Mo-B	82 C-Mo-W Cr-Mo-W-V
3	03 93 平均$w(C)<0.12\%$或R_m≥400MPa		13 结构钢，压力容器用钢及工程用钢，并有特殊要求的		23 Cr-Mo Cr-Mo-V Mo-V	33 无Co高速钢	43 不锈钢，$w(Ni)$≥2.5%，无Mo、Nb及Ti	53 Mn-Ti Si-Ti	63 Ni-Mo Ni-Mo-Mn Ni-Mo-Cu Ni-Mo-V Ni-Mn-V	73 Cr-Mo $w(Mo)$≥0.35%	83

续表4-38

序号	非合金钢			合金钢							
					特殊钢						
	普通钢	优质钢	特殊钢	优质钢	工具钢	杂类钢	不锈及耐热钢	结构钢、压力容器用钢及工程用钢			
4		04 94 平均$0.12\%\leq w(C)<0.25\%$ 或$400MPa\leq R_m<500MPa$	14		24 W Cr-W	34	44 不锈钢,$w(Ni)\geq2.5\%$并含Mo但无Nb、Ti	54 Mo Nb Ti V、W	64	74	84 Cr-Si-Ti Cr-Mn-Ti C-Si-Mn-Ti	
5		05 95 平均$0.25\%\leq w(C)<0.55\%$ 或$500MPa\leq R_m<700MPa$	15 工具钢		25 W-V Cr-W-V	35 轴承钢	45 不锈钢,有特殊元素加入	55 B Mn-B ($w(Mn)<1.65\%$)	65 Cr-Ni-Mo,加 $w(Mo)<0.4\%+w(Ni)<0.2\%$	75 Cr-V($w(Cr)<0.2\%$)	85 渗氮钢	
6		06 96 平均$w(C)\geq0.55\%$ 或 $R_m\geq700MPa$	16 工具钢		26 除24、25及27组以外的钢	36 不含Co的特殊磁性能材料	46 耐化学腐蚀及耐高温的镍合金	56 Ni	66 Cr-Ni-Mo $w(Mo)<0.4\%+2.0\%\leq w(Ni)<3.5\%$	76 Cr-V($w(Cr)\geq2.5\%$)	86	
7	含高P、S钢	07 97	17 工具钢		27 含Ni	37 含Co的特殊磁性能材料	47 $w(Ni)<2.5\%$的耐热钢	57 Cr-Ni($w(Cr)<1.0\%$)	67 Cr-Ni-Mo,其中含$w(Mo)<0.4\%+3.5\%\leq w(Ni)<5.0\%$或$w(Mo)\geq0.4\%$	77 Cr-Mo-V	87 用户不再进行热处理的钢	
8			18 工具钢	08 98 特殊物理性能钢	28 其他	38 无镍特殊物理性能材料	48 $w(Ni)\geq2.5\%$的耐热钢	58 $1.0\%\leq w(Cr)<1.5\%$的Cr-Ni钢	68 Cr-Ni-V Cr-Ni-W Cr-Ni-V-W	78	88 用户不再进行热处理的可焊高强度钢	
9			19 工具钢	09 96 其他用途钢	29	39 含Ni的特殊物理性能材料	49 有高温性能的材料	59 含$1.5\%\leq w(Cr)<2.0\%$的Cr-Ni钢	69 除57及68组以外的Cr-Ni钢	79 Cr-Mn-Mo Cr-Mn-Mo-V	89 用户不再进行热处理的可焊接高强度钢	

第5章 钢铁产品标准常用术语

5.1 铁及合金

5.1.1 生铁术语

生铁

碳的质量分数超过2%，并且其他元素的含量不超过表5-1中所规定的极限值的铁-碳合金。

生铁在熔融条件下可进一步处理成钢或者铸铁，生铁既可以液态铁水的形式交货，也可以铸锭及类似的固体块或颗粒等固态铸铁的形式交货。

表5-1 生铁中其他元素的极限值（质量分数） （%）

元　素	极限值[①]
Mn	≤30.0
Si	≤8.0
P	≤3.0
Cr	≤10.0
其他合金元素总量[②]	≤10.0

①含量比该极限值高的材料是铁合金。

②凡规定有最低含量或者含量超过表5-2注⑧中段落（4）所规定的下限值的元素，按表5-2注⑧中段落（3）和（4）的规定，均为"其他合金元素"（C、Si、Mn、P、Cr除外）。

生铁的分类

生铁按照化学成分进行分类，如表5-2所示。

表5-2 按化学成分对生铁进行的分类与命名[①]（质量分数） （%）

分类号	生铁的分类			C 总含量	Si	Mn	P	S 最高含量	其他
		名　称	缩写名						
1.1	非合金生铁	炼钢生铁 低磷	Pig-P2	(3.3~5.5)	≤1.25[②]	≤6.0[②]	≤0.25[②]	0.07[②]	[③]
1.2		高磷	Pig-P20	(3.0~5.5)		≤2.0	≥1.5~2.5	0.08	
1.3		普通含磷	Pig-P3	(3.3~5.5)		≤6.0[②]	>0.25~0.40	0.07	

分类号	生铁的分类			C 总含量	Si	Mn	P	S 最高含量	其他
	名 称		缩写名						
2.1		④	Pig – P1Si				≤0.12		③
2.2			Pig – P3Si				>0.12~0.5		
2.3	非合金生铁	铸造生铁	Pig – P6Si	(3.3~4.5)	1.25~4.0② (1.5~3.5)	≤1.5②	>0.5~1.0 (>0.5~0.7)	0.06②	
2.4			Pig – P12Si				>1.0~1.4		
2.5			Pig – P17Si				>1.4~2.0		
3.1		球墨基体	Pig – Nod	(3.5~4.6)	≤3.0②	≤0.1	≤0.08	0.045	③, ⑥
3.2		球墨基体锰较高⑤	Pig – NodMn		≤4.0②	>0.1~0.8②			
3.3		低碳	Pig – LC	>2.0~3.5	≤3.0②	>0.4~1.5	≤0.30	0.06	③
4.0		其他非合金生铁	Pig – SPU	⑦					
5.1	合金生铁	镜铁	Pig – Mn	(4.0~6.5)	最高含量 1.5	>6.0~30.0②	≤0.30 (≤0.20)	0.05	③
5.2		其他合金生铁	Pig – SPA	⑧					

①未加括号的值为确定生铁类别的值，括号内的值表明该元素的实际含量通常所处的范围。

②对该含量范围再进行细化，通常可将该类生铁产品进一步分成不同的等级。

③根据冶炼生铁所使用的原料不同，生铁中可能会含有除 C、Si、Mn、P、S 之外的其他元素，对这些元素未规定限定值。这些元素的质量分数有可能达到 0.5%，供需双方可协商其限定值，但这些元素不用于对生铁的分类。

④名称由缩写名代替。

⑤通常用于珠光体球墨铸铁或可锻铸铁。

⑥根据生铁用途，对具有阻碍球状石墨生成和促进碳化物生成低含量元素的生铁，其分类可细化。

⑦该类包括不能分在 1.1 至 3.3 类和 5.1 及 5.2 类中的生铁。

⑧其他合金生铁，包括：

（1）硅的质量分数在 >4.0% 至 8.0% 之间的生铁。

（2）锰的质量分数在 >6.0% 至 30.0% 之间，不能被划为镜铁（5.1 类）的生铁。

（3）含有除 C、Si、Mn、P、S 之外且至少规定了最低含量元素的生铁。

（4）下列元素中至少有一种其质量分数在下列规定的限定值内的生铁：

Cr>0.3%~10.0%、Mo>0.1%、Ni>0.3%、Ti>0.2%、V>0.1%、W>0.1%，它们属于表 5 – 1 中所述的其他合金元素，它们质量分数总和不超过 10%。

5.1.2 铁合金

5.1.2.1 通用术语

铁合金

由铁元素（不小于 4%）和一种以上（含一种）其他金属或非金属元素组成的合金，在钢铁和铸造工业中作为合金添加剂、脱氧剂、脱硫剂和变性剂使用。其中，金属铬、金属锰、五氧化二钒按定义不是铁合金，但习惯上人们把这几种产品纳入铁合金范畴。

合金添加剂

为获得所需的（可控制的）金属熔体组成所使用的铁合金。

脱氧剂

用来降低需要脱氧的金属熔体中氧含量的铁合金。

脱硫剂

用来降低需要脱硫的金属熔体中硫含量的铁合金。

变性剂

添加少量该物质改变非金属元素和（或）杂质特性，进而导致合金特性发生变化的铁合金。

牌号

是为给定组成的铁合金通常采用的代号，由汉语拼音字母、化学元素符号及阿拉伯数字组成。汉语拼音字母用来表示铁合金产品工艺和产品特性；化学元素符号用来表示铁合金产品中的特性元素；阿拉伯数字用来表示该元素的百分含量。

精确度 β

是典型质量特性平均值的最大估计允许误差，用此特性值标准偏差（σ）（百分数）的两倍来表示，$\beta = 2\sigma$。

综合精确度 β_{SDM}

一交货批典型质量特性的估计综合精确度（$\beta_{SDM} = 2\sigma_{SDM}$）由取样精确度（$\beta_s = 2\sigma_s$）、制样精确度（$\beta_D = 2D_D$）和化验分析精确度（$\beta_M = 2\sigma_M$）组成，$\beta_{SDM} = \sqrt{\beta_s^2 + \beta_D^2 + \beta_M^2}$。

5.1.2.2　铁合金产品术语

硅铁

含硅量在 8.0% ~ 95.0% 范围内的铁和硅的合金。

低钛硅铁

以炉外精炼法生产，含硅量在 74.0% ~ 80.0% 范围内，且含钛量不大于 0.05% 的硅铁。

锰铁

含锰量在 60.0% ~ 93.5% 范围内的铁和锰的合金。

微碳锰铁

含碳量不大于 0.15% 的锰铁。

低碳锰铁

含碳量在大于 0.15% ~ 0.7% 范围内的锰铁。

中碳锰铁

含碳量在大于 0.7% ~ 2.0% 范围内的锰铁。

高碳锰铁

含碳量在大于 2.0% ~ 8.0% 范围内的锰铁。

高炉锰铁

以高炉法冶炼，含锰量在 60.0% ~ 82.0% 范围内的铁和锰的合金。

低磷锰铁

含磷量不大于0.10%的锰铁。

锰硅合金

含锰量在53.0%~75.0%范围内，且含硅量在10.0%~35.0%范围内的铁、锰和硅的合金。

微碳锰硅合金

含碳量不大于0.10%的锰硅合金。

低碳锰硅合金

含碳量在大于0.10%~0.30%范围内的锰硅合金。

铬铁

含铬量在45.0%~95.0%范围内的铁和铬的合金。

微碳铬铁

含碳量不大于0.15%的铬铁。

低碳铬铁

含碳量在大于0.15%~0.50%范围内的铬铁。

中碳铬铁

含碳量在大于0.50%~4.0%范围内的铬铁。

高碳铬铁

含碳量在大于4.0%~10.0%范围内的铬铁。

真空法微碳铬铁

以真空固态脱碳法冶炼的微碳铬铁，其含碳量不大于0.100%。

低钛高碳铬铁

含钛量不大于0.05%的高碳铬铁。

低磷铬铁

含磷量不大于0.03%的铬铁。

硅铬合金

含铬量不小于30.0%，且含硅量不小于35.0%的铁、铬和硅的合金。

钨铁

含钨量在70.0%~85.0%范围内的铁和钨的合金。

钼铁

含钼量在55.0%~75.0%范围内的铁和钼的合金。

钒铁

含钒量在35.0%~85.0%范围内的铁和钒的合金。

钛铁

含钛量在20.0%~75.0%范围内的铁和钛的合金。

铌铁

含铌量、含钽量的合量在12.0%~80.0%范围内的铁和铌的合金。

氧化钼块

含钼量不小于 45.0% 的氧化钼压块。

硅钙合金

含硅量在 40.0%～65.0% 范围内，且含钙量在 8.0%～35.0% 范围内的铁、硅和钙的合金。

硼铁

含硼量在 4.0%～25.0% 范围内的铁和硼的合金。

低碳硼铁

含碳量不大于 0.5% 的硼铁。

中碳硼铁

含碳量在大于 0.5%～2.5% 范围内的硼铁。

磷铁

含磷量在 15.0%～30.0% 范围内的铁和磷的合金。

低钛低碳磷铁

以炉外精炼法生产，含磷量在 24.0%～28.0% 范围内，且含碳量不大于 0.100%、含钛量不大于 0.70% 的磷铁。

金属锰

含锰量不小于 93.5% 的锰和铁的合金。

电解金属锰

以电解法冶炼的金属锰，其含锰量不小于 99.8%。

金属铬

含铬量不小于 98.0% 的金属。

稀土硅铁合金

稀土含量在 20.0%～47.0% 范围内，且硅含量在 37.0%～44.0% 范围内的硅铁合金。

稀土镁硅铁合金

稀土含量在 0.5%～23.0% 范围内，且镁含量在 4.5%～15.0% 范围内的硅铁合金。

五氧化二钒

五氧化二钒含量不小于 97.0% 的产品。

硅钡合金

含硅量不小于 35.0%，且含钡量不小于 2.0% 的铁、硅和钡的合金。

硅铝合金

含硅量不小于 5.0%，且含铝量不小于 10.0% 的铁、硅和铝的合金。

硅钡铝合金

含硅量不小于 20.0%，且含钡量不小于 6.0%，含铝量不小于 10.0% 的铁、硅、钡和铝的合金。

硅钙钡铝合金

含硅量不小于 30.0%，且含钙量不小于 6.0%，含钡量不小于 9.0%，含铝量不小于

8.0%的铁、硅、钙、钡和铝的合金。

氮化铬铁

含氮量不小于3.0%，且含铬量不小于60.0%的铬铁。

高氮铬铁

含氮量不小于8.0%，且含铬量不小于60.0%的氮化铬铁。

锰氮合金

含氮量不小于4.0%，且含锰量不小于73.0%的铁、锰和氮的合金。

氮化锰铁

含氮量不小于4.0%，且含锰量不小于73.0%的锰氮合金。

氮化金属锰

含氮量不小于6.0%，且含锰量不小于85.0%的锰氮合金。

钒氮合金

含钒量在77.0%～81.0%范围内，且含氮量在10.0%～18.0%范围内的钒、氮和碳的合金。

氮化硅铁

含氮量在25.0%～35.0%范围内，含硅量在47.0%～52.0%范围的硅铁。

氮化锰硅

含氮量在26.0%～33.0%范围内，且含锰量在10.0%～15.0%范围内、含硅量在38.0%～45.0%范围内的锰硅合金。

钒渣

五氧化二钒含量不小于8.0%的炉渣。

钒铝合金

含钒量在50.0%～90.0%范围内，且含铝量不小于9.0%的钒、铝和铁的合金。

镍铁

含镍量大于4.0%的铁、镍的合金。

5.2　钢产品

5.2.1　钢产品分类术语

初产品

液态钢或钢锭。

液态钢

通过冶炼获得待浇注的液体状态钢和直接熔化原料而获得的液体状态钢，为用于铸锭或连续浇注或铸造铸钢件的液体状态钢水。

钢锭

将液态钢浇注到具有一定形状的锭模中得到的产品。钢锭模的形状（钢锭的形状）应与经热轧或锻制加工成材的形状近似。按横截面，可把钢锭分为用于轧制型材的钢锭和轧制板材的扁锭。

半成品

由轧制或锻造钢锭获得的，或者由连铸获得的半成品，半成品通常是供进一步轧制或锻造加工成成品用。

大型型钢

轧制产品的横截面形状如字母 I、H 或 U 的，它们有下列共同的特性：

（1）高度不小于 80mm；

（2）腹板的表面由圆角连续地过渡到翼缘的内表面；

（3）两翼缘一般是对称的，且宽度相等；

（4）翼缘的外表面是平行的；

（5）翼缘的厚度从腹板到翼缘边部逐渐减薄，称"斜翼缘"；

（6）翼缘的厚度不变，称"平行翼缘"。

I 和 H 型钢

产品的横截面形状如字母 I 或 H 的称为 I 型钢和 H 型钢，并且有以下所述的特性。

（1）标准型钢（parent sections）：以腹板和翼缘厚度作为标准的型钢。

（2）薄壁型钢（thin sections）：采用与标准型钢相同的轧辊系列进行生产，当两者的腹板高度基本相等时，其腹板厚度或翼缘厚度较薄。通过调整垂直辊或水平辊的压下量来完成。

（3）厚壁型钢（thick sections）：采用与标准型钢相同的轧辊系列进行生产，当两者的腹板高度基本相等时，其腹板厚度或翼缘厚度较厚。通过调整垂直辊或水平辊的压下量来完成。

I 型钢（窄翼缘或中翼缘）

翼缘宽度不大于型钢公称高度的 0.66 倍，且小于 300mm。

H 型钢和钢柱（宽翼缘或特宽翼缘）

翼缘宽度大于型钢公称高度的 0.66 倍，且不小于 300mm。

U 型钢

横截面形状如字母 U，属大型型钢，在公称系列中，翼缘内表面带有锥度。最大宽度为 $0.5h + 25$mm。有比标准系列更薄或更厚的系列及平行翼缘的系列。

矿用钢

横截面形状如字母 I 或希腊字母 Ω、π 的型钢。但这种型钢翼缘的内表面倾斜度比其他 I 型钢大（大于 30%），翼缘宽度仍大于公称高度的 0.7 倍。

特殊大型型钢

横截面形状为字母 I、H、U 型或与之类似。其高度不小于 80mm，但有特殊的横截面和尺寸特性，这些型钢通常不大批量生产，它们基本上是由不等边或非对称的翼缘和（或）非标准腰厚和高度的 I、H、U 形状组成。

棒材

棒材主要包括圆、方、六角、八角、扁等截面形状的钢材。

圆钢

横截面为圆形、直径通常不小于 8mm 的棒材。

方钢

横截面为方形、边长不小于 8mm 的棒材。

六角钢

横截面为六角形，对边距离不小于 8mm 的棒材。

八角钢

横截面为八角形，对边距离不小于 14mm 的棒材。

角钢

横截面形状如字母 L，按两翼缘宽度之比，分为等边和不等边角钢；翼缘间夹角是圆弧过渡的。

等翼缘 T 型钢

横截面形状如字母 T，翼缘边缘呈圆弧，翼缘和腹板稍有锥度，两翼缘相等。

球扁钢

横截面类似矩形，沿较宽表面的一端，有一个贯穿全长的球头，球头的宽度一般小于 430mm。

特殊棒材和特殊中小型钢

一般为成根轧制的、横截面较小或外形很特殊的产品。一般来说，这种产品产量不大，不属大型型钢、棒材。它主要包括窗框钢、轮辋钢、挡圈型钢、锁圈型钢、帽型钢、梯型钢、中空钻探棒、弹簧扁钢、半圆钢、半椭圆钢、Z 型钢、π 型钢、高度小于 80mm 的小 I 型钢和 H 型钢，不等翼缘的 T 型钢，尖角 L、U、T 型钢等。

盘条

热轧后卷成盘状交货的成品。横截面通常为圆形、椭圆形、方形、矩形、六角形、八角形、半圆形或其他形状，盘条的公称直径不小于 5mm。盘条表面应光滑，可用于进一步加工变形。

钢筋混凝土用和预应力钢筋混凝土用轧制成品

横截面通常是圆形，有时为带有圆角的方形，其直径或边长不小于 5mm，可以按以下形式供货：

（1）表面光滑的直条；

（2）表面呈齿状、螺纹状或带肋的直条；

（3）表面光滑的盘条；

（4）表面呈齿状、螺纹状或带肋的盘条。

按直条供货的产品可经可控的冷变形或热处理，如沿纵轴拉伸和扭转。

铁道用钢以及类似产品

铁道用钢包括：

（1）用于铁道建设中全部热轧产品的总称：如钢轨、轨枕、鱼尾板、底板或垫板、轨距挡板等。

（2）形状和用途与铁道用钢相似的热轧产品，如：起重机钢轨、生活用导电钢轨、带槽钢轨、道岔钢轨、特殊钢轨、导向钢轨、制动钢轨。

铁道用钢轨分为：

轻轨：单位长度的重量不大于 30kg/m 的钢轨；

重轨：单位长度的重量大于 30kg/m 的钢轨。

薄板桩（钢板桩）

通过热轧或冷成型（拉拔或在挤压机上挤压）而获得的产品。其接头形状，诸如接头锁结或是纵长槽内填充或采用特殊的夹板。它可以组成隔板或连续的板桩挡墙。

根据板桩的横截面形状或用途分为：

（1）U 和 Z 型薄板桩；

（2）扁平型薄板桩；

（3）组合型薄板桩（由薄板桩，角钢或类似型钢组成）；

（4）轻型薄板桩；

（5）内锁 H 型薄板桩；

（6）箱型薄板桩；

（7）管状型薄板桩。

管状支承桩

横截面是圆形或矩形（包括正方形）的管子。将钢管打入地里，通过其根部形成的阻力和沿表面的摩擦力将结构的重量传给地面。

扁平成品

扁平成品一般特性：扁平成品的横截面基本上是矩形的，其宽度远大于厚度。

热轧扁平成品

某些热轧扁平成品经过轻微的冷平整，一般变形量小于 5%，不改变其分类。

按成品的类型，热轧扁平成品分类如下：

宽扁钢：宽度大于 150mm，厚度通常大于 4mm，一般直条交货，而不成卷交货，其边部带有棱角；宽扁钢轻四边热轧（或用箱形孔）或从更宽的扁平成品经剪切或火焰切割而得到。

经四边轧制的宽扁钢常称为万能板材。

热轧薄板和厚板：扁平成品的边缘可以自由宽展。以扁平状供货，有时为方形或矩形或其他形状，其边部可以是轧制边、剪切边、气割边、切削边。扁平成品也可以预弯状态交货。

热轧板可以按下列方法生产：

（1）在可逆轧机上直接轧制或是在可逆式轧机上轧制的原板上剪切下来的。

（2）在连轧机上轧制出来的热轧钢带上剪切下来的。可逆轧机轧制的厚板常称为"齐边钢板"。为了统计方便，可将钢板按厚度基准进一步细分为薄板和厚板。

热轧薄板：厚度不大于 3mm（电工钢板除外）的热轧钢板。

热轧厚板：厚度大于 3mm 的热轧钢板。

热轧钢带

热轧扁平成品经最后轧制后，或再经酸洗、退火，随即卷成卷状的产品。

根据钢带的实际宽度（包括与轧制宽度无关的热轧纵剪钢带），将热轧钢带划分为热轧窄钢带和热轧宽钢带。

热轧窄钢带：钢带的宽度小于 600mm；热轧窄钢带开卷后可切成定尺交货；

热轧宽钢带：钢带的宽度不小于 600mm。

冷轧扁平成品

不需要加热，经冷轧后，产品断面面积至少减少25%以上，对于宽度小于600mm的扁平成品以及某些特殊质量钢，可以包括到面缩小于25%的成品。

冷轧扁平成品分为：冷轧薄板、厚板。

冷轧板按厚度分为：冷轧薄板和冷轧厚板。

冷轧薄板：厚度不大于3mm的冷轧钢板。

冷轧厚板：厚度大于3mm的冷轧钢板。

冷轧钢带

近似于热轧钢带的定义。

冷轧钢带按轧制宽度分为：冷轧窄钢带和冷轧宽钢带。

冷轧窄钢带：钢带的宽度小于600mm。在开卷后，窄钢带可以切成定尺或以成叠方式交货。

冷轧宽钢带：钢带的宽度不小于600mm。冷轧钢带按宽度大于600mm交货时，称为纵剪冷轧宽钢带。

钢管

横截面是圆形，或其他形状，沿长度方向上是条状、空心、无封闭端的产品，按其加工方法分为无缝钢管和焊管。

无缝钢管：由钢锭、管坯或钢棒穿孔制成的没有缝的钢管；用铸造方法生产的管子称铸钢管。

焊管：用热轧或冷轧钢板或钢带卷焊制成的钢管，可以纵向直缝焊接，也可螺旋焊接。

中空型钢、中空棒材

中空型钢：用于结构或类似用途的钢管。例如：结构中空型钢。

中空棒材：用机械加工制成的无缝钢管具有较高的精确度，可确保允许的最小尺寸偏差。

镀锡钢板和钢带

将厚度不大于0.50mm的低碳钢冷轧薄钢板和钢带，用热浸（浸泡在熔融的锡槽中）或电镀方法镀上锡。

镀铬、镀氧化铬薄板和钢带

将厚度一般不大于0.50mm的钢板和钢带，电镀上铬或氧化铬，或两者均可，镀层的总厚度一般不大于0.50μm。

镀铅薄板、厚板和钢带

用热浸法（在熔融的合金槽中）或电镀法将钢板和钢带的表面镀上一层铅锡合金，一般双面镀层重量之和不小于200g/m²。

镀锌薄板、厚板和钢带

镀锌薄钢板、厚钢板和钢带分为热浸镀锌薄板、厚板和钢带与电镀锌薄板、厚板和钢带。

热浸镀锌薄板、厚板和钢带：将薄钢板、厚钢板和钢带置于熔融的锌槽中热浸。一般

两面总的锌量在 $100\sim700g/m^2$ 之间，镀层可以呈正常锌花、小锌花、光整锌花或无锌花。

电镀锌薄板、厚板和钢带：单面的镀锌量在 $7\sim107g/m^2$ 之间，相当于单面镀层厚度 $1\sim15\mu m$。镀锌后，表面用铬酸盐或磷酸盐钝化处理，不改变该产品作为镀锌扁平成品的分类。

镀铝、铝硅合金镀层薄板、厚板和钢带

将薄钢板、厚钢板和钢带置于熔融的槽中，用热浸法镀上一层铝或铝硅合金。双面镀层的重量一般为 $80\sim300g/m^2$，相当于每面镀层厚度 $15\sim55\mu m$。

有机涂层薄板、厚板和钢带

在裸露的或有金属镀层的（通常为镀锌的）钢板或钢带的表面涂上一种有机涂层或一种粉末的混合物。有机涂层可以通过下列任一种连续工艺获得：

（1）涂上一层或多层涂料或涂上其他类型的产品。经干燥后，其涂层的厚度根据产品特性可以为每面 $2\sim400\mu m$。

（2）通过使用一层粘附薄膜，可以在薄膜上涂一层有机涂料，也可以不涂。涂层可以有不同的花纹。单面厚度一般为 $35\sim500\mu m$。

无机涂层薄板、厚板和钢带

无机涂层薄板、厚板和钢带分为铬酸盐薄板、厚板和钢带，磷酸盐薄板、厚板和钢带与混合无机涂层薄板、厚板和钢带。

铬酸盐薄板、厚板和钢带：铬酸盐单面涂层的重量为 $1\sim20g/m^2$。

磷酸盐薄板、厚板和钢带：磷酸盐单面涂层的重量为 $1\sim20g/m^2$。

混合无机涂层薄板、厚板和钢带：例如：搪瓷产品。

复合产品

在薄钢板、厚钢板、钢带和钢管上复合上一层耐磨或耐化学腐蚀的钢或合金。通常用轧制方法，有时也用爆炸或焊接方法进行复合。

电工薄钢板和钢带

这些产品与其他薄钢板的区别在于，它们是用于电磁用途的，主要特性是具有规定的允许铁损和磁感应以及叠装系数。其厚度不大于 3mm，且宽度不大于 2000mm。根据产品中晶粒排列方向性可分为晶粒取向产品和晶粒无取向产品。

晶粒取向产品：这些产品中晶粒沿轧制方向排列比沿垂直轧制方向排列有较大的增加电磁感应的性能，并且在两面都有绝缘层。

晶粒无取向产品：这些产品可以不涂层，也可以在单面或双面都涂绝缘层。

粉末冶金产品

钢粉末：钢粉末通常是许多尺寸小于 1mm 的钢粒。

粉末钢制品：通过压制、烧结钢粉末制造出的部件，有时还须再压制。这些部件常常有严格的尺寸公差以便使用。

铸件

成品的形状和最终尺寸是直接将钢水浇注到砂模、耐火黏土或其他耐火材料铸模（几乎不用金属或石墨铸模）中凝固而得到的未经任何机械加工的产品。

锻压成品

a　锻造成品（半成品和锻制条钢除外）

用一个开口模，使钢在适宜温度下加压成型而得到近似模子的形状，不须进一步热变形的成品。这些成品一般要经过机加工成最终形状。

锻造产品：根据其用途（如铁道、汽车、一般工程用）或形状（如车轮）进行分类。

开口模锻产品：是经预锻，然后在环形辊精轧机上轧制（如轮箍、圆环）。

b　模锻件

使钢在适宜温度下，在一个闭口模中，受压成型而得到所需的形状和体积。

光亮产品

冷拉拔产品：热轧产品经除磷后，在拉拔机上（冷变形不损耗金属）拉拔得到的各种横截面形状的产品。这种工艺使产品具有一定形状、尺寸精度和表面质量方面的特殊要求。另外，经过冷拉拔引起的冷加工硬化，可经以后的热处理消除。成根产品按直条交货，小横截面产品也可成盘交货。

车削（剥皮）产品：圆形棒材通过车削剥皮，其形状、尺寸精度和表面粗糙度等具有冷拉拔产品特殊要求，并除去轧制缺陷和脱碳层。

磨光产品：经拉拔或车削后的圆棒，进行磨光或磨光后抛光，具有更好的表面质量和尺寸精度。

冷成型产品

由镀层或不镀层热轧或冷轧扁平产品制成，并沿总长有各种固定的横截面形状的产品，其厚度在冷成型（如：压型、拉拔、加工变形、卷边）过程中有轻微地减薄。

冷弯型钢：将扁平产品逐张（根）冷加工成各种开口或闭口（不焊接）横截面形状的钢材见图 5－1。

图 5－1　冷弯型钢横截面形状

成型薄板：在横截面上宽度明显地大于高度，并且通常沿总长有几个横截面不变的平行波纹见图 5－2。

图 5－2　成型薄板横截面

焊接型钢

开口横截面的条钢。以热轧条钢、热轧扁平成品和冷轧扁平成品为原料，焊接制成，代替由热轧直接轧制的成品。

钢丝

通常有贯穿全长的不变的横截面，并且截面尺寸与长度相比很小。盘条通过减径模拉拔，或在驱动辊之间施加压力，然后将拉拔后的钢丝再卷成盘。这些产品横截面通常是圆形，也有方形、六角形、八角形、半圆形、梯形、鼓形或其他形状。

钢丝绳

由一定数量，一层或多层钢丝股捻成螺旋状而形成的产品。在某些情况下，单股也可为绳。

5.2.2 钢铁产品标准通用术语

冶炼方法

指采用何种炼钢炉冶炼而言，例如用平炉、电弧炉、转炉、电渣炉、真空感应炉及混合炼钢等冶炼，"冶炼方法"一词在标准中的含义，不包括脱氧方法（如全脱氧的镇静钢、半脱氧的半镇静钢或不脱氧的沸腾钢）及浇注方法（如上注、下注、连铸）这些概念。

交货状态

交货状态是指交货产品的最终塑性变形加工或最终热处理的状态。不经过热处理交货的有热轧（锻）及冷拉（轧）状态。经正火、退火、高温回火、调质及固溶等处理的统称为热处理状态交货，或根据热处理类别分别称正火、退火、高温回火、调质等状态交货。

冷切削加工用钢

冷切削加工用钢或叫冷机械加工用钢，是指供切削机床（如车、铣、铇、磨……等）在常温下切削加工成零件用的钢。切削加工前钢不经加热，所以叫冷切削加工用钢。

压力加工用钢

压力加工用钢是指供压力加工并经过塑性变形（如轧、锻、冷拉等）制成零件或产品用的钢。按加工前钢是否先经加热，又分为热压力加工用钢和冷压力加工用钢（如冷拉等）。

冷轧（拉）与热轧（锻）材

钢经加热（一般加热温度都超过临界点 A_{c_3} 以上）以后进行轧（锻）者，称为热轧（锻）材；而不经加热在常温下轧（拉）制者，称为冷轧（拉）材。

冷顶锻用钢

钢材在使用时，在常温下进行镦粗，做成零件或零件毛坯，如铆钉、螺栓及带凸缘的毛坯等，这种钢叫做冷镦钢或冷顶锻用钢。

冷冲压用钢

钢材使用时，在常温下进行冲、压以制成零件或零件毛坯，叫做冷冲压用钢。

公称尺寸和实际尺寸

公称尺寸是指标准中规定的名义尺寸，是生产过程中，希望得到的理想尺寸。但实际生产中，钢材实际尺寸往往大于或小于公称尺寸，实际所得到的尺寸，叫做实际尺寸。

偏差和公差

由于实际生产中难于达到公称尺寸，所以标准中规定实际尺寸与公称尺寸之间有一允许差值，叫做偏差。差值为负值叫负偏差，正值叫正偏差。标准中规定的允许正负偏差绝对值之和叫做公差。偏差有方向性，即以"正"或"负"表示，公差没有方向性，因此，"正公差"或"负公差"的叫法是不对的。同时，"偏差范围"一词，容易与公差含义相混淆，也应避免使用。图5-3为偏差与公差示意图。

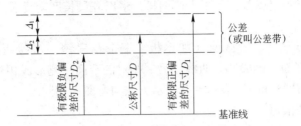

图5-3 偏差与公差

正偏差：$D_1 - D = +\Delta_1$；负偏差：$D_2 - D = -\Delta_2$

公差：$|+\Delta_1| + |-\Delta_2| = \Delta_1 + \Delta_2$

当Δ_1或Δ_2值为零时，公差值才与偏差值相等，但此时偏差值之前的"正"或"负"号不能省略，以示与公差值有区别。

从公称尺寸算起和从实际尺寸算起

在表面缺陷清理和检查时，缺陷或清理深度有两种计算方法，一种是从公称尺寸算起，另一种为从实际尺寸算起。对于条钢来说，一般供冷加工的钢材都是从公称尺寸算起，而供压力加工用的钢材则是从实际尺寸算起，两种方法有何区别，以直径为10mm±0.5mm而实际尺寸为9.5mm的圆钢举例如下：

（1）从公称尺寸算起，则钢不允许再行清理或存在缺陷。

（2）从实际尺寸算起，则钢还可以进行局部清理，清理处的最小直径为9mm亦认为合格。

但是各个标准中对缺陷清理深度的限制是不同的，有的标准除规定由何处算起以外，有时还规定保证最小尺寸，因此应注意各标准的规定，不能认为凡从实际尺寸算起的，都不保证最小尺寸。

交货长度

钢材交货长度，在现行标准中有三种规定。

（1）通常长度：又称不定尺长度，凡钢材长度在标准规定范围内而且无固定长度的，都称为通常长度。但为了包装运输和计量方便，各企业剪切钢材时，根据情况最好切成几种不同长度的尺寸，力求避免乱尺。

（2）定尺长度：按订货要求切成固定长度（钢板的定尺是指宽度和长度）的，叫定尺长度，例如定尺为5m，则交货一批中钢材长度均为5m。但实际上不可能都是5m长，因此定尺钢材还规定了允许正偏差值。

（3）倍尺长度：按定货要求的单倍尺长度切成等于订货单倍尺长度的整数倍数，称为倍尺长度，例如单倍尺长度为950mm，则切成双倍尺时为1900mm，三倍尺为950mm×3=2850mm等。单倍尺的长度及倍数须在合同中注明。切倍尺时，标准中尚规定了倍尺长度正偏差及切割余量等，如无规定，则应由供需双方商订。

（4）短尺：凡长度小于标准中通常长度下限，但不小于最小允许长度者，称为短尺长度。钢板的短尺则是指长度或宽度小于定尺的钢板。生产厂应力求避免短尺产生，因为短尺在若干标准中是不允许交货的。

此外，在某些标准中，还有一种叫齐尺长度，是通常长度的发展，这种情况下，一捆长度相同，但允许有一定偏差，我国出口钢材，多以齐尺长度交货。

镰刀弯

镰刀弯又称侧面弯，矩形截面（如钢板、钢带及扁钢）或接近于矩形截面的型钢（包括异型钢），在窄面一侧成凹入曲线，另一相对的窄面一侧形成相对应的凸出曲线，叫做镰刀弯，以凹入高度（mm）表示，其表示方法与弯曲度相同。

波浪度（或叫波浪弯）

主要是钢板或带钢标准中有规定，而在个别型钢标准（例如工槽钢）中也有要求。波浪度是指沿长度或宽度上出现高低起伏状的弯曲，形如波浪状，通常在全长或全宽上有几个浪峰。测量时将钢板或钢带以自由状态轻放于检查平台上以一米直尺靠量，测最大波高，但有些标准中也规定有单波波峰高度及浪距的要求。

瓢曲度

在钢板或钢带长度及宽度方向同时出现高低起伏波浪的现象，使其成为"瓢形"或"船形"，称为瓢曲。瓢曲度的测量是将钢板或带钢自由地（不施外力）放在检查平台上进行检查。

关于弯曲的术语，还有带钢的"槽状"及"单侧波皱"，详见带钢名词解释部分。

扭转

条形轧件沿纵轴扭成螺旋状，称为扭转。在标准中一般以肉眼检查，所以规定为不得有显著扭转，"显著"是定性概念。但也有的标准中，具体规定了扭转角度（以每米度数表示）或规定了以塞尺检查翘起高度等。

剪（锯）切正直

指轧件剪（据）切面应与轧制表面（或轧制轴线）成直角。但实际上截切时均有误差，不可能达到 90°，所以"正直"在标准中是一个定性概念，一般以目视检查，对于严格要求者，在标准中规定了切斜度。

形状不正确

指轧材横截面几何形状的不正确，表现为歪斜，凹凸不平等。此种缺陷，按轧材品种不同，名目繁多，如方钢脱方、扁钢脱矩、六角钢六边不等、重轨不对称、工字钢腿斜、槽钢塌角、腿扩及腿并、角钢顶角大、小等。严格来讲弯曲、扭转、波浪、缺肉等亦属形状不正确范畴。

切割缺陷

指轧件在切割（剪、锯、烧割）端头时造成的缺陷，如毛刺、飞翅、锯伤、切伤、压伤、剪切宽展、切斜等。

深宽比

在钢材表面缺陷清理时，有些标准中规定了清理深度与宽度的比例不小于 1:5、1:6、1:8 等，其意思是清理深度愈深则清理宽度应愈大，使清理处过渡平缓，无尖锐棱角，以防止再加工时在清理处造成缺陷，如折叠、辗皮、裂缝等。有时，标准中还规定了清理长度，也是为了使清理处平缓过渡，保证再加工后钢材表面质量。

边缘状态

是指带钢是否切边而言，切边者为切边带钢；不切边者为不切边带钢。

表面状态

主要分为光亮和不光亮两种，在钢丝和钢带标准中常见，主要区别在于采取光亮退火还是一般退火。也有把抛光、磨光、酸洗、镀层等作为表面状态看待的。

尺寸超差

尺寸超差或叫尺寸超出标准规定的允许偏差，包括比规定的极限尺寸大或小。有的厂习惯叫"公差出格"，这种叫法，把偏差和公差等同起来，也是不严密的。

厚薄不均

在钢板、钢带和钢管标准中常见这一名词，而钢管标准中叫做壁厚不均。厚薄不均是指钢材在横截面及纵向厚度不等的现象。实际上一根轧件的厚度不可能到处相等，为了控制这种不均匀性，有的标准中规定了同条差、同板差等，钢管标准中规定了壁厚不均等指标。

椭圆度（不圆度）

圆形截面的轧材，如圆钢和圆形钢管的横截面上两相互垂直直径不等的现象。但是在钢材上出现直径不等现象，其最大直径与最小直径并不一定互相垂直，因此，测量尺寸应以最大最小直径之差表示。为此，椭圆度改为"不圆度"似乎名副其实些。

弯曲、弯曲度、局部弯曲度和总弯曲度

弯曲是轧件在长度或宽度方向不平直，呈曲线状的总称。如果把它的不平直程度用数字表示出来，就叫做弯曲度。标准中的弯曲度有两种叫法，一种是局部弯曲度，大部分标准规定用一米直尺靠量，取直尺与钢材最大弯曲处之波高（mm）表示局部弯曲度数值。但有的标准中，例如重轨，用2200mm 直尺靠量，也有的标准中规定用短于一米的直尺靠量，如端部弯曲的测量，所以，请详细查阅有关标准。另一种是总弯曲度是指长度方向的全长弯曲值，亦以最大波高（mm）表示，然后换算成总长度（以 m 计）的百分数，例如钢材长度为5m，最大波高为50mm，则总弯曲度为0.5%。

批

标准中所指的批，是指一个检验的单位，而不是指交货的单位。通常一批钢或钢材的组成有下列几种不同的规定（详见有关标准）：

规定1：由同一炉罐号、同一牌号、同一尺寸或同一规格（有的还要求同一轧制号）以及同一热处理制度（如以热处理状态供应者）的钢材组成。

规定2：由同一牌号、同一尺寸及同一热处理制度的钢组成。与第一种的区别在于可由数个炉罐号的钢组成。如普碳钢、低合金钢可以组成混合批，但每批碳含量之差应不大于0.02%，锰含量之差应不大于0.15%，一般用途普通碳素钢薄钢板和热轧圆盘条等均属这种情况。

规定3：其他均与规定1或规定2相同，但尺寸规格可由几种不同尺寸组成，例如普通碳素钢和低合金钢厚钢板标准规定，一批中钢板厚度差根据厚度不同规定为3mm 或2mm 的钢板可组成为一批进行检验。检验批和交货批不是一回事，检验批是进行检验的单位，而交货批是指交货的单位。当订货数量大时，一个交货批可能包括几个检验批；当订货数量少时，一个检验批可能分成几个交货批。

纵向和横向

钢材标准中所称纵向和横向，均指与轧制（锻制）及拔制方向的相对关系而言，与加

工方向平行（即顺加工方向）者称纵向；与加工方向垂直者称横向。沿加工方向取的试样叫纵向试样；与加工方向垂直取的试样称横向试样。而在纵向试样上打的断口，是与轧制方向垂直的，故叫横向断口；横向试样上打的断口则与加工方向平行，故叫纵向断口。

优质钢和高级优质钢（带 A 字）。

5.2.3 化学分析术语

5.2.3.1 化学分析常用术语

钢的熔炼成分

钢的熔炼成分是指钢在熔炼（和罐内脱氧）完毕后，浇注中期的化学成分。为了使其有一定的代表性，代表该炉或罐的平均成分，在标准方法中规定在样模内铸成小锭，铇取或钻取试屑，按规定的标准方法进行分析。

熔炼分析

熔炼分析是指在钢液浇注过程中采取样锭，然后进一步制成试样并对其进行的化学分析。分析结果表示同一炉或同一罐钢液的平均化学成分。

成品成分

钢材的成品成分，又叫验证分析成分，是指从成品钢材上按规定方法（详见 GB222）钻取或铇取试屑，并按规定的标准方法分析得来的化学成分。钢材的成品成分主要是供使用部门或检验部门验收钢材时使用的。生产厂一般并不全做成品分析，但应保证成品成分符合标准规定。有些主要产品或者有时由于某些原因（如工艺改动，质量不稳，熔炼成分接近上下限，熔炼分析样未取到，等等）生产厂也做成品成分分析。

成品分析

成品分析是指在经过加工的成品钢材（包括钢坯）上采取试样，然后对其进行的化学分析。成品分析主要用于验证化学成分，又称验证分析。由于钢液在结晶过程中产生元素的不均匀分布（偏析），成品分析的值有时与熔炼分析的值不同。

成品化学成分允许偏差

成品化学成分允许偏差是指熔炼分析的值虽在标准规定的范围内，但由于钢中元素偏析，成品分析的值可能超出标准规定的成分范围。对超出的范围规定一个允许的数值，就是成品化学成分允许偏差。

化学试剂

为实现某一化学反应而使用的化学物质。

化学纯试剂：三级试剂，标签颜色为蓝色。这类试剂的质量略低于分析纯试剂，用于一般的工业分析。相当于进口试剂 "C. P."（化学纯）、"H."（纯，苏）、"一级"（日）等。

分析纯试剂：二级试剂，标签颜色为红色。这类试剂的杂质含量低，主要适用于一般的科学研究和分析工作，相当于进口试剂 "A. R."（分析试剂）、"H. A. a"（分析纯，苏）等。

优级纯试剂：一级试剂，标签颜色为绿色。这类试剂的杂质含量低，主要适用于精密科学研究和分析工作。相当于进口试剂 "G. R."（保证试剂、西德 E. Merck）、"X. H."（化学纯，苏）。"特级"（日）❶ 等。

---

❶日本"特级"试剂介于我国的优级纯和分析纯试剂之间。

光谱纯试剂

光谱纯的纯度并没有严格的规定。光谱纯的试剂、化合物或金属一般指的是该试剂、化合物或金属在用简单的光谱方法分析时在光谱中不出现（或出现很少）杂质元素的谱线。不同的光谱纯试剂、化合物或金属所含杂质的多少亦不相同。在使用光谱纯试剂、化合物或金属时必须注意这一问题。一般情况，光谱纯物质的纯度要高于优级纯物质的纯度。

pH 值

溶液中氢离子活度的负对数值。

摩尔

国际单位制的基本单位。它是一系统的物质的量，该系统中所包含的基本单元数与 0.012kg 碳12 的原子数目相等。

摩尔质量（M）

一系统中某给定基本单位的摩尔质量 M 等于其总质量 m 与其物质的量 n 之比。单位为千克每摩尔（kg/mol），常用克每摩尔（g/mol）。

$$M = \frac{m}{n}$$

物质的量浓度（c）

物质 B 的物质的量 n_B 与相应混合物的体积 V 之比。单位为摩尔每立方米（mol/m^3），常用摩尔每升（mol/L）。

$$c_B = \frac{n_B}{V}$$

质量摩尔浓度（b）

溶质 B 的物质的量 n_B 与溶剂 A 的质量 m_A 之比。单位为摩尔每千克（mol/kg），常用毫摩尔每千克（mmol/kg）。

$$b_B = \frac{n_B}{m_A}$$

取样

产品按某种规定选取具有代表性的一部分样品送检验部门进行检测称为取样。分析检测时，从提供的每一个样品中选取具有代表性的一定量样品进行分析检测也称为取样。

制样

将试样直接或经分离富集后的浓缩物制成适合于仪器测量的一定形状（或形态）测量体，称为制样。例如：X 射线荧光光谱法中需将样品制成具有一定大小、形状、厚度、表面状态的测量体。

实验室样品

为送往实验室供检验或测试而制备的样品。

试样

由实验室样品制得的样品，并从它取得试料。

试料

用以进行检验或观测所称取的一定量的试样（如试样与实验室样品两者相同，则称取实验室样品）。

份样

在铁水中用取样勺一次取出的试样，或在生铁堆的一个部位一次取出的一块生铁试样。份样代表一批生铁的一部分。同一批生铁的份样重量要大致相等。

批样

是由一批生铁取出的全部份样所组成的试样。批样分析结果代表一批生铁的平均成分。

炉前试样

指从炉前铁水沟采取铁水浇铸的试样。炉前生铁试样的化验结果，是指导炼铁生产的重要依据。

如果以铁水状态直接发给用户，而且铁水罐中不加废铁和无其他炉次剩余生铁的情况，以及在炉前直接铸块时，也可作为生铁出厂的质量依据。

铸铁机试样

铁水在铸铁机铸铁时，于铸铁机流铁槽或铁模中采取铁水浇铸的试样。

铸铁机试样的化验结果，是判定生铁成品的质量依据。

验证试样

指从生铁堆或车厢中，按规定方法采取的铁块试样。验证试样的化验结果，是仲裁或用户验收生铁的质量依据。

成分试样

按规定制样方法制得的供化学成分分析用的试样。

标准物质（RM）

已确定其一种或几种特性，用于校准测量器具、评价测量方法或确定材料特性量值的物质。

一级标准物质：其特性量值采用绝对测量方法或其他准确、可靠的测量方法，测量准确度达到国内最高水平并附有证书的标准物质，此类标准物质由国家最高计量行政部门批准、颁布并授权生产。

二级标准物质：其特性量值采用准确、可靠的测量方法或直接与一级标准物质相比较的测量方法，测量准确度满足现场测量的需要并附有证书的标准物质。此类标准物质经有关业务主管部门批准并授权生产。

标准溶液

用标准物质标定或配制的已知浓度的溶液。

储备溶液

配制成的比使用时浓度大的、并为储存用的试剂溶液。

缓冲溶液

加入溶液中能控制 pH 值或氧化还原电位等仅发生可允许的变化的溶液。

空白试验

空白试验除不加试料外，须与测定采用完全相同的分析步骤、试剂和用量（滴定法中标准滴定溶液的用量除外），进行平行操作。

去离子水

将电渗析水（或用自来水）经过阴、阳离子交换树脂柱的水再经过混合柱（指阳离子和阴离子交换树脂相混合的柱）后所得到的水称去离子水。可供普通和高纯物质分析。

二次离子交换水

将一次去离子水，放入纯洁储水箱中，再经过阴、阳离子交换树脂柱（单柱或混柱）后所制得的水为二次离子交换水。

热水（或热溶液）

指温度在60°C以上的水（或溶液）。

温水（或温溶液）

指温度在40~60°C的水（或溶液）。

常温

一般指在15~25°C之间的温度。

化学分析

对物质的化学组成进行以化学反应为基础的定性或定量的分析方法。

重量分析［法］

通过称量操作，测定试样中待测组分的质量，以确定其含量的一种分析方法。

滴定分析［法］❶

通过滴定操作，根据所需滴定剂的体积和浓度，以确定试样中待测组分含量的一种分析方法。

酸碱滴定［法］

利用酸、碱之间质子传递反应进行的滴定。

氧化还原滴定［法］

利用氧化还原反应进行的滴定。

高锰酸钾［滴定］**法**

利用高锰酸盐标准溶液进行的滴定。

重铬酸钾［滴定］**法**

利用重铬酸盐标准溶液的氧化作用进行的滴定。

碘量法

利用碘的氧化作用或碘离子的还原作用进行的滴定。一般使用硫代硫酸钠标准溶液滴定。

返滴定［法］

在试样溶液中加过量的标准溶液与组分反应，再用另一种标准溶液滴定过量部分，从而求出组分含量的滴定。

络合滴定［法］

利用络合物的形成及解离反应进行的滴定。

---

❶ 滴定分析［法］曾命名为容易分析［法］volumetric analysis。

螯合滴定［法］

利用金属离子与配位体形成内络合物的滴定。

仪器分析

使用光、电、电磁、热、放射能等测量仪器进行的分析方法。

比色法

利用待测溶液本身的颜色或加入试剂后呈现的颜色，用目测比色对溶液颜色深度进行比较，或者用光电比色计进行测量以测定溶液中待测物质浓度的方法。

分光光度法

根据物质对不同波长的单色光的吸收程度不同而对物质进行定性和定量分析的方法。

X 射线荧光光谱法

当试样受到强烈的 X 射线辐照时，其中各组分元素的原子受到激发而产生次级的特征 X 射线，即为 X 射线荧光。不同元素具有波长不同的特征 X 射线谱线，而各谱线的强度又与元素的浓度呈一定的关系，测定待测元素特征 X 射线谱线的波长和强度就可进行定性和定量分析的方法。

X 射线吸收光谱法

根据测量入射 X 射线强度 I_0 及透过试样及标准物的 X 射线强度 I 进行分析的方法。

红外吸收光谱法

研究红外辐射与试样分子振动和（或）转动能级相互作用。利用红外吸收谱带的波长位置和吸收强度来测定试样组成、分子结构等的分析方法。

质谱法

试样被电离后，形成不同质荷比的离子，根据这些离子的质量数和相对丰度分析试样的方法。

核磁共振波谱法（NMR）

研究某些有磁矩的原子核，在静磁场中由于磁矩和磁场相互作用形成一组分裂的能级，在合适频率的射频作用下，能级间发生跃迁而出现的共振现象。

色谱法

利用试样中各组分在固定相和流动相中不断地分配、吸附和脱附或在两相中其他作用力的差异，而使各组分得到分离的方法。

电流滴定［法］

在一定的外加电压下，待测物质或标准溶液至少有一个能在极化电极上产生氧化或还原反应在滴定过程中，根据标准溶液的体积和极限扩散电流的变化来确定终点的方法。

电位滴定［法］

在滴定过程中，根据标准溶液的体积和指示电极的电位变化来确定终点的方法。

电导滴定［法］

在滴定过程中，根据溶液电导的变化来确定终点的方法。

高频电导滴定［法］

将盛有待测溶液的电导池，置于高频振荡的电场内，在滴定过程中，溶液组成的变化使振荡回路的参数得到改变，并使电路中电流或电压发生变化，从而确定终点的电导滴定法。

电重量法

在电解过程中，使待测物质定量地沉积在电极上，根据电极的增重测定待测物质的量的方法。

库仑法

通过测量消耗于溶液中待测物质所需的电量来定量地测定这一物质含量的方法。

库仑滴定法

用恒定的电流，通过电解池，利用电极反应，电极附近产生一种试剂，此试剂瞬间与待测物质起反应，根据电流强度和滴定的时间，计算待测物质的量的方法。

控制电位库仑滴定［法］

控制工作电极的电位使之恒定并只能使所要求的电极反应发生。当待测物质全部被电解后，电流即下降至背景电流，根据电极反应所消耗的电量，计算待测物质的量的方法。

极谱法[1]

使用滴汞电极为指示电极，根据电解过程中得到的电流－电压曲线，测定溶液中待测物质的组成和浓度的方法。

方波极谱法

在直流极谱的外加电压上叠加一个小振幅方波电压，测量方波电压后期通过电解池的交流电极的极谱法。

交流极谱法

将低频正弦电压叠加到直流极谱的直线电压上，通过测定电解池的交流电流－外加直流电压的极谱法。

示波极谱法

一般指单扫描示波极谱法，在滴汞电极成长的后期，于电解池的两极加上一快速线性变化电压，根据示波器记录的电流－电压曲线而进行分析的极谱法。

示波极谱滴定［法］

利用交流示波极谱曲线$\left(\dfrac{\mathrm{d}E}{\mathrm{d}t} - E \text{ 曲线} \right)$上切口的出现、消失或图形的突然变化来指示滴定终点的极谱法。

检测极限

指某一分析方法能检出试样中某元素的最低量。检出限通常有绝对检测极限和相对检测极限两种表示方法。绝对检测极限是指能检测出试样中某元素的最小重量，常用毫克（mg）、微克（μg）或毫微克（ng）等表示。相对检测极限是指能检测出试样中某元素的最小浓度，常以重量百分数（％）、重量百万分数（10^{-6}）表示或重量十亿分数（10^{-9}）等表示。在溶液分析中，相对检出极限则常以 mg/mL、μg/mL 和 ng/mL 等表示。

真值

客观存在的实际数值。

---

[1] 极谱法一般指经典极谱法。

测定值

由测定得到的数值。

准确度

多次测定值的平均值与真值的接近程度。

不确定度

表征被测定的真值处在某个数值范围的一个估计。

精密度

在确定条件下重复测定的数值之间相互接近的程度。用重复性和再现性表示。

重复性

用同一方法，对同一试样，在相同条件下（同一操作者，同一仪器，同一实验室并时间间隔不大）相继测定的一系列结果之间相互接近的程度。

再现性

用同一方法，对同一试样，在不同的条件下（不同操作者，不同型号的仪器，不同实验室或相隔较长时间）测定的单个结果之间相互接近程度。

误差

测定值与真值之差值。

绝对误差：测定值与真值之间的代数差值。

相对误差：绝对误差与真值之比。通常以百分数表示。

偏差

在多次重复测定中，某次测定值与各次测定值的算术［平］均值之间的差值。

绝对偏差：一次测定值与算术［平］均值之差值。

相对偏差：绝对偏差与算术［平］均值之比，通常以百分数表示。

［算术］平均偏差：绝对偏差的绝对值相加后平均得到的数值。

相对平均偏差：平均偏差与算术［平］均值之比，通常以百分数表示。

方差：测定值距算术［平］均值的平均平方偏差。

标准［偏］差

方差的正平方根

$$S^2 = \frac{\sum\limits_{1}^{n} (Y - \overline{Y})^2}{n - 1}$$

式中　S——标准偏差；

Y——测定值；

$\overline{Y}$——测定值的算术［平］均值；

n——重复测定的次数。

相对标准［偏］差

标准偏差与算术［平］均值的绝对值之比，通常以百分数表示。

系统误差

由于某些比较确定的原因所引起的、有一定规律性的、对测定值的影响比较固定且能够校正的误差。

方法误差

由于分析方法本身的缺陷所引起的误差。

仪器误差

由于仪器、量器不准所引起的误差。

操作误差

由于操作不当所引起的误差。

允许差

冶金产品化学分析方法标准中所载的允许差是对特定的分析方法和被分析项目的特定含量而定的,是化学分析方法的精密度和准确度的衡量标准,允许差以绝对值表示。

超差

用化学分析方法标准分析、所报出的分析结果的极差值如不超过相应的允许差,则认为分析结果合格,否则就叫做超差。

仲裁分析

在两个试验室分析同一样品结果有显著差别,超出不同试验室的允许误差时,或生产部门与使用部门,需方与供方对同一样品或同一批原(材)料的成分分析有分歧意见时,由第三个具有丰富分析经验的单位进行再分析,称之谓仲裁分析。仲裁分析用的方法应为标准分析方法,如无合适的标准分析方法,应选用精密度及准确度均高的分析方法进行分析。如对同一批原(材)料进行仲裁分析时,应由仲裁单位按标准取样方法重新取样进行分析,由二人用同一方法或一人用两种方法进行,每次两个数据共得四个数据,如四个数据最高最低值相差小于同一试验室的允许误差,则以平均数为准报出结果。

当仲裁时,不论原结果如何,皆以仲裁结果为准。

5.2.3.2 火焰发射、原子吸收和原子荧光光谱分析法术语

A　一般术语

火焰发射光谱法

基于测量火焰中原子或分子所发射的特征电磁辐射强度,测定化学元素的方法。

原子吸收光谱法

基于测量蒸气中原子对特征电磁辐射的吸收,测定化学元素的方法。

原子荧光光谱法

基于测量蒸气中原子在吸收辐射之后再发射的特征电磁辐射,测定化学元素的方法。其吸收和再发射的辐射波长可以相同(原子共振荧光光谱法❶),也可以不同。

原子蒸气

含有待测元素自由原子的蒸气。

能级

具有特定内能的自由原子、离子或分子的量子状态。该能量常用电子伏特表示,但以千焦耳每摩尔表示为佳。

---

❶术语"光谱学"(spectroscopy),如国际纯粹和应用化学协会(IUPAC)所推荐的,意指一般的光谱研究;不论何种观测的方法;术语"光谱法"(spectrometry)则含有测量辐射强度的意思。

基态

自由原子、离子或分子内能最低的能级状态。通常将此能级的能量定为零。

共振能级

通过直接电磁跃迁能回到基态的受激原子、离子或分子的能级。

某些作者对特定原子的共振能级的定义局限为通过直接电磁跃迁能回到基态的最低能级。

激发能

原子由基态转变到高于基态的给定能级所需的能量。

共振能

原子通过吸收一个光子，从基态转变到共振能级时所需的能量。

某些作者对于共振能的定义局限为原子从基态转变到如 1.7 注中定义的共振能级时所需的能量。

电离能

从一个基态原子中移去一个电子所需的最小能量。

电子跃迁

一个原子、离子或分子的一个电子从能级 E_1 到另一个能级 E_2 的过程。

电子跃迁可能伴有一个光子 $h\nu$[1] 的发射或吸收，$h\nu = |E_2 - E_1|$；因此称为"电磁跃迁"；它通常遵守"电磁选择定则"。

（原子的）谱线[2]

经历一次电磁跃迁的原子所发射或吸收的电磁辐射，其频率非常狭窄。

此辐射形成为一个峰，用峰值波长来表征谱线，并对应于发射或吸收的最大值。

中性原子的跃迁谱线和离子的跃迁谱线应予区别，如 Ba 原子和离子跃迁谱线分别表示为：BaⅠ 553.5nm 和 577.8nm；BaⅡ 455.4nm。

谱线轮廓

描绘发射辐射强度随波长变化的曲线（发射线的）或描绘吸收率随波长变化的曲线（吸收线的）。

半强宽度

在谱线轮廓上强度等于最大强度一半的两点间的波长间隔。

共振线

对应于共振能级和基态间跃迁的谱线。

特征线

用火焰原子发射、原子吸收或原子荧光光谱法测定气相中待测元素浓度时所用的谱线。

特征线包括共振线和其他谱线。

自吸

发射源内部受激发原子所发射的辐射部分地被该发射源中存在的同种原子吸收时发生

---

[1] 式中 h 为普朗克常数，ν 为发射或吸收的光子的频率。

[2] 术语"谱线"来源于用分光镜观察所得原子光谱，其不同的波长呈现为狭缝的单色图像。

的现象。与光程很短，每单位体积内发射原子数相同的发射源的谱线相比较，自吸的结果，是观测到的谱线强度减弱、谱线宽度加大。

所有的发射源，不管其是否均匀，热发射或非热发射，都会发生自吸。

自蚀

发射源内部的辐射，被温度低于中心的外层原子蒸气所吸收，使谱线中心强度低于两侧强度的现象。

在极端情况下，谱线的中心强度减弱，仅留下两侧，呈现出两条模糊的线。

谱线变宽

由于发射原子的热运动（多普勒效应）、电场（斯塔克效应）、自吸和压力（劳伦茨效应）而引起的谱线理论宽度的增加。此现象导致测量灵敏度的降低。

谱带（分子）

在具有不同转动和（或）振动能量的能级间，经历一次的电磁跃迁的分子发射或吸收的彼此间隔极窄的谱线群。

B　有关火焰发射、原子吸收和原子荧光设备的专用组件及其功能的术语

a　线光源

放电灯

此种灯充有能被高电压下通过的电流激发的蒸气或气体，并产生所含元素的特征线。

空心阴极灯

属于放电灯的一种。其阴极是含有一种或多种元素的空心体，操作时能使阴极溅射所产生的元素蒸气，发射出特别窄的特征线。

（高频激发）无电极放电灯

此种灯无内电极，灯内元素靠高频电磁场激发。

连续光谱灯

此种灯在一定波长范围发出不能分辨为谱线的连续发射。

b　各种原子化器的通用术语

去溶剂作用

去除溶剂，而形成溶质颗粒。

挥发作用

将含有待测元素的溶质颗粒，从固相和（或）液相转变为气相。

原子化作用

将含有待测元素的化合物转变为原子蒸气。

原子化器

发生原子化作用的装置。

原子化总效率

在原子化器中转变为自由原子的待测元素与进入分散装置的待测元素的质量比。

（局部的）原子化分数

在观测体积内，气相中待测元素的自由原子数与其总原子数之比。

（原子的）激发源

使自由原子转变为激发态的原子化器。

（样品的）分散

将液体或固体样品的全部或部分转变为物理上足够小的形态，使其进入原子化器时能被原子化。

（样品的）分散效率

进入原子化器的待测元素质量与进入分散装置的待测元素质量之比。

火焰原子化器

火焰原子化器在火焰发射中作为激发源，在原子吸收或荧光中作为原子化器。

火焰

是一种状态稳定连续流动的热气体混合物，其热量来自燃料和氧化剂之间强烈放热的，不可逆的化学反应。火焰通常由第一燃烧区、第二燃烧区和锥间区组成。

燃料

为原子化作用和激发作用提供所需能量而采用的一种能与氧化剂反应的还原剂。

氧化剂

为原子化作用和激发作用提供所需能量而采用的一种能与燃料反应的氧化性气体。

外加气

加到燃料混合物中的气体。惰性稀释气不参与化学反应。辅助气参与化学反应。

化学计量火焰

按化学当量计算的燃料和氧化剂比率燃烧的火焰。

氧化性火焰；贫燃火焰

使用过量氧化剂时的火焰。

还原性火焰；富燃火焰

使用过量燃料时的火焰。

分离火焰

第二燃烧区与第一燃烧区相分离的火焰。

屏蔽火焰

被其他气体所包围的火焰，其他气体可以是惰性气体、氧化性气体或净化后的空气。

（原子吸收中的）长管装置

人工延伸火焰的装置，它能使燃烧气流的方向与入射光束方向一致。

层流火焰

燃烧气流接近于平行的火焰；其横截面可为任何形状。

紊流火焰

燃烧气流呈不规则流动形态的火焰。

预混合燃烧器

燃料、氧化剂和气溶胶在到达火焰之前已经预先混合的燃烧器。此种燃烧器通常产生层流火焰。

直接喷入式燃烧器

燃料、氧化剂和液体未经预先混合而被喷入火焰的燃烧器。此种燃烧器通常产生紊流火焰。

观测高度

观测光轴与燃烧器顶端水平面之间的垂直距离。

回火

混合气体的喷出速度低于其燃烧速度，造成火焰在燃烧器内部燃烧的现象。

雾化作用

液体转变为雾滴。

热分散

以高温（例如火花、电弧、高温炉、激光、阴极溅射或电子束）产生气溶胶的过程。

雾化器

发生雾化作用的装置。

雾化室

雾化器的腔室。喷入的液体在其中转变为雾滴。有的雾滴挥发，有的凝聚或沉积于室内，然后作为废液排出。

扰流器

使雾化室中有雾的气流产生紊流并通过沉积作用除去雾滴中大液滴的装置。

撞击球

支撑在喷嘴正前方的球状装置，使较小液滴分散成雾滴。

提吸速率

雾化器提吸液体的速率。

气溶胶生成效率

气溶胶经扰流器或撞击球喷出的速率与提吸速率之比。

雾化效率

待测元素进入火焰的量与其提吸量之比。

c 等离子体原子化器

等离子体

物质处于气态，大部分已经电离，并且发射和吸收辐射。实际上，这一术语仅限于温度高于 7000K 的情况。

等离子体电弧

通常指由电弧放电形成的等离子体，通过适当的喷嘴喷出，形成等离子体流。高温和无电场的气体区域作为观察区。

电感耦合等离子体

由高频电磁场感应所产生的等离子体。以高温和无电场的气体区域作为观察区。

d 电阻加热原子化器（电热原子化器）

由耐熔材料如石墨、钽或钨等制成的管、棒、杯、舟、丝等原子化器，用低压大电流装置加热，可以根据待测元素的要求提供所需的温度。

e 空心阴极原子化器

是与空心阴极灯所规定的操作相似的一种原子化器。

f 辐射加热原子化器

激光原子化器

应用激光束聚焦在待测固体样品上的原子化器。

电子束原子化器

使用电子束聚焦在待测固体样品上的原子化器。

g　共振分光计

是一种检测器。在这检测器中，原子蒸气中的原子吸收了辐射光束的一条或多条特征线而激发，由此产生的荧光辐射，再经光检测器转为电信号。共振分光计对特定元素是专属的。

5.2.3.3　光学和光谱法术语

吸收程长度

辐射光束在吸收介质（原子化器）中通过的距离。

入射光通量 Φ_0（$\lambda + \Delta\lambda$）

某一特征线的光束进入吸收介质的辐射通量。

透射光通量 Φ_{tr}（$\lambda + \Delta\lambda$）

某一特征线的光束透过吸收介质的辐射通量。

透光率 τ（$\lambda \pm \Delta\lambda$）

透射光通量与入射光通量之比：

$$\tau = \frac{\Phi_{tr}}{\Phi_0}$$

吸光率 α（$\lambda \pm \Delta\lambda$）

介质所吸收的光通量与入射光通量之比：

$$\alpha = \frac{\Phi_0 - \Phi_{tr}}{\Phi_0} = 1 - \tau$$

吸光度 A（$\lambda \pm \Delta\lambda$）

透光率倒数的常用对数：

$$A = \lg \frac{1}{\tau} = \lg \frac{\Phi_0}{\Phi_{tr}}$$

溶剂空白光通量 Φ_T（$\lambda \pm \Delta\lambda$）

当以溶剂作空白输入原子化器时，透过原子化器的光通量。

参比光通量 Φ_r（$\lambda \pm \Delta\lambda$）

在双光束光谱仪中透过参比介质的光通量。

样品光通量 Φ_s（$\lambda \pm \Delta\lambda$）

将样品溶液或参比溶液输入原子化器时，透过原子化器的光通量。

（样品的）百分透光率

在相同条件下测得的样品光通量与溶剂空白光通量之比，用百分率表示：

$$\frac{\Phi_s}{\Phi_T} \times 100$$

特征吸光度 A_c（$\lambda \pm \Delta\lambda$）

在相同条件下所测得的溶剂空白光通量与样品光通量之比的常用对数：

$$A_c = \lg \frac{\Phi_T}{\Phi_s}$$

5.2.3.4 有关仪器特征及性能的术语

A 特征及一般性能

光谱范围

仪器可使用的波长范围，该范围主要取决于光源、波长选择器的光学元件和检测器。

工作范围

仪器能按规定的准确度和精密度进行测量的吸光度或强度的范围。在不同光谱区域，工作范围是不同的。

仪器的抗偏差性

在不考虑重复性误差的情况下，仪器给出的读数与被测量真值相一致的能力。

仪器的抗偏差性是指仪器所给出的结果不受系统误差影响的能力。它用系统偏差来表示，即对某一个量用同一仪器进行一系列连续测定过程中所得读数的算术平均值与被测量真值或公认值之间的差。

仪器的重复性

在不考虑系统误差的情况下，仪器对某一测量值能给出相一致读数的能力。它用重复性误差表示，即对某一测定量，在尽可能短的时间间隔内，以同一样品进行一系列测定所得的结果间相一致的程度。

仪器的稳定性

在一段时间内，仪器保持其精密度的能力。

仪器的可靠性

仪器保持其所有性能（准确度、精密度和稳定性）的能力。

B 光谱仪组成部件的特征及性能

通带

辐射选择器从给定光源中分离出的在某标称波长或频率处的辐射范围。

光谱带宽

除非另有规定，光谱带宽一般是参照通带轮廓而定义的，如同谱线半强宽度是参照发射谱线轮廓而定义一样。

杂散辐射

测量系统在某标称波长处接受的非入射光束的或处于通带之外的辐射。

杂散辐射率

测量系统接受的杂散辐射通量与总辐射通量之比，用百分率表示。

（光栅波长选择器的）输出功率

光学系统在光谱中分出谱线时，以尽可能小的强度损失提供有用辐射光束的能力。如不考虑光栅波长选择器内透射和反射的损失，可用光栅面积（mm^2）除以倒线色散率（nm/mm）表示。

分辨率

指仪器分开邻近的两条谱线的能力。当两条谱线间最低点的辐射通量与两谱线中较强者的辐射通量之比小于或等于80%时，即可认为两条谱线被分开。但此比值仅适用于两条谱线强度相近的情况。分辨率可用该两个波长的平均值（λ）与两个波长之最小差值（$\Delta\lambda$）比值（$\lambda/\Delta\lambda$）表示。

波长定位的抗偏差性

仪器提供辐射的波长与标称波长相一致的能力，这一能力因波长不同而有变化。

波长定位的重复性

在不考虑波长定位系统误差的情况下，对给定波长反复定位时，仪器提供同一辐射波长的能力。

线色散率

系指在光谱仪焦面上两条谱线间的距离 Δx 与其波长差值 $\Delta\lambda$ 的比值。用 $\Delta x/\Delta\lambda$（mm/nm）表示。

倒线色散率

线色散率的倒数（$\Delta\lambda/\Delta x$，nm/mm）。

5.2.3.5　与分析方法有关的术语

A　原子化器条件的影响

原子化器或激发源的光谱背景

除工作气体之外，不向原子化器供给任何物料时，在所用通带内，原子化器发射和吸收的辐射。

对火焰来说可用术语"火焰背景"。

溶剂

系指稀释剂，或是纯的，或加有光谱化学缓冲剂，也可能加有试样预处理所需的试剂。

溶剂的光谱背景

由溶剂提供给原子化器的原子、分子和基团在所用通带内发出的辐射或吸收，包括固体粒子的散射或吸收。

共存物的发射或吸收

试样中除待测元素外的组分提供给原子化器的原子、分子和基团在所用的通带内发射出的辐射或吸收，包括固体粒子的散射或吸收。

非特征发射或衰减

除待测元素外的所有在测定时存在的组分提供给原子化器的原子、分子和基团在所用通带内发出的辐射或吸收，包括固体粒子的散射或吸收。

非特征发射或衰减是原子化器或激发源的光谱背景、溶剂的光谱背景及共存物的发射或吸收影响的总和。

B　干扰

干扰

由于分析物料中的一种或数种组分与待测元素共存，引起给定浓度的吸光度或强度的改变。

干扰分为：

（1）抑制，增强；

（2）基体影响，光谱干扰，散射影响；

（3）化学干扰：离解，氧化物－离解，电离干扰；

（4）物理干扰：雾化干扰，液相干扰；溶质挥发干扰，气相干扰；

（5）对给定元素的特有的和非特有的干扰。

抑制

降低吸光度或强度的干扰。

增强

增强吸光度或强度的干扰。

基体效应

试样中与待测元素共存的一种或多种组分所引起的种种干扰。

光谱干扰

由于待测元素发射或吸收的辐射光谱与干扰物或受其影响的其他辐射光谱不能完全分离所引起的干扰。

散射影响

由于吸收介质中存在的固体或液体微粒对入射辐射的散射所引起的非特征衰减的干扰。

a 化学干扰

离解化学干扰

原子化器中待测元素离解改变所引起的干扰。

氧化物－离解化学干扰

待测元素自由原子的氧化－还原平衡改变所引起的干扰。

电离化学干扰

待测元素自由原子的电离平衡改变所引起的干扰。

b 物理干扰

分析物的一种或多种物理性质改变所引起的干扰。

雾化干扰

来源于雾化过程的干扰。

液相干扰

来源于去溶剂过程中物理化学现象的干扰。

溶质挥发干扰

来源于伴随固体转化为蒸气过程的物理化学现象的干扰。

气相干扰

来源于待测元素在离解中或离解后，气相中影响待测元素的物理化学现象的干扰。

C 光谱化学缓冲剂

光谱化学缓冲剂

为降低干扰定义的干扰，加到试样溶液与参比溶液中的物质，这些物质往往构成了试样的一部分。

释放剂

抑制或减少化学干扰的一种缓冲剂（例如，与干扰元素形成稳定化合物）。氧化还原缓冲剂能减少与稳定待测元素自由原子的氧化作用。

电离缓冲剂

提高原子化器中自由电子浓度，以减少和稳定待测元素自由原子电离作用的一种缓冲剂。

挥发剂

加到试样溶液中的一种物质，通过形成更易挥发的化合物，或增加试样分散粒子的总表面，以改善原子化器中的挥发作用。

饱和剂

含有足够量的干扰元素（一种或一种以上）的一种缓冲剂，干扰元素的量达到了干扰曲线的增强或抑制的极限程度（即饱和）。干扰曲线系以吸光度或强度对干扰元素浓度作图绘成。

D　溶液

试样溶液

用分析样品试料制备的溶液，在制备时应使存在的待分析物具有合适的强度或吸光度。

溶剂空白溶液

分析方法中指定用以调节仪器响应值至强度或吸光度为零的溶液。

"零"补偿溶液；基体溶液

尽可能包括分析样品中除待测元素外的所有组分和溶剂的合成溶液。

空白试验溶液

用制备试样溶液的相同方法制备的不含待测元素的溶液。为此，在制备时用下述之一来代替制备试样溶液时所用的试料：

(1) 等量的经处理后确证其中完全不存在待测元素的试样；

(2) 等量的除不含待测分析元素外，其组成与试样完全相同或非常近似的一种物质；

(3) 不含待测元素的，在测定条件下呈惰性的物质（例如水）；

(4) 省略。

简单参比溶液

溶剂中含有已知浓度待测元素的溶液。

合成参比溶液

一种合成溶液，溶剂中含有已知浓度待测元素，并加有与分析试样中相似比例的其他组分。

校准溶液系列

一系列含有不同浓度待测元素的简单或合成参比溶液。原则上"零"补偿溶液就是待测元素浓度为零的这种溶液。

特性值

与观测量度（待测元素的吸光度、发射强度或荧光强度）相对应的读数值。

分析函数；校准函数

从校准溶液系列所得到的特性值对浓度值的函数。该函数的曲线图称"分析曲线（校准曲线）。"

E 背景校正（在原子吸收中）

非吸收线背景校正法

利用待测元素特征线邻近的非吸收线，以扣除分子吸收与固体粒子的散射或吸收的方法。

非吸收线可以是待测元素的谱线，亦可以是其他元素的谱线。

连续光谱灯背景校正法

在所用的特征波长光谱通带内，利用连续光谱来扣除分子吸收与固体料子的散射或吸以校正吸光度的方法。该连续光源可以是氘灯或钨丝灯。

塞曼效应校正法

利用塞曼效应扣除分子吸收与固体粒子的散射或吸收，以校正吸光度的方法。

F 方法及其特征术语

a 方法的类型术语

直接测定法；分析曲线法

把测定值代入分析函数以求出待测元素浓度的方法。

插入法

将所测得的试样溶液的强度或吸光度插入到两个浓度邻近的参比溶液测定值之间的方法。

（待测元素）加入法

取几份等量的试样溶液，分别加入逐步增大的已知量的待测元素，然后稀释至相同体，所得的溶液作为校准溶液系列。

参比元素

在参比溶液和试样溶液中以适当的和恒定的量存在的一种元素。

参比元素法❶

以参比元素一条谱线的强度或吸光度与待测元素发射或吸收的谱线相比较的方法。

间接法

一种测定元素、离子或化合物的方法，其依据为：

（1）或基于待测物与另一可用火焰发射、原子吸收、原子荧光法直接测定的元素之间有化学计量关系；

（2）或利用待测物引起的干扰，它影响以已知量或浓度加到试样中另一元素谱线的吸光度或强度。

b 方法的特征术语

灵敏度

在一定浓度时，测定值的增量（Δx）与相应的待测元素浓度的增量（Δc）之比：

---

❶ 通常也称为"内标准法"，但 IUPAC 不推荐此术语。

$$S = \frac{\Delta x}{\Delta c}$$

（在原子吸收中）**特征浓度**

对应于 1% 净吸收为 $\frac{\Phi_T - \Phi_s}{\Phi_T} = \frac{1}{100}$ 的待测元素浓度；或对应于 0.0044 吸光度的待测元

素浓度 $c_c = \frac{0.0044 \Delta c}{\Delta x}$。

（在原子吸收中）**特征质量**

0.0044 吸光度所对应的待测元素的质量：

$$m_c = \frac{0.0044 \Delta m}{\Delta x}$$

检出极限

能以适当的置信度检出的待测元素的最小浓度或最小量。它是用其强度或吸光度接近于空白、并显然是可检测的溶液，经若干次重复测定所得强度或吸光度标准偏差的 K 倍求出的量（K 一般取 2 或 3）。检出极限也可以用元素的绝对量表示。

随机波动（测量中）

随机波动影响辐射通量的测量。

可分为下述情况：

（1）来自光源的随机波动；

（2）来自原子化器的随机波动；

（3）吸喷空白溶液时的随机波动；

（4）吸喷试样溶液时的随机波动。

随机波动可用至少 20 次测量吸光度或荧光，即（2）至（4）或强度（1）的标准偏差来度量。从分析观点看最主要的是对试样溶液测定时的随机波动，它相当于（1）、（2）和（3）三种背景波动的总和。

5.2.4　力学性能试验术语

5.2.4.1　一般术语

金属力学

系研究金属在力的作用下所表现行为和发生现象的学科，由于作用力特点的不同，如力的种类（静态力、动态力、磨蚀力等）、施力方式（速度、方向及大小的变化，局部或全面施力等）、应力状态（简单应力——拉、压、弯、剪、扭；复杂应力——两种以上简单应力的复合）等的不同，以及金属在受力状态下所处环境的不同（温度、压力、介质、特殊空间等），使金属在受力后表现出各种不同的行为，显示出各种不同的力学性能。

金属力学性能

金属在力作用下所显示与弹性和非弹性反应相关或涉及应力 – 应变关系的性能。

金属力学试验

测定金属力学性能判据所进行的试验，一般有拉伸试验、压缩试验、弯曲试验、扭转试验、剪切试验、冲击试验、硬度试验、蠕变试验、应力松弛试验、疲劳试验、断裂韧性试验、磨损试验、工艺试验、复合应力试验等。

金属力学性能测试

系通过不同力学试验及相应测量以求出金属的各种力学性能判据的实验技术。

金属力学性能测试对金属材料质量检验，研制和发展新材料，改进材料质量，最大限度发挥材料潜力，进行金属制件失效分析，确保金属制件的合理设计、制造、安全使用和维护，都是必不可少的手段。

金属力学性能测试的基本任务，是确定合理的金属力学性能判据并准确并尽可能快速地测出这些判据。

弹性

物体在外力作用下改变其形状和尺寸，当外力卸除后物体又回复到其原始形状和尺寸，这种特性称为弹性。

弹性模量

一般说来，在弹性范围内物体的应力和应变呈正比，其比例常数即为弹性模量。

塑性

断裂前材料发生不可逆永久变形的能力，常用的塑性判据是伸长率和断面收缩率。

韧性

金属在断裂前吸收变形能量的能力。金属的韧性通常随加载速度提高、温度降低、应力集中程度加剧而减小。

强度

金属抵抗永久变形和断裂的能力。常用的强度判据例如屈服点、抗拉强度。

变形

金属受力时其原子的相对位置发生改变，其宏观表现为形状、尺寸的变化。

变形一般分为弹性变形和塑性变形。

断裂

金属受力后当局部的变形量超过一定限度时，原子间的结合力受到破坏，从而萌生微裂纹，微裂纹发生扩展而使金属断开，称为断裂。其断裂表面及其外观形貌称为断口，它记录着有关断裂过程的许多重要信息。

脆性断裂

几乎不伴随塑性变形而形成脆性断口（断裂面通常与拉应力垂直，宏观上由具有光泽的亮面组成）的断裂。

脆性断裂一般包括沿晶脆性断裂、解理断裂、准解理断裂、疲劳断裂、腐蚀疲劳断裂、应力腐蚀断裂、氢脆断裂等。

延性断裂

伴随明显塑性变形而形成延性断口（断裂面与拉应力垂直或倾斜，其上具有细小的凹凸，呈纤维状）的断裂。

延性断裂一般包括纯剪切变形断裂、韧窝断裂、蠕变断裂等。

解理断裂

沿着原子结合力最弱的解理面发生开裂的断裂，称为解理断裂。这种断裂具有明显的结晶学性质。

韧窝断裂

通过微孔的成核、长大和相互连接过程而形成的断裂，称为韧窝断裂。

韧窝断裂是属于一种高能吸收过程的延性断裂，其断口宏观形貌呈纤维状，微观形貌呈蜂窝状，断裂面由一些细小的窝坑构成。

疲劳断裂

金属在循环载荷作用下产生疲劳裂纹萌生和扩展而导致的断裂，称为疲劳断裂。其断口在宏观上由疲劳源、扩展区和最后破断区三个区域构成，在微观上可出现疲劳条痕。

应力

物体受外力作用后所导致物体内部之间的相互作用力称为内力，单位面积上的内力即为应力。

应变

由外力所引起的物体原始尺寸或形状的相对变化，通常以百分数（%）表示。

力学滞后

加力和卸除力的整个循环过程中所吸收的能量。

标距

试样上测量应变或长度变化部分的标志距离。

应力－应变曲线

应力与应变的关系曲线。

5.2.4.2 拉伸和压缩试验术语

拉伸试验

用静拉伸力对试样轴向拉伸，测量力和相应的伸长，一般拉至断裂，测定其力学性能的试验。

压缩试验

用静压缩力对试样轴向压缩，在试样不发生屈曲下测量力和相应的变形（缩短），测定其力学性能的试验。

比例标距

与试样原始横截面积平方根成比例关系的试样原始标距。按下式计算：

$$L_0 = K \sqrt{S_0}$$

式中　L_0——试样原始标距，mm；

　　　K——比例系数；

　　　S_0——试样原始横截面积，mm^2。

引伸计标距

用引伸计测量试样延伸时所使用引伸计起始标距的长度。

原始标距

施力前的试样标距。

断后标距

试样拉断后断裂部分在断裂处紧密地对接在一起保证两部分的轴线位于同一条直线上，测量试样断裂后的标距。

伸长

试验期间任一时刻原始标距的增量。

伸长率

原始标距的伸长与原始标距的百分比。

残余伸长率

试样卸除拉伸力后其伸长与原始标距的百分比。

总伸长率

标距的总伸长（弹性伸长加塑性伸长）与原始标距的百分比。

最大力总伸长率

试样拉至最大力时标距的总伸长与原始标距的百分比。

断后伸长率

试样拉断后标距的残余伸长与原始标距的百分比。

缩颈

拉伸试验时试样横截面所发生的局部收缩。

断面收缩率

断裂后试样横截面积的最大缩减量与原始横截面积的百分比。

抗拉强度（R_m）

相应最大力 F_m 对应的应力。

屈服强度

当金属材料呈现屈服现象时，在实验期间达到塑性变形发生而力不增加的应力点。应区分上屈服强度和下屈服强度。

上屈服强度（R_{eH}）

试样发生屈服而力首次下降前的最大应力。见图 5 - 4。

下屈服强度（R_{eL}）

在屈服期间，不计初始瞬时效应时的最小应力。见图 5 - 4。

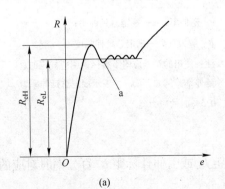
(a)

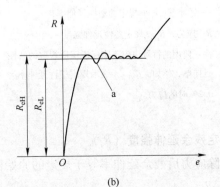
(b)

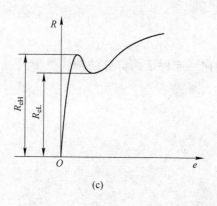 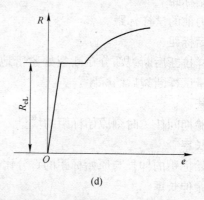

(c)   (d)

图 5 - 4　不同类型曲线的上屈服强度和下屈服强度

e—延伸率；R—应力；R_{eH}—上屈服强度；R_{eL}—下屈服强度；a—初始瞬时效应

规定塑性延伸强度 （R_p）

塑性延伸率等于规定的引伸计标距 L_e 百分率时对应的应力。见图 5 - 5。

规定总延伸强度 （R_t）

总延伸率等于规定的引伸计标距 L_e 百分率时的应力。见图 5 - 6。

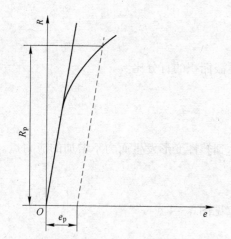 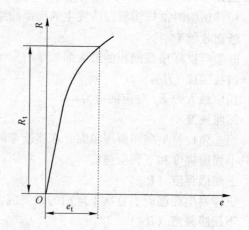

图 5 - 5　规定塑性延伸强度 R_p

e—延伸率；e_p—规定的塑性延伸率；

R—应力；R_p—规定塑性延伸强度

注：使用的符号应附下脚标说明所规定的塑性
延伸率，例如，$R_{p0.2}$，表示规定塑性延伸率为
0.2% 时的应力。

图 5 - 6　规定总延伸强度 R_t

e—延伸率；e_t—规定总延伸率；

R—应力；R_t—规定总延伸强度

注：使用的符号应附下脚标说明所规定的总
延伸率，例如，$R_{t0.5}$，表示规定总延伸率为
0.5% 时的应力。

规定残余延伸强度 （R_r）

卸除应力后残余延伸率等于规定的原始标距 L_o 或引伸计标距 L_e 百分率时对应的应力。
见图 5 - 7。

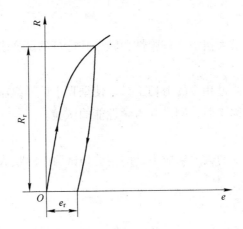

图 5 – 7　规定残余延伸强度 R_r

e—延伸率；e_r—规定残余延伸率；R—应力；R_r—规定残余延伸强度

注：使用的符号应附下脚标说明所规定的残余延伸率，例如 $R_{r0.2}$，表示规定残余延伸率为 0.2% 时的应力。

断裂

当试样发生完全分离时的现象。

抗压强度

对于脆性材料，试样压至破坏过程中的最大压缩应力。

对于在压缩中不以粉碎性破裂而失效的塑性材料，则抗压强度取决于规定应变和试样几何形状。

泊松比

轴向应力与轴向应变呈线性比例关系范围内横向应变与轴向应变之比的绝对值。

超出线弹性范围的泊松比无恒定值。

拉伸应变硬化指数（n 值）

在单轴拉抻应力作用下，真实应力与真实塑性应变数学方程式中的真实塑性应变指数。此方程可用公式表示：$\sigma = C \times \varepsilon^n$。

塑性应变比（r 值）

在单轴拉伸应力作用下，试样宽度方向真实塑性应变 ε_b 和厚度方向真实塑性应变 ε_a 的比，用公式表示：$r = \dfrac{\varepsilon_b}{\varepsilon_a}$。

力 – 伸长曲线

拉伸试验中记录的拉伸力对伸长的关系曲线。

力 – 变形曲线

压缩试验中记录的压缩力对变形（缩短）的关系曲线。

5.2.4.3　扭转、剪切和弯曲试验术语

扭转试验

对试样两端施加静扭矩，测量扭矩和相应的扭角，一般扭至断裂，测定其力学性能的试验。

抗扭强度

试样在扭断前承受的最大扭矩，按弹性扭转公式计算的试样表面最大切应力。

剪切试验

用静拉伸或压缩力，通过相应的剪切工具，使垂直于试样纵轴的一个横截面受剪，或相距有限的两个横截面对称受剪，测定其力学性能的试验。

抗剪强度

试样剪切断裂前所承受的最大切应力，即用剪切试验中的最大试验力除以试样剪切面积所得的应力，用 τ_b 表示。

单剪试验时按下式计算：

$$\tau_b = \frac{F_b}{S_0}$$

双剪试验时按下式计算：

$$\tau_b = \frac{F_b}{2S_0}$$

式中　τ_b ——抗剪强度，MPa；

　　　F_b ——断裂前的最大试验力，N；

　　　S_0 ——试样原始横截面积，mm^2。

弯曲试验

对试样施加静弯矩或弯曲力，测量弯矩或弯曲力和相应的挠度，一般弯曲至断裂，测定其力学性能的试验。

抗弯强度

试样在弯曲断裂前所达到的最大弯曲力，按弹性弯曲应力公式计算的最大弯曲应力。

5.2.4.4　硬度试验术语

硬度

材料抵抗局部变形，特别是塑性变形、压痕或划痕的能力。是衡量金属软硬的判据。

压痕硬度

在规定的静态试验力下将压头压入材料表面，用压痕深度或压痕表面面积评定的硬度。

布氏硬度试验

对一定直径的硬质合金球施加试验力压入试样表面，经规定保持时间后，卸除试验力，测量试样表面压痕直径。

布氏硬度值

用球面压痕单位表面积上所承受的平均压力表示的硬度值。布氏硬度值按下式计算：

$$HBW = 0.102 \frac{2F}{\pi \cdot D\ (D - \sqrt{D^2 - d^2})}$$

式中　HBW ——硬质合金球试验时的布氏硬度值；

F ——试验力，N；

D ——硬质合金球直径，mm；

d ——压痕平均直径，mm。

洛氏硬度试验

将压头（金刚石圆锥、硬质合金球）分两个步骤压入试样表面，经规定保持时间后，卸除主试验力，测量在初试验力的残余压痕深度 h。根据 h 值及常数 N 和 S，用公式计算洛氏硬度。洛氏硬度 $= N \dfrac{h}{S}$。

残余压痕深度增量

洛氏硬度试验中，在卸除主试验力并保持初始试验力的条件下测量的深度方向塑性变形量，用 e 表示。

对于洛氏硬度试验，e 的单位为 0.002mm。

对于表面洛氏硬度试验，e 的单位为 0.001mm。

洛氏硬度值

用洛氏硬度相应标尺刻度满量程值与残余压痕深度增量之差计算的硬度值。

对于用金刚石圆锥压头进行的试验，洛氏硬度值为 $100 - e$；对于用钢球压头进行的试验，洛氏硬度值为 $130 - e$。

洛氏硬度标尺

洛氏硬度标尺	硬度符号[④]	压头类型	初试验力 F_0/N	主试验力 F_1/N	总试验力 F/N	适用范围
A[①]	HRA	金刚石圆锥	98.07	490.3	588.4	20HRA ~ 88HRA
B[②]	HRB	直径 1.5875mm 球	98.07	882.6	980.7	20HRB ~ 100HRB
C[③]	HRC	金刚石圆锥	98.07	1373	1471	20HRC ~ 70HRC
D	HRD	金刚石圆锥	98.07	882.6	980.7	40HRD ~ 77HRD
E	HRE	直径 3.175mm 球	98.07	882.6	980.7	70HRE ~ 100HRE
F	HRF	直径 1.5875mm 球	98.07	490.3	588.4	60HRF ~ 100HRF
G	HRG	直径 1.5875mm 球	98.07	1373	1471	30HRG ~ 94HRG
H	HRH	直径 3.175mm 球	98.07	490.3	588.4	80HRH ~ 100HRH
K	HRK	直径 3.175mm 球	98.07	1373	1471	40HRK ~ 100HRK
15N	HR15N	金刚石圆锥	29.42	117.7	147.1	70HR15N ~ 94HR15N
30N	HR30N	金刚石圆锥	29.42	264.8	294.2	42HR30N ~ 86HR30N
45N	HR45N	金刚石圆锥	29.42	411.9	441.3	20HR45N ~ 77HR45N
15T	HR15T	直径 1.5875mm 球	29.42	117.7	147.1	67HR15T ~ 93HR15T
30T	HR30T	直径 1.5875mm 球	29.42	264.8	294.2	29HR30T ~ 82HR30T
45T	HR45T	直径 1.5875mm 球	29.42	411.9	441.3	10HR45T ~ 72HR45T

注：如果在产品标准或协议中有规定时，可以使用直径为 6.350mm 和 12.70mm 的球形压头。

①试验允许范围可延伸至 94HRA。

②如果在产品标准或协议中有规定时，试验允许范围可延伸至 10HRBW。

③如果压痕具有合适的尺寸，试验允许范围可延伸至 10HRC。

④使用硬质合金球压头的标尺，硬度符号后面加"W"。使用钢球压头的标尺，硬度符号后面加"S"。

维氏硬度试验

将顶部两相对面具有规定角度的正四棱锥体金刚石压头用一定的试验力压入试样表面，保持规定时间后，卸除试验力，测量试样表面压痕对角线长度。

维氏硬度值与试验力除以压痕表面积的商成正比，压痕被视为具有正方形基面并与压头角度相同的理想形状。

小负荷维氏硬度试验

试验力范围在 1.961 ~ < 49.03N 的维氏硬度试验。

显微维氏硬度试验

试验力在 1.96N 以下的维氏硬度试验。

维氏硬度值

用正四棱锥形压痕单位表面积上所承受的平均压力表示的硬度值。

维氏硬度值按下式计算：

$$HV = 0.1891 \frac{F}{d^2}$$

式中　　F——试验力，N；

　　　　d——压痕两对角线长度算术平均值，mm。

努氏硬度试验

将顶部两相对面具有规定角度的菱形锥体金刚石压头用试验力压入试样表面，经规定保持时间后卸除试验力，测量试样表面压痕长对角线的长度。

努氏硬度值与试验力除以压痕表面积的商成正比，压痕被视为具有正方形基面并与压头角度相同的理想形状。

努氏硬度值

用菱形压痕投影单位面积承受的平均压力表示的硬度值。其计算公式为：

$$HK = 1.451 \frac{F}{d^2}$$

式中　　F——试验力，N；

　　　　d——压痕长对角线长度，mm。

肖氏硬度试验

将规定重量及形状的金刚石冲头从一定高度自由落下到试样表面上，用测量的冲头回跳高度计算硬度的一种动态力硬度试验。

肖氏硬度值

用冲头第一次高度和冲头落下高度的比值与肖氏硬度系数的乘积表示的硬度值。肖氏硬度值按下式计算：

$$HS = K \frac{h}{h_0}$$

式中　　K ——肖氏硬度系数（C 型仪器：$K = 10^4/65$，D 型仪器：$K = 140$）；

h ——冲头第一次高度，mm；

h_0——冲头落下高度，mm。

5.2.4.5 冲击试验术语

冲击吸收能量

规定形状和尺寸的试样在冲击试验力一次作用下所吸收的能量。

冲击韧度

冲击试样缺口底部单位横截面积上的冲击吸收能量。

夏比（V形缺口）冲击试验

用规定高度的摆锤对处于简支梁状态的 V 形缺口试样进行一次性打击，测量试样折断时冲击吸收能量的试验。

夏比（U形缺口）冲击试验

用规定高度的摆锤对处于简支梁状态的 U 形缺口试样进行一次性打击，测量试样折断时冲击吸收能量的试验。

艾氏冲击试验

用规定高度的摆锤对处于悬臂梁状态的缺口试样进行一次性打击，测量试样折断时冲击吸收能量的试验。

脆性断口

出现大量晶粒开裂或晶界破坏的有光泽断口。

脆性断面率

脆性断口面积占试样断口总面积的百分率。

韧性断口

出现纤维状剪切破坏的无光泽断口。

韧性断面率

韧性断口面积占试样断口总面积的百分率。

落锤试验

用一定高度的落锤或摆锤一次性冲断处于简支梁状态的试样，测量并评定出冲断的试样断裂面上的剪切面积百分数。

动态撕裂试验

用一定高度的摆锤对处于简支梁状态的压制尖缺口标准试样进行一次性打击，测量试样动态撕裂能的试验。

5.2.4.6 蠕变、持久强度和应力松弛试验术语

蠕变

在规定温度及恒定力作用下，材料塑性变形随时间而增加的现象。

蠕变伸长率（A_f）

规定温度下，t 时间内参考长度的增量 ΔL_{rt} 和原始参考长度 L_{r0} 之比的百分率。

$$A_f = \frac{\Delta L_{rt}}{L_{r0}} \times 100$$

注 1：可以将以℃为单位的规定试验温度 T 以上角标形式，以 MPa 为单位的初始应力 σ_0 和以 h 为单位的试验时间 t 在 A_f 中以下角标的形式表示；

注 2：依照惯例，以初始应力（σ_0）施加在试样上为测量蠕变伸长开始时间；

注 3：下标 f 为法文中蠕变的意思。

塑性伸长率（A_p）

在 t 时间原始参考长度 L_{r0} 的非比例增量和原始参考长度 L_{r0} 之比的百分率。

$$A_p = A_i + A_f$$

滞弹性伸长率（A_k）

由于卸除试验力，在 t 时间原始参考长度非比例减少量和原始参考长度 L_{r0} 之比的百分率。

残余伸长率（A_{per}）

卸除试验力后，在 t 时间测定的原始参考长度总的增加量和原始参考长度 L_{r0} 之比的百分率。

$$A_{per} = A_p - A_k$$

蠕变断裂后的伸长率（A_u）

试样断裂后原始参考长度的永久增量（$L_{ru} - L_{r0}$）与原始参考长度 L_{r0} 之比的百分率。

$$A_u = \frac{L_{ru} - L_{r0}}{L_{r0}} \times 100$$

注：可以将以℃为单位的规定试验温度 T 以上角标形式和以 MPa 为单位的初始应力 σ_0 在 A_u 中以下角标的形式表示。

蠕变断裂后的断面收缩率（Z_u）

试样断裂后测得的横截面积最大变化量（$S_0 - S_u$）与原始横截面积 S_0 之比的百分率。

$$Z_u = \frac{S_0 - S_u}{S_0} \times 100$$

注：以℃为单位的规定试验温度 T 和以 MPa 为单位的初始应力 σ_0 可以在 Z_u 中以上角标的形式表示。

蠕变伸长时间（t_{fx}）

在规定温度 T 和初始应力 σ_0 条件下，试样应变量达到规定蠕变伸长率 χ 时所需时间。例如：$t_{f0.2}$。

塑性伸长时间（t_{px}）

在规定温度 T 和初始应力 σ_0 条件下，试样应变量达到规定塑性伸长率 χ 时所需时间。

蠕变断裂时间（t_u）

在规定温度 T 和初始应力 σ_0 条件下，试样发生断裂时所持续的时间。

注：以℃为单位的规定试验温度 T 和以 MPa 为单位的初始应力 σ_0 可以在 t_u 中以上角标的形式表示。

持久试验

在规定温度及恒定试验力作用下，测定试样至断裂的持续时间及持久强度极限的试验。

应力松弛

在规定温度及初始变形或位移恒定的条件下，金属材料的应力随时间而减小的现象。

应力松弛试验

将试样加热至规定的温度，在此温度下保持恒定的拉伸应变，测定试样的剩余应力值。整个试验过程既可以是连续的，也可以是不连续的。

应力松弛曲线

用剩余应力作为时间的函数所绘制的曲线。

5.2.4.7 断裂试验术语

线弹性断裂力学

用固体线弹性理论分析固体中已存在裂纹附近的应力场，基本原则是从分析线弹性均匀和各向同性连续体中个别裂纹（假定构件中含有一个裂纹且其顶端只有一个塑性区）行为出发，得到的是各向同性的二维弹性理论的结果，因其对裂纹顶端进行的力学分析符合线性条件，故称为线弹性断裂力学。

裂纹尖端张开位移

在原始（施加载荷前）裂纹尖端附近不同的限定部位，由于弹性和塑性变形而引起的裂纹位移。

裂纹嘴张开位移

由于弹性和塑性变形所引起的 I 型裂纹位移分量，在每单位载荷具有最大弹性位移的裂纹表面处测出。

COD 特征值

启裂、失稳或最大载荷的 COD 值。表征材料抵抗裂纹的启裂或扩展的能力。

表观启裂 COD 值

COD 阻力曲线外推到稳定裂纹扩展量为零时的 COD 阻力值。

条件启裂 COD 值

COD 阻力曲线上相应于稳定裂纹扩展量为 0.05mm 时的 COD 阻力值。

脆性失稳 COD 值

稳定裂纹扩展量大于 0.05mm 时的脆性失稳断裂点或突进点所对应的 COD 值。

脆性启裂 COD 值

稳定裂纹扩展量等于或小于 0.05mm 时的脆性失稳断裂点或突进点所对应的 COD 值。

COD 阻力曲线

COD 阻力值与裂纹扩展量的关系曲线。

最大载荷 COD 值

最大载荷点或最大载荷平台开始点所对应的 COD 值。

裂纹扩展力

弹性体中理想裂纹扩展每单位面积的弹性能。

J 积分

围绕裂纹前缘从裂纹的一侧表面至另一侧表面的线积分或面积分的数学表达式，用来表征裂纹前缘周围地区的局部应力 – 应变场。

对于与 z 轴平行的位于 $x – z$ 平面中的两维裂纹，J 积分表达式为线积分：

$$J = \int_{\Gamma} \left(W \mathrm{d}y - \boldsymbol{T} \times \frac{\partial \boldsymbol{U}}{\partial x} \mathrm{d}s \right)$$

式中　　W ——每单位体积的加载功，或对于弹性体为应变能密度；

　　　　Γ ——围绕（即包含）裂纹尖端的积分路径；

　　　　$\mathrm{d}s$ ——路径的增量；

　　　　$\boldsymbol{T}$ ——$\mathrm{d}s$ 上的外张力矢量；

　　　　$\boldsymbol{U}$ ——$\mathrm{d}s$ 处的位移矢量；

x，y，z ——直角坐标。

J_R 阻力曲线

J 积分与裂纹扩展量的关系曲线。

表观启裂韧度

J_R 阻力曲线与钝化线的交点相应的 J 值。

延性断裂韧度（J_{Ic}）

按 GB 2038 方法测定的 J_{Ic} 值定义为延性断裂韧度。它与裂纹开始扩展时的 J 值接近，是裂纹起始稳态扩展时 J 的工程估计值。

条件启裂韧度

表观裂纹扩展量为 0.05mm 时相应的 J_R 值。

R 曲线

裂纹扩展阻力值与稳态裂纹扩展量的关系曲线。

钝化线

近似表示在缓慢稳态裂纹撕裂时，由于裂纹尖端钝化而引起的 J 值与表观裂纹前进量关系的线。基于裂纹前进量等于裂纹尖端张开位移一半的假设来确定这条线。拟裂纹前进量的估算系基于材料的有效屈服强度，按下式计算：

$$\Delta a_B = J / 2\sigma_y$$

式中　　Δa_B ——拟裂纹前进量，mm；

　　　　J ——J 积分值，kJ/m²；

　　　　σ_y ——有效屈服强度，MPa。

断裂韧度

量度裂纹扩展阻力的通用术语。

平面应变断裂韧度（K_{Ic}）

在裂纹尖端平面应变条件下的裂纹扩展阻力。

平面应力断裂韧度（K_c）

在失稳条件下，从试样的 R 曲线和临界裂纹扩展力曲线之间相切所确定的 K_R 值。

应力强度因子

均匀线弹性体中特定形式的理想裂纹尖端应力场的量值。

三种形式的应力场强度因子的表达式如下：

$$K_I = \lim_{r \to 0} \left[\sigma_y \, (2\pi r)^{\frac{1}{2}} \right]$$

$$K_{II} = \lim_{r \to 0} \left[\tau_{xy} \, (2\pi r)^{\frac{1}{2}} \right]$$

$$K_{III} = \lim_{r \to 0} \left[\tau_{yz} \, (2\pi r)^{\frac{1}{2}} \right]$$

式中　r——从裂纹尖端向前至计算应力处的距离。

5.2.4.8　疲劳试验术语

疲劳

材料在循环应力和应变作用下，在一处或几处产生局部永久性累积损伤，经一定循环次数后产生裂纹或突然发生完全断裂的过程。

高周疲劳

材料在低于其屈服强度的循环应力作用下，经 10^5 以上循环次数而产生的疲劳。

低周疲劳

材料在接近或超过其屈服强度的循环应力作用下，经 $10^2 \sim 10^5$ 次塑性应变循环次数而产生的疲劳。

热疲劳

温度循环变化产生的循环热应力所导致的疲劳。

热机械疲劳

温度循环与应变循环叠加的疲劳。

冲击疲劳

重复冲击载荷所导致的疲劳。

接触疲劳

材料在循环接触应力作用下，产生局部永久性累积损伤，经一定的循环次数后，接触表面发生麻点，浅层或深层剥落的过程。

腐蚀疲劳

腐蚀环境和循环应力（应变）的复合作用所导致的疲劳。

载荷幅

载荷范围的一半，即：

$$载荷幅 = \frac{最大载荷 - 最小载荷}{2}$$

载荷比

疲劳载荷每一循环中的两个载荷参量的代数比值。

最广泛使用的两种载荷比是：

$$R = \frac{最小载荷}{最大载荷}$$

或

$$R = \frac{谷值载荷}{峰值载荷}$$

和

$$A = \frac{载荷幅}{平均载荷}$$

或

$$A = \frac{最大载荷 - 最小载荷}{最大载荷 + 最小载荷}$$

峰值载荷

疲劳载荷中，载荷作为时间函数的一阶导数从正号变至负号处的载荷；恒幅载荷中的最大载荷。

谷值载荷

疲劳载荷中，载荷作为时间函数的一阶导数从负号变至正号处的载荷，恒幅载荷中的最小载荷。

应力幅

应力循环中最大应力和最小应力代数差的一半。

最大应力强度因子（K_{max}）

一次循环中具有最大代数值的应力强度因子，此值对应于最大载荷，并随裂纹长度的增加而变化。

最小应力强度因子（K_{min}）

一次循环中具有最小代数值的应力强度因子。

当载荷比 R 大于零时，此值对应于最小载荷，当 R 等于或小于零时，此值取为零。

应力强度因子范围（ΔK）

一次循环中的最大与最小应力强度因子的代数差，即：

$$\Delta K = K_{max} - K_{min}$$

累积循环次数（N）

疲劳中的规定特征循环数，即试样在其承载历程中的任一时间内所累积的具有规定特性的循环数。

循环比

累积循环数与从具有相同特征循环的 $S - N$ 曲线或 $\varepsilon - N$ 曲线所估计的疲劳寿命之比。

疲劳寿命

材料疲劳失效时所经受的规定应力或应变的循环次数。

中值疲劳寿命

将在同一试验条件下所试一组试样的疲劳寿命观测值按大小顺序排列时，处于正中的一个数值。当试样为偶数时，为处于正中的两个数的平均值。

P% 存活率的疲劳寿命

给定载荷下母体的 P% 达到或超过的疲劳寿命的估计值。中值疲劳寿命的观测值估计 50% 存活率的疲劳寿命。P% 存活率的疲劳寿命可以个体疲劳寿命估计。P 可以是 95，

90 等。

N 次循环的疲劳强度

从 $S-N$ 曲线上所确定的恰好在 N 次循环时失效的估计应力值，此值的使用条件必须与用来确定它的 $S-N$ 曲线的测定条件相同。

此值一般是指在平均应力为零的条件下，给定一组试样的 50% 能经受 N 次应力循环时的最大应力、或应力幅，亦即所谓的 N 次循环的中值疲劳强度。

N 次循环的中值疲劳强度

母体的 50% 能经受 N 次循环的应力水平的估计值。由于试验不能直接求得 N 次循环的疲劳强度频率分布，故中值疲劳强度乃由疲劳寿命分布特点导出。

N 次循环的 P% 存活率的疲劳强度

母体的 $P\%$ 经受 N 次循环而不失效的应力水平的估计值。P 可以是 95，90 等。

疲劳极限

指定循环基数下的中值疲劳强度。循环基数一般取 10^7 或更高一些。

P% 存活率的疲劳极限

指定循环基数下，具有 $P\%$ 存活率的疲劳强度。

理论应力集中系数（K_t）

按弹性理论计算所得缺口或其他应力集中源的最大应力与相应的标称应力的比值。

疲劳缺口系数（K_f）

疲劳强度之比。

规定疲劳缺口系数 K_f 时，应注明试样的几何形状，应力幅、平均应力和疲劳寿命值。

疲劳缺口敏感度

疲劳缺口系数 K_f 与理论应力集中系数 K_t 一致程度的一种度量。以 $(K_f-1)/(K_t-1)$ 表示。

S-N 曲线

应力与至破坏循环的关系曲线。应力可为最大应力、最小应力、应力范围或应力幅。此曲线表示规定平均应力、应力比和规定存活率下的 $S-N$ 关系曲线。

N 通常采用对数标尺，而 S 则常用线性标尺或对数标尺。

疲劳裂纹扩展速率

恒幅疲劳载荷引起的裂纹扩展速率，以循环一次的疲劳裂纹扩展量表示。

疲劳裂纹扩展门槛值

已存在疲劳裂纹不发生扩展的应力强度因子值，在平面应变条件下，以 $10^{-6} \sim 10\mathrm{mm/}$次所对应的应力强度因子范围 ΔK 值表示。

5.2.5　工艺性能试验术语

金属弯曲试验

用规定尺寸弯心将试样弯曲至规定程度，检验金属承受弯曲塑性变形的能力并显示其缺陷的试验。

金属管弯曲试验

在带槽弯心上将试样弯曲至规定程度，检验金属管承受弯曲塑性变形的能力并显示其缺陷的试验。

弯曲半径

弯曲试验中与试样内表面接触的弯心圆柱半径。

金属反复弯曲试验

将试样一端夹紧，在规定半径的圆柱形表面上进行 90° 的重复反向弯曲，检验金属（及覆盖层）的耐反复弯曲能力并显示其缺陷的试验。

钢筋平面反向弯曲试验

钢筋平面经规定角度弯曲后，在弯曲部位上再承受规定角度反向弯曲，检验钢筋承受平面反向弯曲塑性变形的能力并显示其缺陷的试验。

金属顶锻试验

对规定尺寸的试样进行锤击或锻打，检验金属在室温或热状态下承受顶锻塑性变形的能力并显示其缺陷的试验。

锻压比

顶锻后试样高度与锻前试样高度之比。

金属线材扭转试验

将试样两端夹紧，一端夹头围绕试样轴线旋转，检验金属线材在单向或交变方向扭转时承受塑性变形的能力并显示材料的均匀性、表面和内部缺陷的试验。

金属线材缠绕、松懈试验

将试样沿螺旋方向以紧密的螺旋圈缠绕在规定直径的芯杆上，检验有镀层和无镀层金属线材承受缠绕和松懈塑性变性能力并显示其缺陷及镀层结合牢固性的试验。

金属锻平试验

将试样在室温或热状态下锻击至规定尺寸，检验金属承受规定程度塑性变形的能力并显示其缺陷的试验。

金属管压扁试验

将金属管压扁至规定尺寸，检验其塑性变形能力并显示其缺陷的试验。

金属管卷边试验

将规定形状的顶心压入金属管一端，使管壁均匀卷至规定尺寸，检验管壁承受外卷塑性变形的能力并显示其缺陷的试验。

金属管扩口试验

将规定锥度的顶心压入金属管一端，使直径均匀地扩张至规定尺寸，检验金属管径向扩张塑性变形的能力并显示其缺陷的试验。

金属管缩口试验

将金属管压入规定锥度的座套中，使直径均匀减缩至规定尺寸，检验金属管径向压缩塑性变形的能力并显示其缺陷的试验。

金属管液压试验

用水或规定液体充满金属管，在一定时间内承受规定压力，检验金属管质量及强度并显示其缺陷的试验。

金属杯突试验

用球形冲头将夹紧的金属板或带状试样压入规定尺寸的冲模中直至出现穿透裂缝，测量杯突深度值的试验。

杯突值

杯突试验中裂缝开始穿透试样厚度（透光）时冲头的压入深度。

金属冲杯试验

用圆柱形冲头将夹紧的金属薄板或带状试样压入规定冲模中而形成圆底杯以显示用制耳率表示的材料各向异性的试验。

制耳

由材料各向异性引起的冲杯边缘对称耳状突起。

制耳峰高

制耳顶峰至杯底外表面的垂直距离。

制耳谷高

相邻制耳峰之间的谷底到杯底外表面的垂直距离。

平均制耳高度

平均制耳峰高与平均制耳谷高之差。

制耳率

平均制耳峰高与平均制耳谷高的百分比。

磨损

物体表面相接触并作相对运动时，材料自该表面逐渐损失以致表面损伤的现象。

滚动磨损试验

两圆环形试样作滚动接触摩擦并承受规定压力，经规定转数或时间后测定试样耐磨性和摩擦系数的试验。

试块－试环滑动磨损试验

试块与规定转速的试环接触，并施加一定压力，经规定转数或时间后，测定试样耐磨性的试验。

体积磨损

磨损试验后试样失去的体积。

质量磨损

磨损试验后试样失去的质量。

摩擦系数

两物体之间摩擦力与正压力之比。

磨损曲线

磨损量与时间或摩擦行程之间的关系曲线。曲线一般具有 3 个阶段：磨合阶段、稳定磨损阶段和剧烈磨损阶段。

耐磨性

用体积磨损或质量磨损表征的材料抵抗磨损的性能指标。

磨料磨损

由于硬质颗粒或硬质突出物沿固体表面强制相对运动所引起的磨损。

粘着磨损

由于在相接触的固体表面之间局部粘着而造成的磨损。

灾变磨损

由于磨损而迅速造成表面损伤以致大大缩短材料使用寿命的磨损。

腐蚀磨损

在化学或电化学反应明显的介质中产生的磨损。

5.2.6　金相热处理术语

5.2.6.1　热处理

铁碳平衡图

铁碳平衡图是反映在平衡条件下，不同的铁碳合金的相组成与成分和温度间的相互关系；它是制定钢铁热处理工艺的基础。严格说来，铁碳二元平衡图是铁与石墨的平衡图。但实际常见的是铁和中间化合物 Fe_3C 的一种亚稳定状态平衡图如图 5-8 所示。

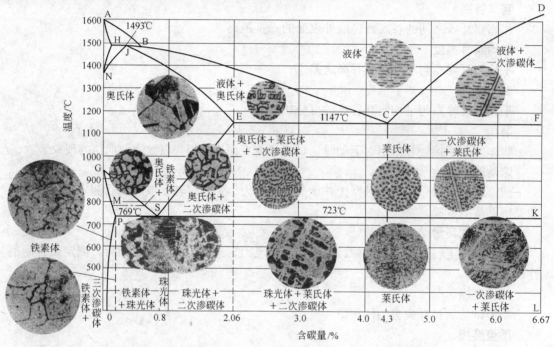

图 5-8　铁碳平衡图

基本组元与各相：在铁碳平衡图中有两个基本组元，即纯铁与渗碳体。在平衡图中出现的基本相有液相、δ 固溶体、奥氏体（γ）、铁素体（α）与渗碳体等 5 个相，此外还有珠光体（铁素体与渗碳体的混合物）、莱氏体（奥氏体与渗碳体的混合物，PSK 线以下为变态莱氏体，即为珠光体与渗碳体的混合物）以及石墨等。

特性线：铁碳平衡图中 ABCD 线为液相线；AHJECF 线为固相线；ES 线是碳在奥氏体体中的溶解度曲线，当合金中碳含量超过此线时，会从奥氏体中析出渗碳体来；PQ 线是碳在铁素体中的溶解度曲线，当合金中碳含量超过此线时，从铁素体中也会析出渗碳体来；GS 线是冷却时奥氏体转变为铁素体的开始线，也是加热时铁素体转变为奥氏体的终了线。在图中还有四条水平线：

第一条水平线（HJB 线），是包晶线，在这条线上将发生包晶转变；

第二条水平线（ECF 线）是共晶线，在这条线上将发生共晶转变；

第三条平水线（PSK 线）称为共析线，在这条线上将发生共析转变；

第四条平水线（MO 线）称为磁性转变线，当加热温度达 MO 线以上时，铁素体呈现顺磁性（即铁磁性消失）；在这温度以下出现铁磁性。

在这平衡图上，关于钢（含碳 0.02% ~ 2.0%）的部分可根据其在常温下的组织的不同分成 3 种：

（1）亚共析钢：一般含碳 0.02% ~ 0.8%，为铁素体和珠光体组织；

（2）共析钢：一般含碳 0.8%，为珠光体组织；

（3）过共析钢：一般含碳 0.8% ~ 2.0%，为珠光体和渗碳体组织。

碳钢可根据铁碳平衡图确定其热处理时加热温度见图 5 - 9。

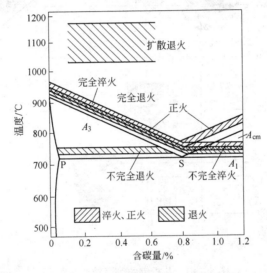

图 5 - 9　碳钢的热处理温度示意图

等温转变曲线

即过冷奥氏体等温转变的综合动力学曲线。因为曲线的形状很像字母"C"和"S"，所以一般常叫做 C 曲线或 S 曲线。它表示过冷奥氏体等温转变量与温度和时间的关系。各种钢的等温转变曲线形状和位置各不相同，它主要是由钢的化学成分决定的，其次是受钢奥氏体晶粒度、均匀度以及热处理、冶炼条件等因素的影响。等温转变曲线的基本类型一般可分为两种：第一种是在 A_1 ~ M_s 之间有一个过冷奥氏体转变最快的温度区（俗称一个"鼻子"）；第二种是在 A_1 ~ M_s 之间有两个过冷奥氏体转变最快的温度区（即两个"鼻子"）。一般碳钢和含有非碳化物形成元素以及弱碳化物形成元素的低合金钢，如钴钢、镍钢、铜钢、锰钢等。其等温转变曲线属于第一种类型，见图 5 - 10。含有强碳化物形成元素的合金钢，如铬钢、钼钢、钨钢、钒钢等，其等温转变曲线则属于第二种类型，见图 5 - 11。第二种类型可看成等温转变曲线的一般形式，而第一种类型只是第二种类型的特殊情况（两个"鼻子"重叠）。

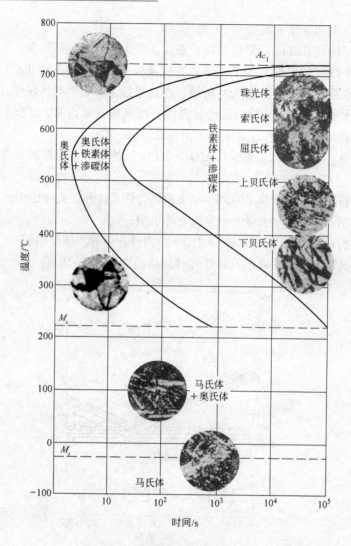

图 5-10　共析钢的等温转变曲线

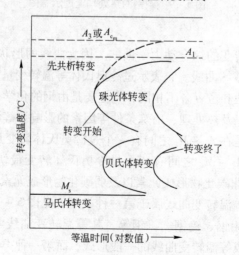

图 5-11　钢的等温转变曲线示意图

根据奥氏体等温转变的特性，可以将等温转变曲线分为3个区域：

（1）高温区域的转变——珠光体型相变，在这个区域过冷奥氏体等温转变形成珠光体组织（包括索氏体及屈氏体组织）；

（2）中温区域的转变——贝氏体型相变，在这个区域过冷奥氏体等温转变得到贝氏体组织；

（3）低温区域的转变——马氏体型相变，奥氏体在过冷到 M_s 点以下的温度，就开始转变为马氏体组织，直到 M_z 点的温度，马氏体转变便基本上完成。

对亚共析钢或过共析钢，在过冷奥氏体共析转变之前，先要析出铁素体或渗碳体，所以在等温转变曲线的上部还有一条先共析转变线。

等温转变曲线是钢的一个很重要的特性，是制定合理的热处理工艺的重要依据。如利用等温转变曲线可以确定等温退火的条件，确定等温淬火和分级淬火的制度，确定连续冷却时保证得到珠光体组织的最大冷却速度以及保证得到马氏体组织的最小淬火冷却速度等。

临界点

钢加热和冷却时发生相转变的温度叫临界点或临界温度。在实际加热和冷却时，钢的相变与平衡状态不一样，它并不按照平衡相图中所示的温度进行，而往往是在一定的过热或者过冷情况下进行。这样就使得实际加热或冷却时的临界点不在同一温度上。为了区别，通常把加热时的临界点下标字母"c"，如 A_{c_1}、A_{c_3}、$A_{c_{cm}}$ 等，把冷却时的临界点下标字母"r"，如 A_{r_1}、A_{r_3}、$A_{r_{cm}}$ 等。对钢来说，常见的临界点有：

A_1——在平衡状态下，奥氏体、铁素体、渗碳体共存的温度，也就是一般所说的下临界点，在铁碳平衡图上为 PSK 共析转变线；

A_3——亚共析钢在平衡状态下，奥氏体和铁素体共存的最高温度，也就是一般所说的上临界点，在铁碳平衡图上为 GS 线；

A_{cm}——过共析钢在平衡状态下，奥氏体和渗碳体共存的最高温度，也就是过共析钢的上临界点，在铁碳平衡图上为 ES 线；

A_{c_1}——钢加热时，所有珠光体都转变为奥氏体的温度；

A_{c_3}——亚共析钢加热时，所有铁素体都转变为奥氏体的温度；

$A_{c_{cm}}$——过共析钢加热时，所有渗碳体都溶入奥氏体的温度；

A_{r_1}——钢高温奥氏体化后冷却时，奥氏体转变为珠光体的温度；

A_{r_3}——亚共析钢高温奥氏体化后冷却时，铁素体开始析出的温度；

$A_{r_{cm}}$——过亚析钢高温完全奥氏体化后冷却时，渗碳体开始析出的温度；

M_s——钢高温奥氏体化后，在大于临界冷却速度冷却时，其中奥氏体开始转变为马氏体的温度，符号中下角"s"是"始"字汉语拼音的第一个字母，在英文书籍中也用"M_s"表示，在俄文书籍中用"M_H"表示；

M_z——奥氏体转变为马氏体的终了温度，符号中下角"z"是"终"字汉语拼音的第一个字母，在英文书籍中用"M_f"表示，在俄文书籍中用"M_K"表示。

A_{c_1}、A_{c_3} 和 $A_{c_{cm}}$ 随加热速度而定，加热速度越快、它们越高；而 A_{r_1}、A_{r_3} 和 $A_{r_{cm}}$ 则随冷却速度的加快而降低，当冷却速度超过一定值（临界冷却速度）时，它们将完全消失。一

般 $A_{c_1} > A_1 > A_{r_1}$，$A_{c_3} > A_3 > A_{r_3}$，$A_{c_{cm}} > A_{cm} > A_{r_{cm}}$。对碳钢来说，这些临界点在铁碳平衡图上的相对位置见图5-12。

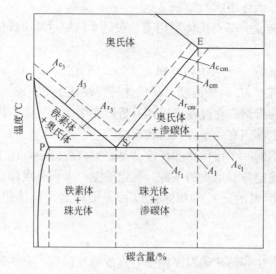

图5-12　碳钢临界点在铁碳平衡图上的相对位置

珠光体型相变

高温奥氏体缓冷到 A_1 以下温度发生共析转变，即奥氏体同时析出渗碳体与铁素体的混合物组织，这种组织叫珠光体。通常把这种奥氏体经过共析转变形成珠光体的过程叫珠光体型相变。珠光体型相变是个形核和晶核长大的过程。在相变过程中，碳原子和其他合金元素的原子进行扩散，铁原子晶格点阵重新排列，由 γ 铁变成 α 铁。

钢的完全退火、等温退火等就是利用珠光体型相变原理进行热处理的工艺。

贝氏体型相变

钢高温奥氏体化后，以较大的冷却速度使奥氏体过冷到 M_s 点以上一定温度区间（一般在珠光体型相变温度以下），然后等温保持一定时间，使过冷奥氏体转变为贝氏体组织的过程，叫做贝氏体型相变。贝氏体型相变也是个形核及晶核长大的过程。它是靠碳原子扩散和以切变维持共格的相变。一般认为，相变的速度是由碳原子所控制的。温度愈低，使贝氏体型相变减慢的合金元素（如 Mn、Cr、Ni、Si、Mo、W、V、Cu 等）含量愈高，则贝氏体的长大速度也愈慢，其中能形成碳化物的合金元素的影响最大。在贝氏体相变温度范围的上部形成上贝氏体，而在其下部形成下贝氏体。对共析钢而言，贝氏体型相变温度范围约 550~220℃。

钢的等温淬火就是利用贝氏体型相变原理进行热处理的工艺。

马氏体型相变

钢高温奥氏体化后，以大于临界冷却速度冷却到 A_1 以下一定温度时，过冷奥氏体转变为马氏体组织，这种转变过程叫做马氏体型相变。在这种相变过程中，原子不进行扩散，只作有规则的重新排列。因此，新旧两相（马氏体和奥氏体）之间没有化学成分上的差别，但有密切的取向关系。这种相变以极快的速度进行，并且发生在一个温度范围内。奥氏体开始变为马氏体的临界温度 M_s 和奥氏体转变为马氏体的终了温度 M_z 主要随奥氏体的化学成分而改变。C、Mn、V、Cr、Ni、Cu、Mo、W 等降低 M_s 点，而碳影响最强烈。Al 和 Co 提高 M_s 点。Si、B 对降低 M_s 点不显著。

钢的淬火就是利用马氏体型相变原理进行热处理的工艺。

再结晶

金属与合金由于冷加工变形，使晶格发生歪扭，晶粒破碎，产生加工硬化。当加热到适当温度并保温后，金属与合金内将进行重新形核和晶核长大过程，获得没有内应力和加工硬化的组织。这种在固态金属与合金内没有相变的结晶过程，也就是使加工硬化的金属与合金不经过相变进行软化的过程，叫做再结晶。可以进行再结晶的最低温度叫做再结晶温度。再结晶温度的高低，一般和金属与合金的成分及冷加工变形量有关。经验规律证明，工业纯金属的再结晶温度与金属熔点有以下关系：

$$T_{再结晶} = （0.35 \sim 0.40）T_{熔点}$$

式中　T——绝对温度。

铁和钢的再结晶温度在 450~650℃ 范围内。

冷轧钢板、钢带和冷拔钢丝等的软化处理（再结晶退火）就是再结晶过程。其实，热加工时也进行再结晶，只是热加工时的加工硬化与再结晶软化过程重叠发生而已。

重结晶

具有多型性相变的金属与合金，当温度改变通过其临界转变温度时，发生从一种点阵结构转变成另一种点阵结构的过程。在这种相变中，金属与合金内发生重新形核和晶核长大的结晶过程，叫做重结晶。

钢的完全退火、球化退火和正火等热处理，就是利用钢加热到高温然后冷却时进行重结晶，来改变钢的相结构、晶粒组织和机械性能。

热处理

把金属与合金加热到给定的温度并保持一定的时间，然后用选定的速度和方法冷却，以得到所需要的显微组织和性能的操作工艺叫热处理。热处理的主要类型有：退火、正火、淬火、回火、固溶处理、时效处理以及冷处理、化学热处理等。

退火

把钢加热到临界点（A_{c_3} 或 A_{c_1}）或再结晶温度以上，保温一段时间，然后以小于在静止空气中的冷却速度进行缓冷的一种操作叫做退火。钢退火的目的是：降低硬度，提高塑性，改变金属的性能，切削加工或压力加工；减少残余应力；使成分均匀化；为下一步热处理做好组织准备等根据加热温度的不同，退火可分为：扩散退火、完全退火、不完全退火、球化退火、再结晶退火等。根据冷却条件的不同，又可分为：连续冷却的退火、等温退火等。根据退火时采用的加热介质的不同，还可分为普通退火和光亮退火等，见图 5-13。

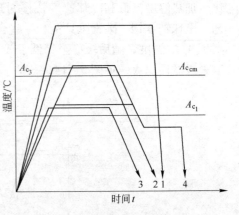

图 5-13　几种退火曲线示意图
1—扩散退火；2—完全退火；
3—不完全退火；4—等温退火

扩散退火

把钢加热到上临界点（A_{c_3} 或 $A_{c_{cm}}$）以上较高温度（一般常在 1050～1200℃），经过较长时间充分保温，然后缓冷或空冷的一种操作，叫扩散退火，也叫均匀化退火。这种退火的目的是借原子在高温下可以较快地扩散，减低或者消除各合金元素在钢中的显微偏析，使成分趋于均匀化，因而改善钢的组织和性能。扩散退火主要用于钢锭和铸件，如滚珠轴承钢有时为了消除碳化物液析，改善带状碳化物，钢锭要进行扩散退火。

完全退火

把钢加热到 A_{c_3} 以上 20～30℃，保温一定时间，然后缓慢冷却的一种操作叫完全退火。完全退火可以使钢发生完全的相的重结晶，细化奥氏体晶粒，消除魏氏组织，较好的改善钢的机械性能，消除内应力。完全退火适用于亚共析钢。如钢锭脱模后为了消除内应力，防止变形和开裂，或为了扒皮和清除表面缺陷常进行完全退火。在热加工后为了细化组织，改善性能也常采用完全退火。

不完全退火

把钢加热到 A_{c_1} 以上至 A_{c_3} 或 $A_{c_{cm}}$ 之间，保温一定时间，然后缓慢冷却的一种操作叫做不完全退火。不完全退火使钢发生不完全的相的重结晶。加热保温时，对亚共析钢其组织为奥氏体和铁素体，对过共析钢其组织为奥氏体和二次渗碳体。在冷却时奥氏体转变成珠光体，而铁素体或二次渗碳体被保留下来。不完全退火主要用于过共析钢进行球化处理，这又称为球化退火。而对亚共析钢，当退火前的组织已较好，只是为了降低钢的硬度，减少内应力时，也可用不完全退火代替完全退火，这样处理比较便宜，但一般情况下不采用不完全退火。

球化退火

把钢加热至稍超过 A_{c_1} 的温度，保温一定时间后缓慢冷却，或将钢加热奥氏体化后，冷却到略低于 A_1 的温度，较长时间保温，然后缓慢冷却，形成较稳定的、均匀的球化组织，以改善钢的切削加工性能，得到较好的原始组织，这种操作叫做球化退火。球化退火用于过共析钢。当钢加热保温后，二次渗碳体以扩散方式自发地向球状变化。在缓冷时析出的少量渗碳体和共析转变生成的渗碳体便以原来已球化的渗碳体为核心长大以至完全球化。加热温度高低和冷却速度快慢对球化后组织粗细影响很大，因此必须选择合适的工艺。滚珠轴承钢、碳素工具钢和一些合金工具钢常要求进行这种退火。也有将钢加热至稍高于 A_{c_1} 的温度，随后缓冷至稍低于 A_{c_1} 的温度，如此重复数次，这种球化退火又称为周期退火或循环退火，见图 5-14。

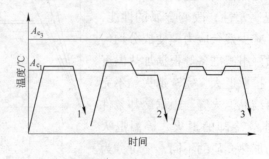

图 5-14　球化退火的几种工艺曲线示意图

再结晶退火

将冷加工变形过的金属和合金加热到其再结晶温度以上适当温度，经过一定时间的保温，然后以适当方式冷却，使其内部发生再结晶过程，消除因冷加工产生的加工硬化现象，把这种热处理操作叫做再结晶退火。

再结晶退火的目的：

（1）对冷变形后的半成品，为了消除加工硬化以利于继续加工；

（2）对冷变形后的成品，为了得到所要求的组织消除内应力，降低硬度，提高塑性；

（3）对不完全热加工的金属和合金，因加工温度低，再结晶进行不完全，留有部分加工硬化，需要进行再结晶退火以充分软化。

再结晶退火后组织晶粒大小，主要决定于冷加工变形量、退火温度和保温时间。一般冷轧钢板、钢带和冷拔钢丝。铜棒等的软化处理，都是再结晶退火。冷轧硅钢片就利用这种再结晶退火来获得不同的组织和性能。

等温退火

将钢加热至高温使其奥氏体化后，经过保温然后迅速冷却到 A_1 以下某一温度（根据所要求的硬度来确定），并在该温度保温一定时间，然后空冷，使奥氏体完全分解成珠光体的一种操作叫做等温退火。有时将钢锭在 $1000 \sim 750℃$ 温度范围内脱模，然后立即装入高于 $700℃$（A_1 以下）的退火炉中，等温停留一定时间，出炉空冷。这其实也是等温退火。由于等温退火后的珠光体是在恒温下得到的，因此组织均匀，力学性能也均匀。

采用等温退火的目的：

（1）为了得到组织较均匀、力学性能也较均匀的钢材；

（2）对某些高合金钢（如高速钢、高铬高碳钢、铬不锈钢等）采用一般退火方法生产周期太长，或得不到珠光体组织，采用等温退火可使钢材得到适当软化，消除产生裂纹的可能性有利于切削加工，或大大缩短退火周期。

光亮退火

在采用保护性气体（氢气、氮气、氩气等）炉内或在真空炉内，以及用其他方式使退火钢材表面不被氧化的退火工艺叫做光亮退火。退火后钢材不用进行酸洗，保持光亮的金属表面。

正火

把钢加热到 A_{c_3}（对亚共析钢）或 $A_{c_{cm}}$（对过共析钢）以上 $30 \sim 50℃$，使钢全部奥氏体化，然后在空气中冷却，得到珠光体型组织的操作叫做正火，也叫常化。正火的冷却速度比退火大，因此，正火得到的珠光体组织比退火时得到的细小。正火仅应用于碳钢及低合金钢。

正火的目的：

（1）提高低碳钢的力学性能，改善切削加工性能；

（2）细化晶粒，消除魏氏组织，消除渗碳体网状组织，为下一步热处理做好组织准备见图 5-15。

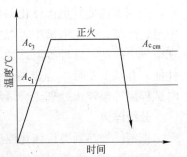

图 5-15 正火曲线示意图

淬火

把钢加热到 A_{c_3} 以上（对亚共析钢）或 $A_{c_1} \sim A_{c_{cm}}$ 之间（对过共析钢），保温后以大于临界冷却速度快速冷却，使过冷奥氏体转变为马氏体组织，这种热处理操作叫做淬火。现在广义的概念，也常常把钢奥氏体化后快速冷却，因而变硬和强化的操作都叫淬火，如等温淬火（得到贝氏体组织）等。

淬火的目的：

（1）通过淬火和随后的回火获得一定的综合机械性能；

（2）改变钢的某些物理化学性能（如改善磁性）；

（3）为下一步热处理做好组织准备，见图 5 - 16。

根据加热温度的不同，淬火可分为：完全淬火和不完全淬火。根据冷却方法的不同，又可分为：连续冷却的淬火、等温淬火、分级淬火等。另外，还有高频淬火、光亮淬火等。

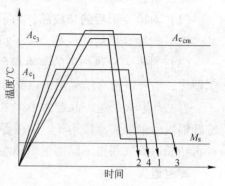

图 5 - 16　几种淬火曲线示意图
1—完全淬火；2—不完全淬火；
3—等温淬火；4—分级淬火

完全淬火

把钢加热到 A_{c_3} 以上 30 ~ 50℃，经过保温使组织完全奥氏体化，然后以大于临界冷却速度快速冷却到 M_s 点以下，使过冷奥氏体转变为马氏体组织，这种淬火叫做完全淬火。完全淬火适用于亚共析钢，而不适用于过共析钢。因为过共析钢采用完全淬火将使钢中渗碳体溶解，这样，使淬火后增加了残余奥氏体量，降低钢的硬度，又使钢造成较大的组织应力，易变形或开裂，并使奥氏体晶粒长大，表面严重脱碳。

不完全淬火

把钢加热到 $A_{c_1} \sim A_{c_{cm}}$ 之间，保温后以大于临界冷却速度快速冷却到 M_s 点以下，使过冷奥氏体转变为马氏体，这种淬火叫不完全淬火。不完全淬火适用于过共析钢，因为这样淬火后的钢中有残留的渗碳体组织存在，可增高钢的硬高和耐磨性。它不适用于亚共析钢，因为亚共析钢淬火后组织中存在铁素体，使钢组织不均匀，严重降低钢的力学性能，特别是疲劳性能。

等温淬火

把钢加热使其奥氏体化并保温后，放到略高于该钢 M_s 点温度的盐浴（或金属浴）槽中迅速冷却，并在浴槽中等温停留一定时间，使过冷奥氏体等温转变为贝氏体组织，而后在空气中冷却，这种等温处理工艺一般叫做等温淬火。等温淬火使钢得到较好的综合力学性能，并减少变形。合金结构钢，如 30CrMnSiNi2A，35CrMnSiA，40CrSi 等，出厂前检验时试样用等温淬火处理。合金结构钢等温淬火温度一般在 250 ~ 350℃ 范围内。

分级淬火

把钢件加热到奥氏体化温度并保温后，放到略高于（有时略低于）该钢 M_s 点温度的淬火剂中冷却，并等温停留一定时间，在钢件内外温度基本一致但显微组织仍保持为奥氏体（或含有微量马氏体的奥氏体）的状态下取出，再进行较缓慢冷却，使过冷奥氏体转变为马氏体，这种淬火叫做分级淬火或分段淬火。这种淬火一般是先在熔盐中冷却后在空气中冷却。因为钢件在淬火剂的温度等温停留时使其内外温度均匀，而减少随后冷却中形成马氏体组织的应力，所以这种淬火使钢件产生的内应力最小，减少钢件的开裂或变形。但这种淬火法只适用于处理截面尺寸较小的碳钢和合金钢零件。

高频淬火

利用高频感应电流加热钢件表面（或一直到较深部位）达到淬火温度，然后快速冷却，这种表面淬火方法叫做高频淬火或高周波感应淬火。它是一种较好的表面淬火方法。其主要优点为：生产效率高；力学性能高；变形小；不易氧化及脱碳；容易精确控制及自动化。这种淬火方法主要用于中碳钢、中碳合金钢及高碳钢工具等。钢轨轨端淬火和某些零件表面淬火就采用这种淬火方法。高频淬火用钢要求表面脱碳层比一般钢严格。

光亮淬火

把钢件放在通有保护性气体的炉内加热，然后在光亮油或熔碱中冷却，使加热的钢件表面既不被氧化，也无油焦斑，这种淬火叫做光亮淬火。这种淬火常用于冷轧不锈钢带、磁性材料等的最后热处理。

回火

把已淬火钢加热到 A_{c_1} 点以下的温度，保温一段时间，然后冷却的一种操作叫做回火。

回火的目的：

（1）消除钢件在淬火时所产生的内应力；

（2）提高钢件的塑性和韧性，使其具有所要求的性能；

（3）软化用一般退火和等温退火得不到珠光体组织的钢材（如马氏体类型钢），以利于加工。回火时的加热温度，根据对钢件力学性能的具体要求来决定，一般分为低温、中温及高温回火 3 种，见图 5-17。

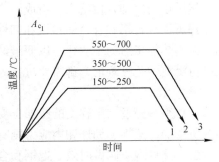

图 5-17 回火曲线示意图

1—低温回火；2—中温回火；3—高温回火

低温回火

钢淬火后在 150~250℃保持较长时间，以便在不过多丧失其淬火硬度的情况下，尽可能地消除由淬火产生的内应力的操作叫做低温回火。低温回火后的组织是回火马氏体。当要求钢件有较高的硬度和较好的耐磨性时，在钢件淬火后常用低温回火处理，如切削工具，渗碳零件，滚珠轴承等。一些合金结构钢（如 12CrNi3、18Cr2Ni4W 等）及铬不锈钢（如 3Cr13、Cr17Ni2 等）出厂前检验时试样常用低温回火处理。

中温回火

钢淬火后在 350~500℃范围保持较长时间的一种热处理操作叫做中温回火。中温回火后的组织是回火屈氏体。当要求钢件有足够的硬度及高的弹性极限并保持一定韧性时，在钢件淬火后常用中温回火处理，各种弹簧多进行这种热处理。一些弹簧钢出厂前检验时试样常用中温回火处理。

高温回火

钢淬火后在较高的温度（A_{c_1} 以下，一般为 550～700℃）回火，以得到较好的综合力学性能的热处理操作叫做高温回火。高温回火后的组织是回火索氏体。当要求钢件既有较高的强度和硬度又有较好的韧性时，在钢件淬火后常进行这种高温回火处理，如轴、连杆等都需要这种热处理。一些优质合金结构钢出厂前检验时试样常用这种热处理。有些马氏体类高强度不锈钢和高强度合金结构钢，为了软化钢锭和钢坯，也常采用高温回火处理。

调质处理

利用淬火和高温（或中温）回火这样双重热处理以得到所需要的强度和韧性的工艺叫做调质处理。适于进行调质处理的钢叫调质钢，一般指中碳钢和中碳合金结构钢，如 40、30CrMnSiA 等。

铅浴处理

把中碳或高碳钢丝加热奥氏体化（一般在 850～950℃之间），经过保温然后迅速淬入 400～500℃的铅浴或盐浴槽中，并等温停留一段时间，使过冷奥氏体转变为索氏体或贝氏体组织，这种热处理操作叫做铅浴处理，也叫铅浴淬火或派登脱（Patenting）处理。铅浴处理多应用于碳素弹簧钢丝、钢丝绳钢丝、琴钢丝等高强度钢丝的中间热处理。铅浴处理后的钢丝，变形性能较好，易于加工，通过拉拔而均匀强化，可得到很高的强度和良好的韧性（指弯曲，扭转次数）。经过铅浴处理的钢丝常称为铅浴处理钢丝或派登脱钢丝。

固溶处理

把钢和合金加热到适当的温度并经过充分的保温，使钢和合金中的某些组成物溶解到基体里去形成均匀的固溶体，然后迅速冷却，使溶入的组成物保存在固溶体中，这种热处理操作叫做固溶处理。这种处理可以改善钢和合金的塑性和韧性，并为进一步进行沉淀硬化处理准备条件。如奥氏体不锈钢热加工后为了软化，以便继续进行冷轧或冷拔，或奥氏体沉淀硬化型耐热钢和合金进行沉淀硬化处理前，都需要进行固溶处理。

时效处理

钢和合金经淬火或加工后，特别是经过一定程度的冷加工变形后，其性能随时间而改变，一般地讲，硬度和强度有所增加，塑性、韧性和内应力则有所降低，而其组织则由亚稳定状态逐渐过渡到较稳定状态，这种现象叫做时效。把钢和合金有意识地在室温或较高温度下较长时间存放，使其产生时效作用，这种工艺叫做时效处理。

钢和合金在室温或自然条件下长时间存放发生时效的现象和处理工艺，叫做自然时效。

把钢和合金加热到较高的温度，并较长时间保温，使其产生时效作用的处理工艺，叫做人工时效。

把经过固溶处理或又经冷加工的钢和合金，加热到一定温度并保温一定时间后，由过饱和固溶体中析出另一相而导致硬化和强化，这种时效处理叫做沉淀硬化或沉淀强化。如马氏体时效钢、奥氏体－马氏体沉淀硬化不锈钢及奥氏体沉淀硬化不锈钢，在固溶处理或又经冷加工后，在 400～500℃或 700～800℃进行时效处理（沉淀硬化），可以使钢得到很高的强度。

一般淬火后或冷加工变形后的钢件，为了稳定尺寸和形状，常采用时效处理。

冷处理

钢件淬火后立即把它放到零度以下的介质中，冷却到截面温度一致后取出，然后在空气中恢复到室温，使淬火后所残余的奥氏体转变为马氏体，这种处理叫做冷处理或低温处理。冷处理实际就是淬火过程的继续。

冷处理的目的主要是：

（1）增加钢件的硬度和耐磨性（特别是渗碳钢）；

（2）提高切削刀具的使用寿命；

（3）增加钢件的尺寸稳定性；

（4）对马氏体转变终了温度 M_z 在零下温度的钢（如某些沉淀硬化不锈钢），需要进行冷处理才能使马氏体转变较完全，得到所要求的性能。高速钢、Cr12 型合金工具钢以及经渗碳的碳钢和合金结构钢的零件常进行冷处理。

化学热处理

将钢件放在活性介质中，加热到一定温度并保温足够时间后，使钢件的表面层渗入活性元素，以改变钢件表面层的化学成分、组织和性能，这种热处理操作叫做化学热处理。化学热处理的主要目的是：提高钢件的表面硬度、耐磨性、疲劳强度、抗蚀性和抗氧化性等。

常用的化学热处理有渗碳、渗氮、氰化以及渗铝、渗铬等。

渗碳

使碳渗入钢件表面的操作叫渗碳。渗碳是在 900～950℃ 温度下将钢件放在渗碳剂中进行的。根据渗碳剂的不同，可将渗碳分为三类：固体渗碳、气体渗碳和液体渗碳。气体渗碳在工业上使用较广泛。作渗碳零件用的钢叫渗碳钢。一般是优质低碳钢和低碳合金结构钢。当钢件表面经渗碳处理后，可得到较高的耐磨性和疲劳强度等。

渗氮

使氮渗入钢件表面的操作叫渗氮，也叫氮化。把已调质并加工好的钢件放在含氮的介质中（如氨气或熔融的氰化盐），在 500～600℃ 保持适当的时间，使介质分解而生成的新生氮渗入钢件表面层，可提高其硬度、耐磨性和抗蚀性。作渗氮零件用的钢，一般是含铝、铬和钼的中碳调质合金结构钢，如 38CrMoAlA 等。

氰化

使碳和氮同时渗入钢件表面的操作叫氰化。氰化常在两个温度范围进行：在 550～650℃，称为低温氰化，应用于工具钢和高速钢；在 750～930℃，称为高温氰化，应用于低碳结构钢。按照介质的不同，氰化也可分为液体氰化、气体氰化及固体氰化三种。钢的液体氰化是应用最广的方法。高速钢、碳素工具钢、合金工具钢和低碳钢零件等，为了提高钢的硬度、耐磨性和疲劳强度常进行氰化处理。

渗铝

使金属铝渗入钢件表面的操作叫渗铝。工业上常用的渗铝法有：

（1）在含铝粉末状混合物中（渗铝温度一般为 1050～1100℃）；

（2）在熔铝浴槽中（渗铝温度 660～670℃）；

（3）钢件喷镀金属铝后扩散退火。低碳钢和某些合金钢为了提高抗氧化性，有时采用表面渗铝处理。渗铝后由于钢的表面形成一层坚固的氧化铝薄层，可以防止钢件迅速氧化。渗铝层在含硫化氢的介质中加热时还具有很高的稳定性。

渗铬

使金属铬渗入钢件表面的操作叫渗铬。常用的渗铬法有：

（1）在含铬粉末状混合物中（渗铬温度 1050℃）；

（2）在陶瓷材料中（渗铬温度 1050℃）；

（3）在气体介质中（渗铬温度 980℃），低碳钢和某些合金钢，为了提高耐蚀性和抗氧化性，有时采用表面渗铬处理。

稳定化处理

为了稳定工件的形状和尺寸，以及材料的组织和性能而进行的处理，叫做稳定化处理。

例如：（1）工具和量块淬火后的冷处理、回火和时效；

（2）含钛奥氏体不锈钢在选定的温度回火，使其中的碳尽可能多地形成碳化钛，以改善钢的抗晶间腐蚀性能；

（3）低合金耐热钢在较高温度作较长时间的回火以稳定其组织和性能等。

淬透性

钢的淬透性即钢奥氏体化后接受淬火的能力，或奥氏体向马氏体转变的倾向，常用淬硬层的深度来说明。淬硬层的深度是指表面至半马氏体层（含50%马氏体及50%珠光体的区域）的距离。半马氏体层可由测定硬度定出来。一般半马氏体层硬度随钢的含碳量而增加，可由表查出。钢的淬透性主要决定于钢的化学成分以及晶粒度、纯洁度等。我国现有标准规定了两项淬透性的检验方法，即 GB 227 碳素工具钢淬透性试验法和 GB 225 结构钢末端淬透性试验法。前者主要适用于测定碳素工具钢，后者适用于碳素结构钢和一般合金结构钢。末端淬透性试验值以 $J\dfrac{HRC}{d}$ 表示，d 表示距淬火末端的距离，HRC 为该处量得的洛氏硬度值。

淬硬性

钢经过淬火后所得到的淬硬层的最高硬度值的大小表示钢的淬硬性。淬硬性主要由钢中的碳含量来决定。

临界冷却速度

钢淬火时，能抑止过冷奥氏体在马氏体点以上温度发生相变的最小冷却速度叫临界冷却速度，也叫临界淬火速度。

淬火剂

在淬火操作中用以冷却金属的介质，如水、油、熔盐等，叫做淬火剂（也叫淬火介质）。钢在淬火时，需要在奥氏体最不稳定的温度区间（一般在 650～400℃）高速冷却，以避免奥氏体分解，而在马氏体形成温度区间（一般 300～200℃）希望缓慢冷却，以减少淬火应力。各种钢依本身的淬火临界冷却速度不同，而选择不同的淬火剂。水是最常用的剧烈的淬火剂，但在马氏体转变温度区间过于激冷，易形成淬火裂缝及应力。油的淬火能力虽比冷水小，但在马氏体转变温度区间内，油的冷却速度比冷水慢得多（约为十分之一），所以合金钢常采用油作为淬火剂。分级淬火和等温淬火还常用硝酸盐做淬火剂。

5.2.6.2 钢的显微检验

金相显微组织检验

钢的金相显微组织检验主要是鉴别钢的冶金质量和热加工、热处理工艺是否符合产品的质量要求。对检验中发现的金相组织缺陷加以鉴定和分析后,可对钢的冶炼、热加工和热处理工艺提出改进措施。日常检验所积累的数据和经验也可为制定新工艺提供依据。

钢的金相组织检验方法在标准中都有具体规定。制备金相试样,首先应注意切取试样时不影响钢的原始组织状态。球化组织,脱碳层深度等项目应在钢材原始状态下检验。碳化物不均匀性、奥氏体晶粒度等项目的金相试片则需事先经过热处理。制备好的金相试片,选择相应的腐蚀剂浸蚀后,按规定的放大倍率在金相显微镜下进行测定,或对照标准图片评定级别。

奥氏体

奥氏体是碳或其他元素在 γ – Fe 中的固溶体,在合金钢中则是碳和合金元素溶于 γ – Fe 中所形成的固溶体。

奥氏体具有面心立方晶格,塑性很高,硬度和屈服极限都较低,是钢中比容最小的组织。奥氏体在金相组织中一般呈现为规则的多边形见图 5 – 18。

铁素体

铁素体是含有合金元素的 α – Fe 固溶体,常温下含碳量为 0.008%,具有体心立方晶格。

铁素体性能接近纯铁,很软(约为 80HBW ~ 100HBW),有很高的塑性,但强度很低。

铁素体具有典型纯金属的多面体金相特征。固溶有合金元素的铁素体能提高钢的强度和硬度见图 5 –19。

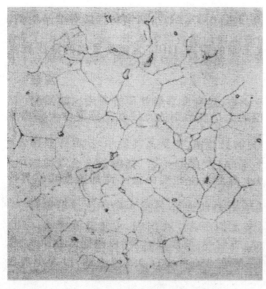 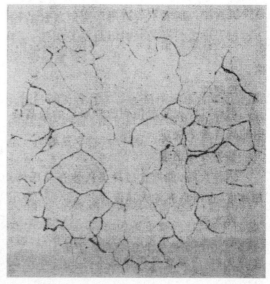

图 5 –18　奥氏体(100 ×)　　　　　　　图 5 –19　铁素体(100 ×)

渗碳体

渗碳体是铁和碳的化合物（又称碳化铁，可用 Fe_3C 表示）。因为碳在 γ – Fe 中溶解度很小，常温下碳大都以渗碳体存在于铁碳合金中。

渗碳体具有复杂的斜方晶格，没有同素异形转变。低温下有弱磁性，高于 217℃ 磁性消失。渗碳体的熔化温度约为 1600℃。脆性极大，硬度很高（约为 HRC72 ~ HRC75），塑性几近于零。

通常根据铁 – 碳平衡图（见热处理部分）将渗碳体分为：

（1）初生（一次）渗碳体，是沿 CD 线由液体结晶析出的见图 5 – 20；

（2）二次渗碳体是从 γ 固溶体沿 ES 线析出的；

（3）三次渗碳体则是从 γ 固溶体沿 PQ 线析出的。

渗碳体可与其他合金元素形成置换固溶体，以渗碳体晶格为基体的这种固溶体称为"合金渗碳体"。

渗碳体稳定平衡状态，在一定的条件下，可能分解成铁和石墨。

珠光体

珠光体是含碳量约为 0.8% 的碳钢共析转变的产物，由铁素体和渗碳体相间排列的片层状组织见图 5 – 21。

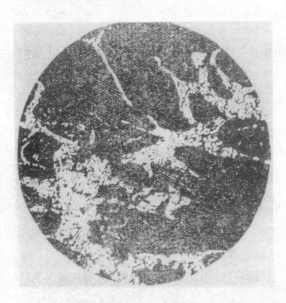 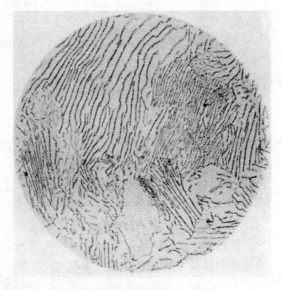

图 5 – 20　一次渗碳体（100 ×）　　　图 5 – 21　珠光体（500 ×）

珠光体的片层间距取决于奥氏体分解时的过冷度。恒温转变温度越低，间距越小。按片间距大小，分别称为珠光体、索氏体和屈氏体。由于它们之间没有实质上的区别，可以统一称为珠光体。

合金元素一般使平衡图上的 S 点左移，因而低合金的珠光体钢的共析转变产物的含碳量较低。

在相同的冷却条件下，含有合金元素的钢在较低温度发生珠光体转变，因而所形成的珠光体也较细。

在一定的热处理条件下（退火或高温回火），渗碳体呈颗粒状分布于铁素体基底之上，即称球化组织，亦称粒状珠光体。

马氏体

马氏体是碳在 α – Fe 中的过饱和固溶体，是钢在奥氏体化后快速冷却时于马氏体点以下发生无扩散性相变的产物。马氏体的成分和由其转变而来的奥氏体的成分一样。

马氏体处于亚稳状态，具有体心立方晶格。淬火钢的马氏体很脆，冲击韧性很低，断后伸长率和断面收缩率几近于零。共析钢中马氏体的硬度值约为 HRC62 ~ HRC64。由于过饱和的碳使点阵产生畸变，因而马氏体的比容较奥氏体大，钢中马氏体形成时具有很大的相变应力。

淬火后得到马氏体能使钢件强化，是热处理中最重要的一种方法。经调质处理后的钢件能得到良好的综合力学性能（高的强度与足够的韧性、塑性的配合）。

在显微磨片的平面上，马氏体具有互成一定角度的针状结构。钢件淬火后所得到的马氏体，一般都要求在放大 500 倍下具有隐针或细针形态，例如轴承零件淬火后，马氏体必须符合标准规定的级别见图 5 – 22。

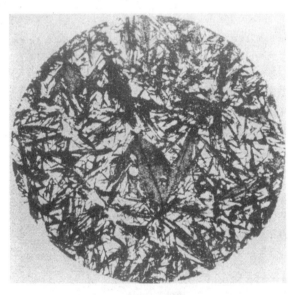
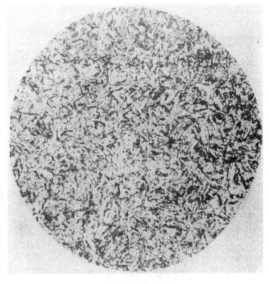

淬火马氏体（500×）　　　　　　　　　　　回火马氏体（500×）

图 5 – 22　淬火和回火马氏体

贝氏体

贝氏体是过冷奥氏体在中温区间（约为 250 ~ 450℃）的相变产物。它是过饱和铁素体和渗碳体的混合物。贝氏体以生核与成长的方式形成，长大时与奥氏体保持第二类共格。一般来说，其相变速度受碳扩散所控制。

形成的温度不同，贝氏体的组织特征也不同。接近珠光体形成温度所生成的称"上贝氏体"，呈羽毛状特征，由平行排列的 α – Fe 片间夹着渗碳体颗粒所组成。300℃附近所形成的称"下贝氏体"，为黑针状，不易与回火马氏体相区别。上、下贝氏体只是形态和碳化物的分布不同，没有本质的区别。上贝氏体的强度小于同一温度形成的细珠光体，脆性略大。下贝氏体与相应温度的回火马氏体强度相仿。下贝氏体性能优于上贝氏体，有时甚至优于回火马氏体，见图 5 - 23。

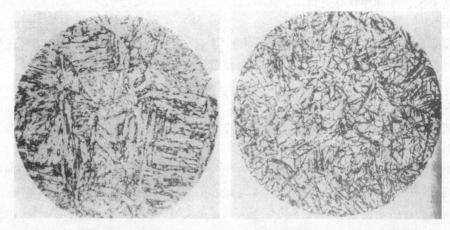

上贝氏体（450×）　　　　　　　下贝氏体（500×）

图 5 - 23　上贝氏体和下贝氏体

莱氏体

莱氏体是含碳量为 2% ~6.67% 的铁碳合金中发生共晶反应后快速冷却而形成的。它是奥氏体和渗碳体的共晶体。冷速较低时将发生奥氏体分解，因而常温下莱氏体是珠光体和渗碳体的混合物，见图 5 - 24。

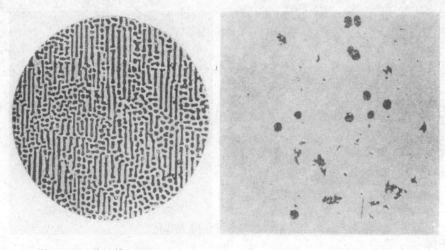

图 5 - 24　莱氏体（400×）　　　　　图 5 - 25　石墨碳（250×）

由于合金元素使 Fe - C 系平衡图的 S 和 E 点位置左移，许多高合金钢（如高速钢和部分合金工具钢）属于莱氏体类钢。

铸态的 W18Cr4V 高速钢具有典型的鱼骨状共晶莱氏体组织，这种共晶莱氏体，只有经热加工充分破碎变得均匀后，才能显著提高高速钢的使用性能。

石墨碳

一定条件下某些钢中的固溶碳和化合碳能以游离状态析出石墨，即是通常所说的石墨化。

由于硅能提高钢的屈服点和疲劳强度，因此弹簧钢中多含有硅。硅是钢中最强烈的石墨化元素之一，因而含硅的弹簧钢在一定的条件下（如长时间退火等）易于石墨化，弹簧钢中石墨碳含量的显微测定按 GB/T 13302 规定进行，其金相试片磨制时应注意避免将石墨碳磨掉，试样不经腐蚀于放大 250 倍下与标准图片比较评定见图 5-25。

含碳量高的碳素工具钢中偶尔也有石墨碳出现，严重时可形成黑色断口。

魏氏组织

沿固溶母相一定晶体学平面析出的新相，在显微组织上表现出一定几何特征的先共析组织。

亚共析钢因为过热而形成的粗晶奥氏体，在一定的过冷条件下，除了在原来奥氏体晶粒边界上析出块状 α-Fe 外，还有从晶界向晶粒内部生长的片状 α-Fe。这种片状 α-Fe 与原来的奥氏体有着一定的结晶位向关系。这些在晶粒中出现的互成一定角度或彼此平行的片针状 α-Fe，即是通常所见的亚共析钢的魏氏组织见图 5-26。

过热的亚共析钢在较快的冷却速度下易于产生魏氏组织。

魏氏组织严重时使钢的冲击韧性、断面收缩率下降，使钢变脆。可采用完全退火使之消除。低碳钢的魏氏组织在 100 倍下检验。在原来的奥氏体晶粒内部出现的具有一定位向的片针状 α-Fe 多而明显，则所评定的级别较高。过共析钢中也可能形成具有魏氏组织特征的针状渗碳体。

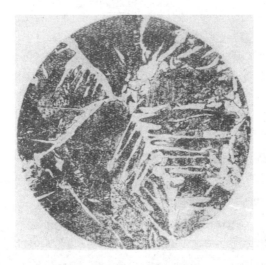

图 5-26 魏氏组织（100×）

碳化物不均匀度

碳化物不均匀度是评定高速钢、高碳铬轴承钢、合金工具钢（如 Cr 12MoV 等）显微组织质量优劣的主要检验项目之一。

钢浇注后在冷凝过程中，由于实际冷却速度较快，温度继续下降时剩余的钢液发生共晶反应、形成在钢中呈网络状分布的鱼骨状特征的莱氏体，其中的初次碳化物形成了钢中的碳化物不均匀分布。经过热加工后的钢材的金相组织中所呈现的碳化物的不均匀分布，即是通常所称的碳化物不均匀度。

由于碳化物偏析程度、热加工破碎的程度不同，碳化物不均匀分布可表现为粗大碳化物聚集和碳化物条带等类型（见图 5-27（a）、图 5-27（b））。

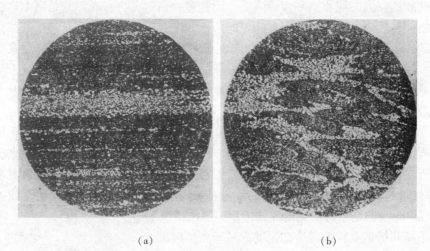

(a)　　　　　　　　　　　　　(b)

图 5 – 27　碳化物不均匀度（100 ×）

　　碳化物不均匀分布程度严重时会引起工件热处理后产生裂纹，并因含碳量不均匀使刀刃具的红硬性、耐磨性下降，以及造成崩刃、断齿等。

　　评定碳化物不均匀度的金相检验试片经淬火、回火后在纵向磨面上放大 100 倍评级。

　　钢中的初生共晶碳化物的分布和偏析程度取决于锭型、浇注温度、浇注速度及冷凝速度等因素。

　　合理的热加工制度可以改变共晶碳化物的分布，使大块的鱼骨状共晶碳化物破碎变成小粒。锻压比愈大破碎程度也越完全。锻造方式的改进也有利于降低碳化物不均匀度。

带状碳化物

　　钢锭或连铸坯中的结晶偏析在热加工变形中所延伸而成的碳化物富集带，就是高碳铬轴承钢中的带状碳化物。

　　钢锭或连铸坯中的碳化物偏析程度越严重，热加工过程中又未经充分扩散，则钢材中带状碳化物的颗粒和密集程度也越大。带状碳化物严重时会造成轴承零件淬、回火后硬度、组织不均匀等缺陷（见图 5 – 28（a）、图 5 – 28（b））。

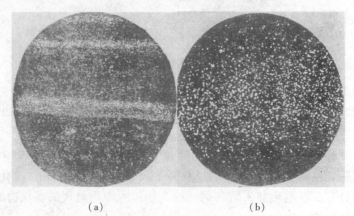

(a)　　　　　　　　　(b)

图 5 – 28　带状碳化物（100 ×）

碳化物液析

高碳铬轴承钢中的碳化物液析是钢锭凝固时，钢液中碳及合金元素富集处，由于树枝晶偏析而产生的亚稳共晶莱氏体，在热加工后破碎所成的沿热加工方向分布的小块碳化物。

碳化物液析在金相纵向深腐蚀试片的组织中，一般出现形式为较大的棱角状碳化物颗粒（见图5-29）。

由于液析碳化物具有高的硬度和脆性，显著降低轴承零件的耐磨性和疲劳强度，并易于产生淬火裂纹。

钢锭或钢坯若经充分高温扩散退火，可以改善或消除碳化物液析，在钢材中就不易出现碳化物液析。

碳化物液析与带状碳化物在同一试样上检验，经深腐蚀后放大100倍，在纵向磨面上按照标准图谱评定级别。

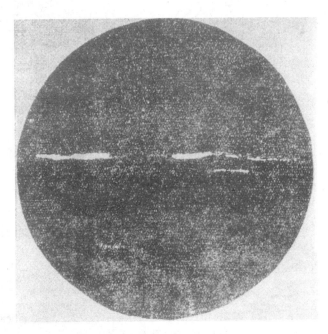

图5-29　碳化物液析（100×）

网状碳化物

过共析碳素钢、合金工具钢、高碳铬轴承钢等钢材热加工后在冷却过程中，过剩碳化物在晶粒边界上析出所成的网络，即是通常所称的网状碳化物。

随着钢的成分、热加工终了温度和冷却速度的不同，网状碳化物的网络粗细及连续程度也不同。一般来说，热加工终了温度越高以及随后的冷却速度越慢，网状碳化物的析出程度越严重。为了改善网状碳化物，应注意控制热加工终了温度及冷却方式。经正火后网状碳化物可以改善。网状碳化物增加钢的脆性，使冲击韧性降低，缩短工具、轴承的使用寿命。

碳素工具钢、合金工具钢、高碳铬轴承钢标准中均有网状碳化物的评级图片。网状碳化物的网络越明显，连续性越强，评定的级别也越高。

检验网状碳化物用的金相试片，经淬火、回火和深腐蚀后，放大 500 倍，在横向磨面上观察评级。也可在纵磨面上评级，但以横向评定的结果为准见图 5 - 30。

球化组织

通常所称的球化组织是指过共析钢经不完全退火的产物，其金相特征为铁素体基体上分布着粒状碳化物，即是通常所称的粒状珠光体、球状球光体（见图 5 - 31）。硬度值为 HBW200 左右。球化组织是最终热处理的预备组织，并对钢件的使用性能（如耐磨性、硬度均匀性）有直接影响。具有均匀良好的球化组织的钢材，便于切削加工（对于自动化程度高的流水线作业来说尤为重要）并能提高零件表面的加工精度。

轴承钢、合金工具钢、碳素工具钢都有评定球化组织的标准图片。球化组织的金相试片不经热处理在横截面上放大 500 倍检验。

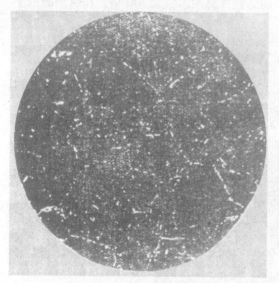

图 5 - 30　网状碳化物（500 ×）　　　　图 5 - 31　球化组织（500 ×）

带状组织

经热加工后的低碳结构钢显微组织中，铁素体和珠光体沿加工方向平行成层分布的条带组织，即是通称的带状组织见图 5 - 32。

在热加工后冷却过程中铁素体在枝晶偏析和非金属夹杂延伸的条带中优先形成，造成铁素体和珠光体条带成层分布。

带状组织使钢的力学性能呈各向异性，并降低钢的冲击韧性和断面收缩率，如 18CrMnTi 等低碳结构钢中，若带状组织严重，会降低零件的塑性、韧性、热处理时易产生变形。带状组织在纵向试片上放大 100 倍检验，并按铁素体、珠光体条带的数量、宽度和连续性进行评级。

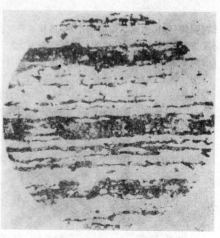

图 5 - 32　带状组织（100 ×）

脱碳

钢在加热和保温过程中，钢材表面与炉气作用后，失去全部或部分碳量，而造成钢材表面比内部的含碳量降低的脱碳层。

标准中规定的脱碳层有全脱碳层和总脱碳层（全脱碳层＋部分脱碳层）两种。部分脱碳层中碳量部分失去，但其金相组织与中心部正常组织不同，呈现碳量不足的特征，如粒状碳化物减少（球化退火状态的轴承钢）或铁素体量相对增多（如弹簧钢等）（见图5-33）。脱碳层测定方法详见 GB/T 224 钢材表面脱碳将大大降低表面硬度和耐磨性，并使轴承寿命和弹簧钢的疲劳极限降低，故在工具钢、轴承钢和弹簧钢的标准中都对脱碳层有具体规定。

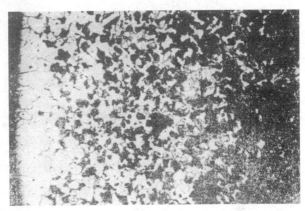

图 5-33　脱碳层（100×）

为了减轻钢材表面的脱碳，可采用控制加热炉气氛、缩短钢坯在加热炉中的高温停留时间等措施。

非金属夹杂物

钢中非金属夹杂物根据来源可分成两类：

外来非金属夹杂物：冶炼、浇注过程中炉渣及耐火材料浸蚀剥落后进入钢液中所形成的。

内在非金属夹杂物：主要是冶炼、浇注过程中物理化学反应的生成物，如脱氧产物等。

根据内生非金属夹杂物的形态和分布，GB/T 10561 标准将内生非金属夹杂物分为 A、B、C、D 和 DS 五大类，代表最常观察到的夹杂物的类型和形态：

—A 类（硫化物类）：具有高的延展性，有较宽范围形态比（长度/宽度）的单个灰色夹杂物，一般端部呈圆角，见图5-34；

—B 类（氧化铝类）：大多数没有变形，带角的，形态比小（一般＜3），黑色或带蓝色的颗粒，沿轧制方向排成一行（至少有3个颗粒），见图5-35；

—C 类（硅酸盐类）：具有高的延展性，有较宽范围形态比（一般≥3）的单个呈黑色或深灰色夹杂物，一般端部呈锐角，见图5-36；

—D 类（球状氧化物类）：不变形，带角或圆形的，形态比小（一般＜3），黑色或带蓝色的，无规则分布的颗粒，见图5-37；

—DS 类（单颗粒球状类）：圆形或近似圆形，直径≥13μm 的单颗粒夹杂物。

非传统类型夹杂物的评定也可通过将其形状与上述五类夹杂物进行比较，并注明其化学特征。例如：球状硫化物可作为 D 类夹杂物评定，但在试验报告中应加注一个下标（如：D_{sulf}）表示；D_{cas} 表示球状硫化钙；D_{RES} 表示球状稀土硫化物；D_{Dup} 表示球状复相夹杂物，如硫化钙包裹着氧化铝。

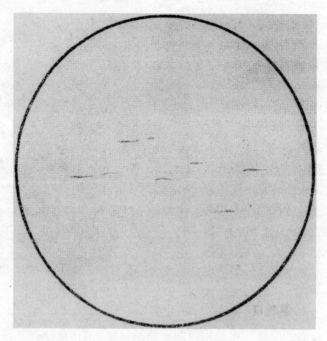

图 5 - 34　硫化物（100 ×）

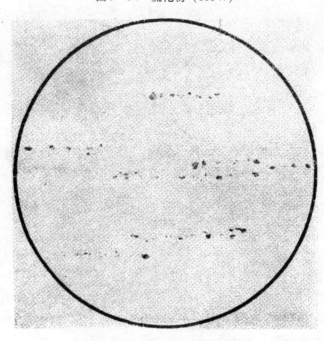

图 5 - 35　氧化物（100 ×）

　　沉淀相类如硼化物、碳化物、碳氮化合物或氮化物的评定，也可以根据它们的形态与上述五类夹杂物进行比较，并按上面的方法表示它们的化学特征。

　　在进行试验之前，可采用大于 100 的放大倍率对非传统夹杂物进行检验，以确定其化学特征。

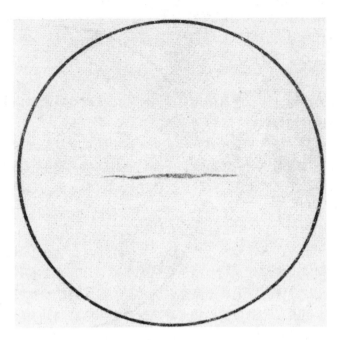

图 5 - 36 硅酸盐（100×）

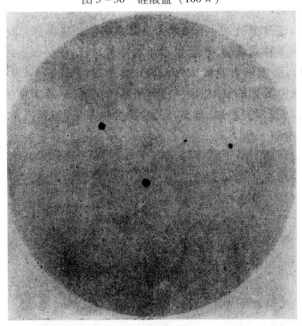

图 5 - 37 点状不变形夹杂物（100×）

上述各种类型的非金属夹杂物的评级方法和允许级别在标准中都有明确规定，参见 GB/T 18254。

实际晶粒度

实际晶粒度是指钢（或零件）交货状态（轧制或热处理）所具有的实际晶粒大小。对于某些使用时承受较复杂的冷塑性变形的钢材，如汽车用深冲钢板、汽车大梁钢板等，要求有较均匀的实际晶粒。因为实际晶粒太大，变形性能差，零件易冲裂；实际晶粒太细，钢材太硬，变形抗力大，对模具磨损严重。汽车用深冲薄板，还希望薄饼形的晶粒，其目的主要是这种晶粒变形性能好。

晶粒度

晶粒度是晶粒大小的量度。通常使用长度、面积或体积来表示不同方法评定或测定晶粒的大小。用晶粒度级别指数表示。

钢中晶粒度的检验，是借助金相显微镜来测定钢中的实际晶粒度和奥氏体晶粒度。

奥氏体晶粒度是将钢加热到一定温度并保温足够时间后，钢中的奥氏体晶粒大小，其显示及测量方法有渗碳法、氧化法、网状铁素体法、网状珠光体法、网状渗碳体法等。

奥氏体钢中的 α 相

06Cr19Ni11、06Cr18Ni11Ti 等铬镍奥氏体型不锈钢，在生产中的实际冷却速度下呈奥氏体单相组织。但若钢中铁素体形成元素（Cr、Ti、Si 等）含量在上限，以及结晶偏析较严重等原因，可使钢中出现部分 α 相。由于在热加工中 α 和 γ 相的塑性不同，产生较大的应力。使得轧制钢板或穿管时发生局部撕裂。所以有的标准要求控制板坯及管坯中的 α 相含量。金相法可测定钢中 α 相的单位面积含量。试片沿纵向磨制并腐蚀后，放大 300 倍与评级图比较评定后，即可测出钢中 α 相 的面积含量（见图 5 - 38）。

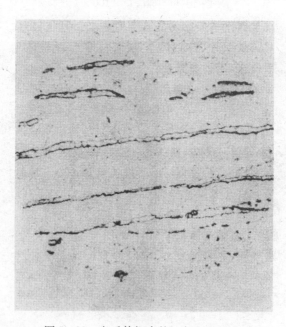

图 5 - 38　奥氏体钢中的 α 相（300 ×）

5.2.6.3　钢的宏观检验

宏观检验

用目视或在不大于十倍的放大镜下检查金属的宏观组织和缺陷叫宏观检验。常用的检验方法有酸蚀、断口、塔形车削发纹检验及印痕试验（主要是硫印试验）。通常低倍检验习惯上指酸蚀试验。

酸蚀低倍试验

将制备好的试样，用酸液腐蚀，以显示其宏观组织的方法，叫酸蚀低倍试验。金属与合金的不均匀性及缺陷之所以能在酸蚀后被显示出来，是因为它们被酸液浸蚀速度及程度不同。酸蚀低倍试验是检查和评定钢材（坯）及钢件质量常用的方法，通常取横向试样，有特殊要求时，则取纵向试样。

根据酸液温度不同，又分热酸蚀及冷酸蚀试验。GB/T 226 钢的热酸试验法中规定：酸浸温度为 65~80℃，通常酸液成分为 50% 盐酸（工业用盐酸，密度 1.19 g/cm³）水溶液。酸浸时间视钢种、酸液浓度、检验目的不同而不同，应以准确显示钢的低倍组织及缺陷为准。对于不便于采用热酸试验者，如工件过大，工件已加工好，热酸蚀易使工件产生裂纹及用热酸法不易显示出缺陷等，可进行冷酸蚀试验。

结构钢及与之具有相似低倍组织的其他钢种的低倍组织缺陷按 GB/T 1979 评级图对照评级。在酸蚀后的试片上可发现各种皮下及内部缺陷，如疏松、偏析、气泡、翻皮、缩孔残余、夹杂、裂缝、白点、折叠等。

一般疏松

在横向酸浸试片上表现的特征是组织的不致密。整个试片上呈分散的小孔隙和小黑点，孔隙多呈不规则的多边形或圆形。一般疏松有时也表现为在粗大发亮的树枝状晶主轴及各轴间的疏松，疏松区发暗而轴部发亮，亮区与暗区腐蚀程度差别不大，所以不产生凹坑（见图 5-39）。评级时主要根据组织疏松的严重程度，空隙及黑点的大小和多少，并适当考虑树枝状晶的严重程度和树枝状晶的粗细。缺陷的形成主要是由于钢中气体及杂质析集和钢的偏析造成的。

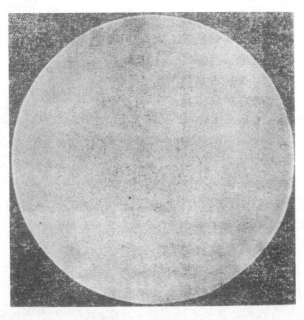

图 5-39 一般疏松

中心疏松

在横向酸浸试片的中心部位呈现集中的空隙和暗黑小点。与一般疏松的区别只是分布在钢材断面的中心部位而不是整个截面。中心疏松不同于缩孔残余。缩孔残余是已经形成一个不连续的空洞，同时空洞中经常出现夹杂，而中心疏松仅仅是中心部位组织的不致密，见图 5 - 40。在纵向酸浸试片上，中心疏松表现为不同长度的条纹。缺陷严重时，在断口上亦可见黑色或白色条带。评级时主要根据试片中心部位的点和空隙的大小、数量及集聚程度，并适当考虑点和空隙占据的面积。中心疏松是钢液凝固时体积收缩引起的组织疏松及钢锭中心部位因最后凝固造成的气体析出和杂质集聚产生的。中心疏松一般出现在钢锭头部和中部。通常含碳量越高的钢种，中心疏松亦越严重。

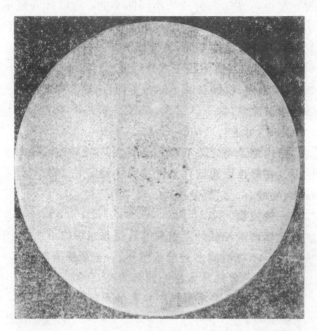

图 5 - 40 中心疏松

方框形偏析

在横向酸浸试片上呈现腐蚀较深的、由密集的暗色小点组成的偏析带，多呈方框形，亦有呈圆框形，因其形状与锭模形状有关，故亦称锭型偏析。由于热加工的影响，偏析带形状可能不规则。方框形偏析主要是钢液结晶过程中，由于结晶规律的影响而造成的钢锭柱状晶与等轴晶中间区域的成分偏析和杂质集聚。在偏析带上，碳、硫、磷及其他杂质含量较高。沸腾钢由于含有较多气体，方框形内部形成明显的黑色偏析区，见图 5 - 41。方框形偏析愈严重，偏析带的组织疏松也愈严重。评级时主要根据偏析带的组织疏松严重程度，适当考虑偏析带的宽度和颜色。

点状偏析

在横向酸浸试片上呈分散的、不同形状和大小的、略显凹陷的暗色斑点，斑点一般较大，有时亦呈十字形、方框形，或同心圆点状。在纵向试片上表现为暗色条带。缺陷严重时，往往伴随大量的气泡出现。在偏析处碳、硫较高，杂质也较多（见图 5 - 42）。根据缺陷在试片上存在部位不同，又分一般点状偏析（分布在整个断面上）及边缘点状偏析（分布在试片的边缘处）。评级时主要根据点的大小、多少和密度，并适当考虑斑点的颜色。点状偏析常出现在钢锭上部。有人认为钢液中大量气体的存在，致使某些低熔点组元和杂质集聚，形成点状偏析，因此上注法浇注的钢锭常出现这种缺陷；此外与钢液黏稠，结晶条件不好也有关。某些合金结构钢（如含铝钢）容易产生这种缺陷。

内部气泡

在横向酸浸试片上呈细裂缝，裂缝的形状有直的和弯曲的，其数量、长度、宽度都不固定，分布无一定规律。在纵向断口上，呈非结晶构造的、沿纤维方向的、颜色不同的细条纹，一般内壁较光滑，有时伴随着非金属夹杂物。有些内部气泡在低倍试片上呈现蜂窝状，称蜂窝气泡。蜂窝气泡有时排列在试片的边缘处，但距钢材（坯）表面的深度均较大。内部气泡是由于钢液脱氧不良及原材料不干燥造成的。

图 5-41　方框形偏析

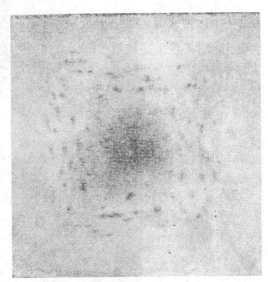

图 5-42　点状偏析

皮下气泡

分布在钢材（坯）表皮下的气泡称皮下气泡。在横向酸浸试片上，靠近钢材表皮部分呈现垂直于表面的或放射状的细裂纹，也有的呈圆形、椭圆形暗黑斑点，一般距表皮的深度是有规律的。有时由于加工的影响，使缺陷暴露于钢材表面，在试片的表皮处呈现成簇的、垂直于表皮的细长裂缝。评定时须指出皮下气泡的最大深度。皮下气泡主要是浇注条件不良产生的，如低温快速浇注；涂油不均和油料质量不好；浇注系统干燥不良；浇注翻皮以及钢液含有过量气体等，见图5-43。

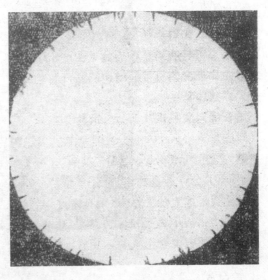

图 5-43　皮下气泡

缩孔残余

在横向酸浸试片的中心部位（或因加工变形的影响而出现在中心部位以外）形成不规则的皱折或空洞，附近往往出现严重的疏松、偏析及夹杂物的集聚，这是与锻裂的区别。在纵向断口的轴心处呈现非结晶构造的条纹及疏松，亦称收缩疏松。当试样淬火时，沿疏松条带出现氧化现象，见图 5 - 44。

缩孔残余一般出现在钢锭头部，但也有的出现在钢锭中部甚至尾部，即二次缩孔。缩孔残余是钢锭凝固时发生收缩而又充填不良产生的，加工时切头不净而部分残留。评级的主要依据是缩孔残余的严重程度和占有面积的大小。

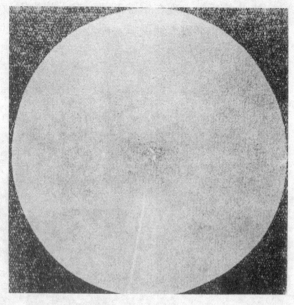

图 5 - 44　缩孔残余

翻皮

在横向酸浸试片上呈现亮白色或暗色弯曲的细长带，形状不规则，周边部位常有氧化物夹杂及气泡存在，一般出现在试片的边缘处，也有的出现在内部。

翻皮主要是浇注过程中产生的，如注温低，注速快使钢水表面氧化膜翻入钢水中；涂油不良，氧化膜粘到模壁上，被上升的钢水淹没以及耐火材料剥落等，见图 5 - 45。

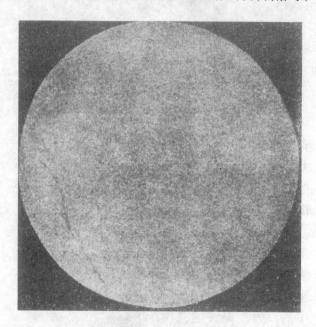

图 5 - 45　翻皮

白点

白点在横向酸浸试片上为不同长度的细小发纹，亦称发裂，呈放射状或不规则排列，但距表面均有一定距离，见图 5-46（a）。在纵向低倍试片上为锯齿形发纹，并与轧制方向成定角度。在纵向断口上，随白点的形成条件和折断面的不同，表现为圆形或椭圆形银色斑点见图 5-46（b）。合金钢白点色泽较光亮，碳素钢较暗。白点多出现在钢材的轴心区。在淬火后的断口上检验，是识别白点较为有效的办法。

(a)

(b)

图 5-46 白点
(a) 横低倍；(b) 纵断口

白点是由于钢中含氢及冷却时缓冷不好产生的。当钢在某一温度范围内冷却较快时，过饱和的氢原子脱溶析集到疏松等空隙中合成氢分子，产生巨大压力，并与钢相变时产生的局部内应力相结合，致使钢材内部产生细裂缝。马氏体钢、半马氏体钢，容易产生白点；珠光体钢次之；奥氏体钢及铁素体钢不产生白点。白点对钢的危害性很大，是不允许有的缺陷。

内裂

凡在钢材内部存在的裂纹均称内裂，它的出现形式很多，一般有锻裂及钢锭冷凝时由于热应力造成的内部裂缝。锻裂是由于锻造加工不当产生的裂缝，在横向酸浸试片上形状如"鸡爪状"及"人字形"，多出现在莱氏体的高速钢、高铬钢及高碳不锈耐热钢中，见图 5-47。内裂在横向断口上的特征是木纹状裂缝，在纵向断口上，由于热加工的影响，裂缝处呈光滑平面。

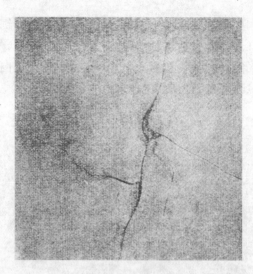

图 5 - 47　内裂

此外，亦有热送钢锭中心部位钢液未完全凝固而轧锻时产生的内裂；钢材（坯）加热及冷却不当造成裂缝。

轴心晶间裂缝

在横向酸浸试片的轴心位置沿晶间裂开的一种形状如蜘蛛网状的断续裂缝，亦称蛛网状裂缝。严重时可由轴心向外呈放射状裂开（见图 5 - 48）。缺陷多出现在树枝状组织较严重的高铬镍耐热不锈钢及某些低碳钢中，且在大钢锭、大尺寸坯材中较易出现。缺陷的形成主要与钢锭冷凝时的热应力有关。

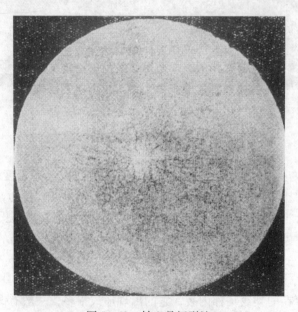

图 5 - 48　轴心晶间裂缝

非金属夹杂（目视可见）**及夹渣**

在横向酸浸试片上呈现个别的、颗粒较大或细小成群的非金属夹杂物。由于夹杂物的性质不同，表现的特征也不同，有的呈白色或其他颜色的夹杂物，有些被腐蚀掉，在试片上出现许多空隙或空洞，当在空隙或空洞内未发现夹杂及夹渣时，则不评为夹杂及夹渣。

夹杂及夹渣在断口上呈一种非结晶构造的颗粒，有时为颜色不同的细条纹及块状，其分布无一定规律，有时出现在整个断口上，有时出现在局部或皮下。分布在钢材（坯）表皮下的夹杂称皮下夹杂，见图 5 - 49。

图 5 - 49　皮下夹杂（图中还有方框形偏析、形状偏析）

非金属夹杂及夹渣产生于出钢及浇注过程中，由外部进入钢液中的耐火材料和其他非金属小颗粒混入钢中，一般比内在的非金属夹杂（如脱氧、脱硫产物）大得多，为目视可见。

金属夹杂（异性金属）

在酸浸试片上呈色泽性质与基体金属显然不同的金属块，形状不规则，有时顺轧制方向变形，但边缘均比较清晰，周围常伴随着非金属夹杂物的出现，见图 5 - 50。

金属夹杂是浇注过程中外来固体金属掉入钢锭模内以及冶炼后期加入的铁合金块未完全熔化造成的。

钛夹杂（钛孔隙）

在横向酸浸试片上存在成簇的空隙或空

图 5 - 50　金属夹杂

洞，形状不规则，空隙和空洞内一般用目视看不见夹杂物。钛夹杂往往分布于钢材（坯）表面附近，有时也出现在内部。

缺陷主要出现在含钛钢中。当钢水温度低，钢液黏稠时，生成的 TiN 和 TiO_2 夹杂不能浮出，形成钛夹杂。

晶粒粗大

在酸浸试片及断口上均易识别，特征是晶粒较正常晶粒粗大，断口上具有强金属光泽。当在试样内部发现晶粒粗大时，表示热加工不当，未能将原钢锭中的粗晶破碎，若在试片某表层附近出现晶粒粗大，一般是因加热过程中，钢材局部过热造成的。

断口检验

断口组织是钢材质量标志之一。将试样刻槽，并以锤或压力机使试样折断，然后用目视或 10 倍放大镜检查断口情况，称断口检验。由断口上可显示出钢中白点、夹渣、气泡、内裂、缩孔残余等缺陷，鉴定晶粒大小。根据钢材种类及检验要求，试样可在淬火、调质、退火及热轧状态下折断，以能够真实地显示其缺陷为准。除某些特殊原因外，一般试样多在淬火后折断。

GB1814 钢材断口检验法中规定：尺寸不大于 40mm 钢材，作横向断口；大于 40mm 钢材，作纵向断口。

断口的种类有：韧性断口、脆性断口、瓷状断口、层状断口、萘状断口、石状断口、石墨断口等。

韧性断口（纤维状断口）

金属材料断裂前经过显著的塑性变形的断口，呈暗灰色，无光泽和无结晶颗粒的均匀组织。

脆性断口（结晶状断口）

金属材料在没有显著的塑性变形之前就断裂形成的断口。断口呈亮灰色，有光泽的结晶颗粒组织。

瓷状断口（干纤维状断口）

经过正确淬火或低温回火的高碳钢的断口，呈亮灰色，致密，绸缎光泽及柔和感，类似细瓷碎片的断口。

层状断口

在纵向断口上，顺轧制方向出现的非结晶而致密的木层状结构。在这种断口上呈无光泽和没有氧化的条带，且有时是台阶状，见图 5 - 51。层状断口一般出现在钢材的轴心区，有时亦在轴心区外。检验层状断口，试样应在韧性状态下折断。

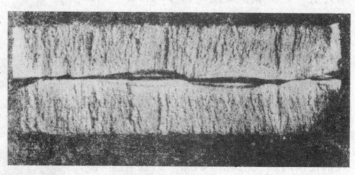

图 5 - 51 层状断口

层状断口是由于存在塑性不均匀区域形成的，主要是化学成分偏析，树枝状偏析及钢中的非金属夹杂造成的。

萘状断口

断口上呈现具有反射能力的光亮点，类似萘晶，有弱金属光泽，是一种脆性穿晶断口，如图 5 - 52 所示。萘状断口是某些钢材（如合金结构钢、高速钢等）热处理时过热使晶粒粗化形成的。

图 5 - 52　萘状断口

检验萘状断口，试样应在脆性状态下折断。

萘状断口可以用重结晶方法消除。

石状断口

石状断口是一种粗晶状脆性晶间断口，无金属光泽，类似有棱角的砂石粒堆砌在一起。当不严重时往往与萘状断口同时存在，严重时可分布在整个断口上（如图 5 - 53 所示）。石状断口是钢材严重过热的结果，而且用一般的热处理方法不易消除。

图 5 - 53　石状断口

分层（夹层）

在纵向断口上沿轧制方向出现严重的裂缝或开裂，有明显的结构分离，有些可分离成两层或多层，严重时在裂缝处有目视可见的夹杂物。分层严重地破坏了金属的连续性。分层是由于钢材未焊合的缩孔残余、内裂、气泡及严重的夹杂造成的（见图 5 - 54）。

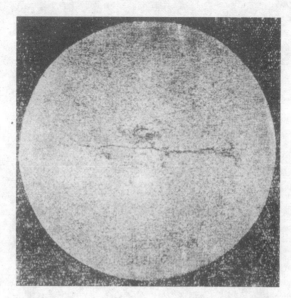

图 5 - 54　分层

石墨断口

特征是局部的黑断口，严重时可分布在整个断口上。容易出现这种断口的主要有高碳工具钢（特别是含硅、钨、钼钢）。钢中残余铝过高而残余铬过低以及钢材退火时保温时间过长均易造成石墨析出（见图 5 - 55）。

图 5 - 55　石墨断口

塔形车削发纹检验

将钢材车成规定塔形或阶梯形试样，而后用酸蚀或磁粉法检验发纹，简称塔形检验。塔形检验是用来检验钢材内部不同深度上发纹分布情况的检验方法。塔形车削发纹检验法中规定试样总长度约为 200mm，制成每阶梯长度为 50mm 的三阶梯试样，各阶梯直径标准中亦有规定。试验用的钢材，直径不得小于 16mm 和不得大于 150mm。

发纹

钢材表面及内部沿轧制方向出现的细小裂缝叫发纹，在阶梯形试样的腐蚀面上呈直线状且较深的细裂纹，长短不一，也有长达几十毫米的。发纹大部分存在于距钢材表皮不深处。一般第一阶梯最严重，但亦有出现在内部。发纹是钢中夹杂、气孔等缺陷轧制时延伸形成的。

硫印试验

利用硫酸与钢中所含硫化物发生作用放出硫化氢气体，再与印相纸上银盐反应生成棕褐色的硫化物沉淀来检查钢中硫，并间接检验其他元素偏析及分布的方法叫硫印试验。

磁力探伤

磁力探伤用以检查铁磁性金属和合金的表面或表皮以下存在的缺陷，如裂缝、缩孔残余、气孔和夹杂等。也常在低倍组织检验中应用，例如用磁粉法代替塔形发纹检查，但目前还没有正式标准。进行磁力探伤时，先将试件擦净，并置于磁力探伤机的强大磁场内，使零件磁化，然后将氧化铁粉与汽油或酒精混合的悬浊液，浸渍或涂抹在零件待查表面上。此时，氧化铁粉便积储在那些表面或皮下有缺陷的地方，以显示其缺陷大小、分布及数量。

此方法若在成品上直接检验，不破坏产品，就叫做无损探伤。但在冶金产品上还很少使用。

超声波探伤法

超声波探伤法用于检验低倍缺陷或直接在钢材上检查内部缺陷，例如厚钢板锅炉管、钻探管等。

超声波探伤法，目前还没有正式标准。超声波是频率在两万赫兹以上的弹性振动波，它能在同一种均匀的介质中作直线性传播，但在不同的两种物质交界面上（如材料内部有气孔、夹杂、裂缝、缩孔残余等存在时），在这些缺陷的边界和零件的边界上便会出现部分或全部的反射。根据这一特性，工业上已用它来检验内部缺陷大小位置及数量。检查时，内部缺陷及位置能在超声波探伤仪的荧光屏上反映出不同波形来，凡是有交界面的地方，波峰就特别高。

5.2.7 金属腐蚀及防护术语

5.2.7.1 一般术语

腐蚀

金属与环境间的物理-化学相互作用，其结果是使金属的性能发生变化，并常可导致金属、环境或由它们作为组成部分的技术体系的功能受到损伤。

该相互作用通常为电化学性质。

腐蚀剂

与给定金属接触并发生腐蚀的物质。

腐蚀环境

含有一种或多种腐蚀剂的环境。

腐蚀体系

由一种或多种金属和对腐蚀有影响的环境整体所组成的体系。

腐蚀效应

腐蚀体系的任何部分因腐蚀而引起的变化。

腐蚀损伤

金属、环境或由它们作为组成部分的技术体系的功能遭受的有害腐蚀效应。

腐蚀产物

由腐蚀形成的物质。

腐蚀深度

受腐蚀的金属表面某一点和其原始表面间的垂直距离。

腐蚀速率

单位时间内金属腐蚀效应的数值。

腐蚀速率的表示方式取决于技术体系和腐蚀效应的类型。例如，可采用单位时间内腐蚀深度的增加或单位时间内单位表面积上腐蚀金属的失重或增重等来表示。腐蚀效应可随时间变化，且在腐蚀表面的各点上并不相同。因此除腐蚀速率数据外，应说明腐蚀效应的类型、位置及与时间的依赖性。

等腐蚀线

指腐蚀行为图中表示具有相同腐蚀速率的线。

腐蚀性

给定的腐蚀体系内，环境对金属腐蚀的能力。

耐蚀性

在给定的腐蚀体系中金属所具有的抗腐蚀能力。

耐候性

金属或覆盖层耐大气腐蚀的性能。

临界湿度

导致金属腐蚀速率剧增的临界大气相对湿度值。

保护性大气

具有防蚀组分的封闭气体环境。

人造海水

用化学试剂模拟海水的化学成分而配制的水溶液。

点蚀系数

最深腐蚀点的深度与由重量损失计算而得的"平均腐蚀深度"之比。

应力腐蚀界限应力

给定的试验条件下，导致应力腐蚀裂纹发生和扩展的临界应力值。

应力腐蚀界限强度因子

在平面应变条件下导致应力腐蚀裂纹发生的临界应力场强度因子值。

腐蚀疲劳极限

在给定的腐蚀环境中，金属经特定周期数或长时间而不发生腐蚀疲劳破坏的最大交变应力值。

活态

可钝化金属未形成钝态前或已钝化的金属表面由于电位降低而丧失钝态后所发生的活性溶解状态。

钝化

由于金属表面上腐蚀产物的生成而出现的腐蚀速度降低的现象。

钝态；钝性

腐蚀体系（通常仅指金属）由于钝化所导致的状态。

耐候钢

具有保护性锈层的耐大气腐蚀的低合金结构钢。

敏化处理

使金属（通常是合金）的晶间腐蚀敏感性明显提高的热处理。

贫铬

普通不锈钢由于晶界析出铬的碳化物而使晶界区合金中铬含量降低的现象。

氧化

广义而言为化学反应或电化学反应过程中失去电子的现象。狭义而言为金属和氧化合生成氧化物的现象。

防蚀

人为地对腐蚀体系施加影响以减轻腐蚀损伤。

免蚀态

当某金属的电位足够负，由于它在溶液中的平衡离子活度低于某一临界值，而使腐蚀效应消失或可以忽略，这时腐蚀体系的状态叫免蚀态。电位－pH 图中，该离子活度临界值常用 $10^{-6} mol/L$。

临时性保护

仅在限定的时间内采取的防蚀措施。

保护度

通过防蚀措施使特定类型的腐蚀速率减小的百分数。

过保护

在电化学保护中，使用的防蚀电流比正常值过大时所产生的效应。

保护覆盖层

覆盖于金属表面的防腐蚀的金属或非金属材料层。

缓蚀剂

向腐蚀体系中添加适当浓度且不会显著改变任何其他腐蚀剂浓度而又能明显降低腐蚀速率的化学物质。

一般很小浓度的缓蚀剂就十分奏效。

挥发性缓蚀剂（气相缓蚀剂）

以蒸气的形式通过气相到达金属表面的缓蚀剂。

5.2.7.2　腐蚀类型术语

电化学腐蚀

至少包含一种电极反应的腐蚀。

非电化学腐蚀

化学腐蚀（不推荐使用）

不包含电极反应的腐蚀。

气体腐蚀

在金属表面上无任何水相条件下，金属仅与气体腐蚀剂反应所发生的腐蚀。

大气腐蚀

在环境温度下，以地球大气作为腐蚀环境的腐蚀。

微生物腐蚀

与腐蚀体系中存在的微生物作用有关的腐蚀。

海洋腐蚀

在海洋环境中所发生的腐蚀。

土壤腐蚀

在环境温度下，以土壤作为腐蚀环境的腐蚀。

均匀腐蚀

在与腐蚀环境接触的整个金属表面上几乎以相同速度进行的腐蚀。

局部腐蚀

在与环境接触的金属表面上局限于某些区域发生的腐蚀，常以点坑、裂纹、沟槽等形式出现。

沟状腐蚀

具有腐蚀性的某种腐蚀产物由于重力作用流向某个方向时所产生的沟状局部腐蚀。

点蚀

产生点状的腐蚀，且从金属表面向内部扩展，形成孔穴。

缝隙腐蚀

由于狭隙或间隙的存在，在狭缝内或近旁发生的腐蚀。

晶间腐蚀

沿着或紧挨着金属的晶粒边界发生的腐蚀。

焊接腐蚀

焊接接头中，焊缝区及其近旁发生的腐蚀。

刀口腐蚀

沿着（有时紧挨着）焊接或铜焊接头的焊料/母材界面产生的狭缝状腐蚀。

丝状腐蚀

在非金属涂层下面的金属表面发生的一种细丝状腐蚀。

层间腐蚀

锻、轧金属内层的腐蚀，有时导致剥离即引起未腐蚀层的分离。而剥离一般沿着轧制、挤压或主变形方向发生。

磨损腐蚀

由磨损和腐蚀联合作用而产生的材料破坏过程。

例如磨损腐蚀可发生在高速流动的流体管道及载有浮悬摩擦颗粒流体的泵、管线等处。

腐蚀疲劳

由金属的交变应变和腐蚀联合作用产生的材料破坏过程。

例如当金属在腐蚀环境中遭受周期应变时，可发生腐蚀疲劳并导致破裂。

应力腐蚀

由残余或外加应力导致的应变和腐蚀联合作用所产生的材料破坏过程。

应力腐蚀破裂

由应力腐蚀所产生的材料破裂。

穿晶破裂

腐蚀裂纹穿过晶粒而扩展。

晶间破裂

腐蚀裂纹沿晶界而扩展。

硫化物应力腐蚀破裂

金属在含硫化物［特别是硫化氢（H_2S）］环境中所发生的应力腐蚀破裂。

热腐蚀

金属表面由于氢化及与硫化物或其他污染物（如氯化物）反应的复合效应而形成熔

盐，使金属表面正常的保护性氧化物熔解、离散和破坏，导致表面加速腐蚀的现象。

5.2.7.3　电化学腐蚀术语

腐蚀电池

腐蚀体系中形成的短路伽伐尼电池，腐蚀金属是它的一个电极。

浓差腐蚀电池

由电极表面附近腐蚀剂之浓度差引起的电位差而形成的腐蚀电池。

差异充气电池

由电极表面附近的氧的浓度差异引起的电位差而形成的腐蚀电池。

某些场合下，差异充气电池可以产生活态－钝态电池。

活态－钝态电池

分别由同一金属的活态和钝态表面构成阳极和阴极的腐蚀电池。

电偶腐蚀（伽伐尼腐蚀）

由于腐蚀电池的作用而产生的腐蚀。

双金属腐蚀

接触腐蚀（不推荐使用）

由于不同的金属或其他电子导体作为电极而形成的电偶腐蚀。

热偶腐蚀

由于两个部位间的温度差异而引起的电偶腐蚀。

腐蚀电流

参与电极反应，直接造成腐蚀的电流强度。

腐蚀电流密度相当于电化学腐蚀之速度。

腐蚀电位❶

金属在给定腐蚀体系中的电极电位。

点蚀电位；点蚀发生电位

在钝态表面上能引起点蚀的最低电极电位值。

电化学保护

通过腐蚀电位的电化学控制所获得的腐蚀保护。

阳极保护

通过提高可钝化金属腐蚀电位到相应于钝态之电位值所实现的电化学保护。

阴极保护

通过降低腐蚀电位而达到的电化学保护。

电偶保护：牺牲阳极保护（伽伐尼保护）

从连结辅助阳极与被保护金属构成的腐蚀电池中获得保护电流所实现的电化学保护。

牺牲阳极

靠着自身腐蚀速度的增加而提供电偶阴极保护的辅助电极。

5.2.7.4　表面处理和防护术语

脱脂

除去金属表面油污的过程。

---

❶不管是否有净电流从研究金属表面流入或流出，本术语均适用。

阳极氧化物膜

金属在电解质溶液中阳极氧化时在表面形成保护性、装饰性或功能性的膜层。

化学转换膜

金属或其腐蚀产物与被选定的环境中的组分反应而形成的保护性膜层。

铬酸盐处理（铬化）

金属在铬酸盐溶液中通过化学反应而在表面生成一层稳定的铬酸盐或水合含铬氧化物膜的处理过程。

磷酸盐处理（磷化）

金属在磷酸盐溶液中通过化学反应而在表面生成一层稳定的磷酸盐膜的处理过程。

电镀

将被镀导电件作为阴极，在外加电压下使金属离子在其表面还原形成金属沉积层的过程。

化学镀

将被镀件放在金属盐溶液中，不通电而直接通过还原剂的还原作用使金属离子在表面还原形成金属沉积层的过程。

渗镀层

利用高温气体、固体或熔融物将某些组分扩散渗透到金属表面，生成合金层或化合物层。

热浸金属镀层

将金属浸泡在熔融金属中，使其表面形成金属层。

热镀锌

将金属浸泡在熔融锌中，使其表面形成保护性锌层的过程。

热镀铝

将金属浸泡在熔融铝中，使其表面形成保护性铝层的过程。

金属喷镀

用压缩空气或惰性气体将熔融的耐蚀金属喷射到金属表面形成保护镀层的过程。

静电喷涂层

涂料呈雾状分散在高电压的静电场中，使涂料微粒带电，借静电作用将其吸向制品表面而形成涂层。

5.2.7.5 腐蚀试验术语

腐蚀试验

为评定金属的腐蚀行为、腐蚀产物污染环境的程度、防蚀措施的有效性或环境的腐蚀性所进行的试验。

实用试验

在实用条件下进行的腐蚀试验。

模拟腐蚀试验

在模拟实用条件下进行的腐蚀试验。

加速腐蚀试验

在比实用条件苛刻的情况下进行的腐蚀试验，目的是在比实用条件更短的时间内能得出相对比较的结果。

全浸试验

试样全浸在试验溶液中的腐蚀试验。

间浸试验

将试样浸泡在试验溶液中一定时间，然后提出液面使之干燥，如此重复操作所进行的腐蚀试验。

大气暴露试验

将试样暴露在自然大气环境中的腐蚀试验。

盐雾试验

将试样置于用氯化钠（NaCl）等溶液制成雾状的环境中所进行的腐蚀试验。

铜加速的乙酸盐雾试验

将少量乙酸及氯化铜加入盐雾试验的盐水中，以加快腐蚀速率的试验。

慢应变速率应力腐蚀破裂试验

在慢应变速率下进行试样的可控拉伸应力腐蚀破裂试验。

恒应变应力腐蚀破裂试验

对试样施加固定的变形量所进行的应力腐蚀破裂试验。

恒载荷应力腐蚀破裂试验

对试样施加固定载荷的应力腐蚀破裂试验。

抗高温氧化试验

在气体成分、压力等固定的高温条件下，测定金属材料抗氧化性的试验。

5.2.8　物理特性和物理量术语

5.2.8.1　精密合金用磁学特性和磁学量术语

A　一般术语

磁场

一种可以由作用到运动着的带电粒子上的力来描述的场，这种力与带电粒子的运动及其所带的电荷有关。

磁性常数（μ_0）

其值等于 $4\pi \times 10^{-7} \mathrm{H/m}$ 的一个常数，是真空中磁通密度 B 与磁场强度 H 的比值，又称真空磁导率。

磁极化强度（J）

是一个与所取材料的体积相关的矢量，单位名称为特〔斯拉〕，单位符号 T。其值等于材料体积内的总磁偶极矩 Σj 与相应体积 V 之比：

$$J = \frac{\Sigma j}{V}$$

$$J = B - \mu_0 H = \mu_0 M$$

居里温度（居里点）（T_C）

指铁磁性或亚铁磁性与顺磁性之间的转变温度，当低于此温度时材料是铁磁性或亚铁磁性的，而高于此温度时是顺磁性的。

（1）磁性状态的转变不是很突然的，所以根据上述定义实际上不能给出一个确切的温度值，为要获得一个确切的温度值，建议把比饱和磁化强度的平方（即 σ_s^2）与温度成函数关系的曲线（通常为直线）外推到 $\sigma_s^2 = 0$，外推线与温度轴相交点的温度就可取作居里温度。

（2）当在高磁场时测量的 σ_s 值，往往会导致居里温度偏高的现象。

居里温度一般用 K 表示，也可用℃表示。

磁各向异性

相对于物体中一个给定的参考系，在不同方向上物体具有不同磁性的现象。

磁通密度（磁感应强度）（B）

是一种无散轴矢量，空间任意一点上磁场的大小和方向由该点的这一矢量决定。在该点上以某一速度运动的电荷所受到的力 F 等于电量 Q 乘以速度 v 与磁通密度 B 的矢量积：

$$F = Qv \times B$$

单位名称为特〔斯拉〕，单元符号 T。

磁通量（Φ）

磁通密度的面积分。

单位名称为韦伯，单位符号 Wb。

磁化强度（M）

是一个与所取材料体积相关的矢量，其值等于材料体积内的总磁矩 $\sum m$ 与相应体积 V 的比值：

$$M = \frac{\sum m}{V}$$

如果对整个体积求和，就可得到整个物体的磁矩，物体内的磁化强度一般是各处不相同的，因此在任何位置上的磁化强度可以通过对该处的一个小体积求和而得。

单位名称为安〔培〕每米，单位符号 A/m。

磁场强度（H）

与磁场中任意点的磁通密度相关联的一个轴矢量。在同一点上的磁场强度 H 的旋度 $\nabla \times H$ 与散度 $\nabla \cdot H$ 应同时满足以下方程：

$$\nabla \times H = J_e + \frac{\partial D}{\partial t}$$

$$\nabla \cdot H = - \nabla \cdot M$$

式中，J_e 为电流密度；D 为电通量密度或位移电流；M 为该点的磁化强度。

（1）在没有位移电流时，上述方程变换为

$$\oint H \cdot \mathrm{d}l = i$$

式中，i 为磁场强度 H 对磁路 l 的线积分所包围的总电流。

（2）在磁性体中

$$H = \frac{B}{\mu_0} - M$$

式中，B 为磁通密度；μ_0 为磁性常数。

单位名称为安〔培〕每米，单位符号 A/m。

B 磁化状态

磁滞

磁通密度〔磁化强度〕随磁场强度的变化而发生的不可逆变化现象，这种现象的呈现与变化速度无关。

磁化

使磁性体感应出磁化强度。

磁化曲线

材料中磁通密度、磁极化强度或磁化强度随磁场强度的变化而变化的一条曲线。

当需要说明磁通密度 B，磁极化强度 J 或磁化强度 M 随磁场强度 H 的变化，各曲线之间的区别时可使用下列术语：

$$B-H \text{ 曲线}; \quad J-H \text{ 曲线}; \quad M-H \text{ 曲线}$$

静态磁化曲线

是在磁场强度的变化速率慢到不影响曲线形状时所得到的磁化曲线。

动态磁化曲线

是在磁场强度的变化速率高到足以影响曲线形状时所得到的磁化曲线。

起始磁化曲线

处于热磁中性状态的材料，受到强度从零起单调增加的磁场作用而得到的磁化曲线。

$B-H$〔$J-H$〕〔$M-H$〕磁滞回线

表示磁滞现象的闭合磁化曲线。

按磁滞定义，磁滞回线是由静态磁化曲线形成的。但是它可以不严密地用来说明由动态磁化曲线形成的回线，虽然这条回线一般还将决定于除磁滞以外的其他过程。术语 $B-H$〔$J-H$〕〔$M-H$〕也可用于说明动态情况。

静态 $B-H$〔$J-H$〕〔$M-H$〕回线

是在磁场强度的变化速度慢到不影响曲线形状的情况下获得的 $B-H$〔$J-H$〕〔$M-H$〕磁滞回线。

动态 $B-H$〔$J-H$〕〔$M-H$〕回线

是在磁场强度的变化速率高到足以影响曲线形状下获得的 $B-H$〔$J-H$〕〔$M-H$〕回线。

磁饱和

磁性材料受到足够强的外磁场作用，磁极化强度或磁化强度基本上不再随外磁场的增加而继续增加的状态。

饱和 $B-H$〔$J-H$〕〔$M-H$〕磁滞回线

当磁场强度的最大值能使材料磁化到饱和时的 $B-H$〔$J-H$〕〔$M-H$〕磁滞回线。

极限磁滞回线是指磁场强度的最大值足以使不可逆磁滞回线的面积不再增加时的磁滞回线。

饱和磁通密度（饱和磁感应强度）（B_s）

磁性材料磁化到饱和时的磁通密度（磁感应强度）。

实际应用中饱和磁通密度（饱和磁感应强度）通常是指某一指定磁场强度下（基本达到磁饱和的磁场强度）的磁通密度（磁感应强度）值。

单位名称为特〔斯拉〕，单位符号 T。

剩余磁通密度（剩余磁感应强度）（B'_r）〔剩余磁极化强度（J'_r）〕〔剩余磁化强度（M'_r）〕

磁性材料中当外加磁场强度（包括自退磁场强度）为零时的磁通密度（磁感应强度）〔磁极化强度〕〔磁化强度〕。

（1）在上述条件下剩余磁通密度等于剩余磁极化强度，并且等于磁性常数与剩余磁化强度的乘积；

（2）若用图表示，上述数值对应于磁化曲线与 B〔J〕〔M〕轴的交点。

单位名称为特〔斯拉〕，单位符号 T。

顽磁（B_r）

用单调变化的磁场从材料的饱和状态出发而得到的剩余磁通密度值。

单位名称为特〔斯拉〕，单位符号 T。

矫顽场强度（H'_{CB}〔H'_{CJ}〕〔H'_{CM}〕）

磁通密度 B〔磁极化强度 J〕〔磁化强度 M〕为零时的磁场强度。

（1）若用图表示，矫顽场强度相应于磁通密度 B〔磁极化强度 J〕〔磁化强度 M〕的退磁曲线与 H 轴交点的值；

（2）矫顽场强度可以指静态磁化或动态磁化，在不加说明时，则是指静态磁化过程。

单位名称为安〔培〕每米，单位符号 A/m。

矫顽力（H_{CB}〔H_{CJ}〕〔H_{CM}〕）

用单调变化的磁场从材料磁饱和状态出发而得到的矫顽场强度。

（1）H_{CB} 通常称磁感矫顽力；

（2）H_{CJ} 或 H_{CM} 通常称内禀矫顽力。

单位名称为安〔培〕每米，单位符号 A/m。

温度系数（α）

由于温度变化而引起被测参量的相对变化与温度变化之比。例如：

磁导率的温度系数

$$\alpha_\mu = \frac{\mu_T - \mu_{T_r}}{\mu_{T_r}(T - T_r)}$$

有效磁导率的温度系数

$$\alpha_{\mu e} = \frac{\mu_{eT} - \mu_{eT_r}}{\mu_{eT_r}(T - T_r)}$$

电感的温度系数

$$\alpha_L = \frac{L_T - L_{T_r}}{L_{T_r}(T - T_r)}$$

余类推，式中，μ_T、μ_{eT}、L_T 分别为温度 T 时的磁导率、有效磁导率和电感；μ_{T_r}，μ_{eT_r}，L_{T_r} 分别为参考温度 T_r 时的磁导率、有效磁导率和电感。

在温度变化范围内，被测参量应单调变化。

此值无量纲。

C 磁导率与损耗

磁化率（χ）

是与磁场强度 H 相乘等于磁化程度 M 的一个量：

$$M = \chi H$$

此值无量纲。

比磁化率（质量磁化率）（χ_m）

是与磁场强度 H 相乘等于比磁化强度 σ 的一个量：

$$\sigma = \chi_m H$$

单位名称为立方米每千克，单位符号 m^3/kg。

绝对磁导率（μ）

物质的磁通密度 B 与磁场强度 H 的比值：

$$\mu = \frac{B}{H}$$

单位名称为亨〔利〕每米，单位符号 H/m。

相对磁导率（μ_r）

物质的绝对磁导率 μ 与磁性常数 μ_0 的比值：

$$\mu_r = \frac{\mu}{\mu_0}$$

在工程实用中，有关磁导率的术语，无特殊注明，都指的是相对磁导率，"相对"二字从这些术语中省去，符号下标 r 也都将略去。

此值无量纲。

微分磁导率（μ_d）

与 $B - H$ 曲线上某一点的斜率相对应的磁导率：

$$\mu_d = \frac{dB}{dH}$$

单位名称为亨〔利〕每米，单位符号 H/m。

起始磁导率（μ_i）

磁中性化的磁性材料，当磁场强度趋近于无限小时磁导率的极限值：

$$\mu_i = \lim_{H \to 0} \frac{B}{H}$$

在实际测量中，磁场强度 H 趋于零时的磁导率无法精确测量，一般以规定磁场强度条件下的磁导率作为起始磁导率。

单位名称为亨〔利〕每米，单位符号 H/m。

最大磁导率（μ_m）

对应基本磁化曲线上各点磁导率的最大值。

单位名称为亨〔利〕每米，单位符号 H/m。

脉冲磁导率（μ_p）

在脉冲磁场的作用下，磁通密度增量 ΔB 与磁场强度增量 ΔH 的比值：

$$\mu_p = \frac{\Delta B}{\Delta H}$$

单位名称为亨〔利〕每米，单位符号 H/m。

电感磁导率（感应磁导率）（μ_L）

对于在对称反复磁化条件下激磁的材料，其电感磁导率是由代表磁性试样的电路中测得的电感分量而计算得出的。这里假设此电路是由线性电感元件与电阻元件并联组成的。

单位名称为亨〔利〕每米，单位符号 H/m。

阻抗（有效值）磁导率（μ_z）

当材料在对称反复磁化条件下激磁时，所测得的磁通密度峰值与相应表观磁场强度幅值的比值。这里的表观磁场强度幅值由测得激磁电流的有效值计算求出。

用来计算表观磁场强度值的电流幅值是由测得的激磁电流有效值乘以$\sqrt{2}$而得到的，这里假设总激磁电流就是磁化电流，且波形为正弦。

单位名称为亨〔利〕每米，单位符号 H/m。

幅值磁导率（μ_a）

当磁场强度随时间作周期性变化，其平均值为零，并且材料在开始时处于指定的磁中性状态，由磁通密度的峰值和外磁场强度的峰值之比求得的磁导率。

（1）常用两种幅值磁导率，即

1）磁导率中磁通密度的峰值和磁场强度的峰值均取实际波形的峰值。

2）上述两个幅值都取基波分量的峰值，在此情况下必须区分哪个波形为正弦。

（2）在极限情形下，假若材料是处于循环磁状态，则磁通密度峰值和磁场强度峰值可以是静态值。

单位名称为亨〔利〕每米，单位符号 H/m。

有效磁导率（μ_e）

当磁路由不同的材料或非均匀的材料或由它们的二者构成时，可设想该磁路具有一个有效磁导率，其值等于结构均匀，形状、尺寸和总磁阻都与原磁路相同的假想磁路的磁导率。

在磁路里的不同材料沿着磁路是串联连接的，并假定在任何截面上磁导率都是常数，此情况下就可以使用下列方程式：

$$\frac{1}{\mu_e} \sum \frac{l_i}{A_i} = \frac{l}{\mu_n A}$$

式中，l 是磁路长度；A 为磁心各部分的均匀截面；l_i 与 A_i 为磁路各分段元部位的磁路长度与磁心截面；μ_n 为均匀磁导率。

有效磁导率尤其适用于具有空气隙的磁心，而且它还常常被限制在漏磁通相对小的情况下才适用。

单位名称为亨〔利〕每米，单位符号 H/m。

磁性材料的总损耗（P_t）

磁性材料从随时间变化的电磁场中吸收的并以热的形式耗散的功率。

单位名称为瓦〔特〕，单位符号 W。

磁滞损耗（P_H）

由于磁滞而被材料耗损的功率。

单位名称为瓦〔特〕，单位符号 W。

比磁滞损耗（P_h）

在均匀磁化材料中，磁滞损耗与材料的质量之比。

单位名称为瓦〔特〕每千克，单位符号 W/kg。

品质因数（Q）

是损耗角正切的倒数。

此值无量纲。

D　磁性体

磁体

能够建立或有能力建立外磁场的物体。

永磁体

不需要消耗能量而能保持其磁场的磁体。

磁路

主要由磁性材料组成磁通量可以通过的闭合路径。

叠装系数（S_p）

由试样质量和密度计算的等效实体体积与对试样叠片垛施加规定压力下测得的体积之比的百分数。

此值无量纲。

退磁因子（N）

均匀磁化物体的磁化强度乘以该因子可以得到自退磁场强度。

（1）只有椭球体才能被均匀磁场均匀磁化，此时退磁因子与磁化无关，沿 3 个主轴的退磁因子之和等于 1；对于一般的磁性体磁化是不均匀的，这种情况下退磁因子可取平均值；

（2）在永磁体术语中，退磁因子被用来描述负载线的斜率。

此值无量纲。

BH 积曲线（磁能积曲线）

以永磁体的退磁曲线上各点的 BH 积值为横坐标，以对应点的磁通密度 B 为纵坐标而作出的曲线。

若用图表示通常将退磁曲线画在纵轴的左边（第二象限）而将 BH 积曲线画在纵轴的右边（第一象限）。

凸度因子（γ）

等于永磁体的最大磁能积 $(BH)_{max}$ 对顽磁 B_r 与矫顽力 H_{CB} 乘积的比值。

$$\gamma = \frac{(BH)_{max}}{B_r H_{CB}}$$

该因子是用来描述退磁曲线的形状，但是对于高矫顽力材料，上述定义很不实用；例如对于矫顽力 $H_{CB} \rightarrow B_r/\mu_0$ 的材料，其凸度因子可能的最大值为 0.25。因此 γ 接近于 1 并不能表示退磁曲线具有理想形状。为此附加一些系数，最基本的是用磁极化强度表示的凸度系数 γ_J，它等于磁极化强度 J 和磁场强度 H 乘积的最大值 $(JH)_{max}$ 对顽磁 B_r 和矫顽力 H_{CJ} 乘积的比值。

$$\gamma_J = \frac{(JH)_{max}}{B_r H_{CJ}}$$

该因子的最大理论值为 1。

此值无量纲。

5.2.8.2　弹性合金领域内的物理特性和物理量术语与定义

A　一般术语

理想弹性

在外力作用下，同时具有下述 4 个特征者为理想弹性。

(1) 瞬时即出现应力与应变间的对应关系；

(2) 应力值与应变值间是一一对应的；

(3) 当应力为零时，应变也为零；

(4) 应力与应变间呈正比例关系。

非弹性

在加、卸载过程中，应变响应有不同的行程。应力与应变间既不是一一对应的，也不是成比例的，但仍具有理想弹性的第三个特征。

静滞后可视为非弹性的特殊情况。

塑性

应力超过屈服点时，能产生显著的残余变形而不立即断裂的性质。

塑性体的应力–应变行为完全不具有理解弹性体的四个特征。

黏性

在施加和去除应力的过程中，应变与时间成指数关系，且瞬时应变为零的黏弹性现象。

黏性体应变 ε 的表达式：

$$\varepsilon = \varepsilon_2 = \varepsilon_\infty (1 - e^{-t/\tau})$$

式中　ε ——应变，无量纲；

　　　ε_2——与时间有关的应变，无量纲；

　　　τ ——过程的弛豫时间，s；

　　　t ——时间，s；

　　　ε_∞——时间 t 趋于无穷长时的应变，无量纲。

弹性

物体在外力作用下改变其形状和大小，外力卸除后又可回复原始形状和大小的特性。

内耗

机械振动体由于内部原因所发生的振动能量的损耗。

B　弹性性能

刚度

作用在变形弹性体上的力与它所引起的位移之比。

在拉（压）状态下，刚度 P' 的表达式：

$$P' = dP/dl$$

在扭转状态下，刚度 T' 的表达式：

$$T' = \mathrm{d}T/\mathrm{d}\varphi$$

式中　P'——拉（压）刚度，N/mm；

　　　T'——扭转刚度，N·m/rad；

　　　P——拉（压）力，N；

　　　l——长度，m；

　　　T——扭矩，N·m；

　　　φ——扭转角，rad。

注意：（1）构件的刚度取决于构件的尺寸、形状和材料的模量；

（2）依受力状态的不同，材料的刚度分别为杨氏模量或切变模量。

单位名称为牛〔顿〕每毫米或牛〔顿〕·米每弧度，单位符号为 N/mm 或 N·m/rad。

杨氏模量（E）

弹性变形范围内，正应力与相应正应变之比。

杨氏模量 E 的表达式：

$$E = \sigma_\mathrm{p}/\varepsilon_\mathrm{p}$$

式中　E——杨氏模量，Pa；

　　　σ_p——正应力，Pa；

　　　ε_p——正应变，无量纲。

在弹性变形范围内，许多材料的应力－应变关系不是线性关系，此时有下述术语和定义：

起始正切模量——起始点处应力－应变曲线的斜率；

正切模量——在任何规定的应力或应变处，应力－应变曲线的斜率；

正割模量——应力－应变曲线上，从起始点到任一规定点画出的引线的斜率；

弦模量——应力－应变曲线上，任两个规定点之间画出的弦的斜率。

单位名称为帕〔斯卡〕，单位符号为 Pa。

切变模量（G）

弹性变形范围内，切应力与相应的切应变之比。

切变模量 G 的表达式：

$$G = \sigma_{ij}/\varepsilon_{ij}$$

式中　G——切变模量，Pa；

　　　σ_{ij}——法向为 i 的面上，j 方向上的应力（i、j 分别代表 x、y 或 z），Pa；

　　　ε_{ij}——法向为 i 的面上，j 方向上的应变（i、j 分别代表 x、y 或 z），无量纲。

单位名称为帕〔斯卡〕，单位符号为 Pa。

体积模量（K）

弹性变形范围内，体应力与相应的体应变之比。

体积模量 K 的表达式：

$$K = -p/(\Delta V/V)$$

式中　K——体积模量，Pa；

　　　p——压强，Pa；

$\Delta V/V$——体积的相对变化，无量纲。

单位名称为帕〔斯卡〕，单位符号为 Pa。

泊松比（μ）

在均匀分布的轴向应力作用下，相应的横向应变与轴向应变之比的绝对值。

泊松比 μ 的表达式：

$$\mu = -\varepsilon_{jj}/\varepsilon_{ii}$$

式中　μ——泊松比，无量纲；

　　　ε_{ii}——轴向应变（i、j 分别代表坐标 x、y 或 z），无量纲；

　　　ε_{jj}——相应的横向应变（i、j 分别代表坐标 x、y 或 z），无量纲。

泊松比 μ 广泛定义为：

$$\mu = \frac{E}{2G} - 1$$

式中　μ——泊松比，无量纲；

　　　E——杨氏模量，Pa；

　　　G——切变模量，Pa。

此值无量纲。

弹性模量温度系数（$\overline{\beta}_E$）

在确定的温度范围内，与温度变化 1℃ 相应的杨氏模量的平均变化率。

弹性模量温度系数 $\overline{\beta}_E$ 的计算公式：

$$\overline{\beta}_E = \frac{E_2 - E_1}{E_0(t_2 - t_1)}$$

式中　$\overline{\beta}_E$——弹性模量温度系数，℃$^{-1}$；

　　　E_0——基准温度 t_0 下的杨氏模量，Pa；

　　　E_1——温度 t_1 下的杨氏模量，Pa；

　　　E_2——温度 t_2 下的杨氏模量，Pa；

　　　t_1——温度，℃；

　　　t_2——温度，℃。

注意：同此定义的还有"切变模量温度系数 β_G"。

单位名称为每摄氏度，单位符号为℃$^{-1}$。

频率温度系数（$\overline{\beta}_f$）

在确定的温度范围内，与温度变化 1℃ 相应的物体固有频率的平均变化率。

频率温度系数 $\overline{\beta}_f$ 的计算公式：

$$\overline{\beta}_f = (\Delta f)_{max}/[f_0(t_2 - t_1)]$$

式中　$\overline{\beta}_f$——频率温度系数，℃$^{-1}$；

　　　f_0——基准温度 t_0 下的物体固有频率，Hz；

　　$(\Delta f)_{max}$——温度 $t_1 \sim t_2$ 范围内物体固有频率的最大变化，Hz；

　　　t_1——温度，℃；

　　　t_2——温度，℃。

注：（1）因振动模式不同而异，振动级次不同亦会略有不同；

（2）常指弯曲振动或纵向振动的基频频率温度系数。

单位名称为每摄氏度，单位符号为℃$^{-1}$。

5.2.8.3 膨胀合金领域内的物理特性和物理量术语与定义

线（热）膨胀（ΔL）

物体因温度变化而产生的长度变化。

线（热）膨胀的单位名称为米，单位符号为 m。

线（热）膨胀率（$\Delta L/L_0$）

物体因温度变化而产生的单位长度的变化。

线（热）膨胀率无量纲。

平均线（热）膨胀系数（$\overline{\alpha}$）

物体在确定的温度 t_1 至 t_2 时，温度平均每变化 1℃ 相应的线（热）膨胀率。

平均线（热）膨胀系数 $\overline{\alpha}$ 的表达式为：

$$\overline{\alpha} = (L_2 - L_1)/[L_0 (t_2 - t_1)]$$

式中　$\overline{\alpha}$——平均线（热）膨胀系数，℃$^{-1}$；

　　　　t_1——热膨胀物体的初始温度，℃；

　　　　t_2——热膨胀物体的终了温度，℃；

　　　　L_2——t_2 温度时物体的长度，m；

　　　　L_1——t_1 温度时物体的长度，m；

　　　　L_0——基准温度 20℃ 时物体的长度，m。

在实际测量中，如果 L_0 被 L_1 代替所引起的计算误差远小于测量误差时，则可用 L_1 代替 L_0。

平均线（热）膨胀系数的单位名称为每摄氏度，单位符号为℃$^{-1}$。

瞬间线（热）膨胀系数（α_t）

在某一温度的物体，当温度变化趋于零时的平均线（热）膨胀系数为该温度时的瞬间线（热）膨胀系数。

瞬间线（热）膨胀系数 α_t 的表达式为：

$$\alpha_t = \lim_{t_1 \to t_2} \{(L_2 - L_1)/[L_0 (t_2 - t_1)]\}$$

式中　α_t——瞬间线（热）膨胀系数，℃$^{-1}$；

　　　　t_1——热膨胀物体的初始温度，℃；

　　　　t_2——热膨胀物体的终了温度，℃；

　　　　L_2——t_2 温度时物体的长度，m；

　　　　L_1——t_1 温度时物体的长度，m；

　　　　L_0——基准温度 20℃ 时物体的长度，m。

在实际测量中，如果 L_0 被 L_1 代替所引起的计算误差远小于测量误差时可用 L_1 代替 L_0。

瞬间线（热）膨胀系数的单位名称为每摄氏度，单位符号为℃$^{-1}$。

线（热）膨胀力（F_α）

物体在温度变化时，因其沿长度方向变化受到约束时对约束物体施加的力。

线（热）膨胀力的单位名称为牛顿，单位符号为 N。

热膨胀应力（σ_α）

物体在温度变化时，因其膨胀而受到约束时对约束物体产生的应力。

热膨胀应力的单位名称为牛顿每平方米，单位符号为 N/m^2。

漏气率（q）

单位时间内气体通过容器壁的气体量。

漏气率的单位名称为帕〔斯卡〕立方米每秒；单位符号为 $Pa \cdot m^3/s$。

气密性

表征材料在确定的温度、气压、封接等条件下阻碍气体通过的能力，通常用漏气率表示。

弯曲点（T_C、T_N）

热膨胀曲线上明显的转折点所对应的温度。此点相应于材料的居里点（T_C）或奈耳点（T_N）温度。

因瓦效应

材料在一定温度范围内所产生的膨胀系数值低于正常规律膨胀系数值的现象。

5.2.8.4　热双金属领域内的物理特性和物理量术语与定义

热双金属

由两种或多种具有合适性能的金属或其他材料所组成的一种复合材料，一般制成片材或带材。由于各组元层的热膨胀系数不同，当温度变化时，这种复合材料的曲率就发生变化。

比弯曲（K）

单位厚度的平直热双金属片，温度变化 1℃ 时，沿纵向中心线所产生的曲率变化之半。

比弯曲 K 的表达式为：

$$K = \frac{1}{2} \cdot \frac{\delta}{t_2 - t_1} \cdot \frac{1}{R}$$

式中　K——比弯曲，$℃^{-1}$；

　　　δ——热双金属片厚度，mm；

　　　t_1——热双金属片平直时温度，℃；

　　　t_2——热双金属片弯曲时温度，℃；

　　　R——热双金属片弯曲时曲率半径，mm。

单位名称为每摄氏度，单位符号为 $℃^{-1}$。

弯曲系数（K'）

一端固定的热双金属片，其单位厚度和单位长度在温度变化 1℃ 时，自由端挠度的变量。

弯曲系数 K' 的表达式为：

$$K' = \frac{(f_2 - f_1)\delta}{L^2(t_2 - t_1)}$$

式中　K'——弯曲系数，$℃^{-1}$；

　　　δ——热双金属片的厚度，mm；

L ——热双金属片的测量长度，mm；

f_1 ——热双金属片在初始测量温度 t_1 时的相应挠度，mm；

f_2 ——热双金属片在终了测量温度 t_2 时的相应挠度，mm；

t_1 ——热双金属片的初始测量温度，℃；

t_2 ——热双金属片的终了测量温度，℃。

单位名称为每摄氏度，单位符号为 ℃$^{-1}$。

温曲率（F）

单位厚度的热双金属片，每变化单位温度时的纵向中心线的曲率变化。

温曲率 F 的表达式为：

$$F = \frac{\frac{1}{R_2} - \frac{1}{R_1}}{t_2 - t_1}$$

式中　F ——温曲率，℃$^{-1}$；

t_1 ——热双金属片的初始测量温度，℃；

t_2 ——热双金属片的终了测量温度，℃；

R_1 ——热双金属片在初始测量温度时试样纵向中心线的曲率半径，mm；

R_2 ——热双金属片在终了测量温度时试样纵向中心线的曲率半径，mm。

单位名称为每摄氏度，单位符号为 ℃$^{-1}$。

敏感系数（M）

热双金属片的主动层与被动层的热膨胀系数条件差值。

在特定试验装置上，测定螺旋形热双金属片的偏转角度。

敏感系数 M 为：

$$M = \frac{\varphi \pi \delta}{270L(t_2 - t_1)}$$

式中　M ——敏感系数，℃$^{-1}$；

φ ——螺旋线端的偏转（松开角度），（°）或 rad；

δ ——螺旋形热双金属片的厚度，mm；

L ——螺旋形热双金属片的计算长度，mm；

t_1 ——螺旋形热双金属片的初始测量温度，℃；

t_2 ——螺旋形热双金属片的终了测量温度，℃。

单位名称为弧度每摄氏度或度每摄氏度，单位符号为 rad/℃或（°）/℃。

弹性模量（E）

在材料弹性极限内，应力与相应的应变之比。弹性模量是用机械负载下的悬臂梁挠度法测量。

弹性模量 E 的计算公式为：

$$E = \frac{4PL^3}{\Delta f \, b \, \delta^3}$$

式中　E ——弹性模量，Pa；

P ——负载，N；

L ——试样测试长度，mm；

Δf ——挠度变量平均值，mm；

b ——试样宽度，mm；

δ ——试样厚度，mm。

单位名称为帕〔斯卡〕，单位符号为 Pa。

允许弯曲应力

是指尚未引起残余变形时的机械应力。

单位名称为帕〔斯卡〕，单位符号为 Pa。

5.2.8.5　电阻合金领域内的物理特性和物理量术语与定义

电阻率（ρ）

单位长度、单位横截面积物体的电阻。

电阻率 ρ 的计算表达式为：

$$\rho = R\frac{S}{L}$$

式中　ρ ——电阻率，$\Omega \cdot mm^2/m$；

R ——物体电阻，Ω；

S ——横截面积，mm^2；

L ——长度，m。

瞬时电阻温度系数（α_t）

在某一温度下的物体，当温度变化趋于零时的平均电阻温度系数为该温度的瞬时电阻温度系数。

瞬时电阻温度系数 α_t 的表达式为：

$$\alpha_t = \lim_{t \to t_1}\frac{R - R_1}{R_0(t - t_1)}$$

式中　α_t ——瞬时电阻温度系数，C^{-1}；

R ——t 温度下的电阻值，Ω；

R_1 ——t_1 温度下的电阻值，Ω；

R_0 ——基准温度(一般为 20℃)下的电阻值，Ω。

单位名称为每摄氏度，单位符号为℃ $^{-1}$。

平均电阻温度系数（$\bar{\alpha}$）

在确定的两个温度(t_1、t_2)下，电阻与温度变化 1℃ 相应的单位基准温度电阻的变化。

平均电阻温度系数 $\bar{\alpha}$ 的计算公式为：

$$\bar{\alpha} = \frac{R_2 - R_1}{R_0(t_2 - t_1)}$$

式中　$\bar{\alpha}$ ——平均电阻温度系数，℃ $^{-1}$；

R_1 ——t_1 温度下的电阻值，Ω；

R_2 ——t_2 温度下的电阻值，Ω；

R_0 ——基准温度（一般为 20℃）下的电阻值，Ω。

单位名称为每摄氏度，单位符号为℃$^{-1}$。

电阻温度常数（α_{t_0}、β）

电阻与温度关系为：在 $R_t = R_0 \left[1 + \alpha_{t_0}(t - t_0) + \beta (t - t_0)^2 \right]$（其中，$\alpha_{t_0}$ 为在基准温度 t_0 下，一次电阻温度常数；β 为在基准温度 t_0 下，二次电阻温度常数）的情况下：

$$\alpha_{t_0} = \frac{(\Delta_3^2 - \Delta_2^2)R_1 + (\Delta_1^2 - \Delta_3^2)R_2 + (\Delta_2^2 - \Delta_1^2)R_3}{(\Delta_2 - \Delta_3)\Delta_2\Delta_3 R_1 + (\Delta_3 - \Delta_1)\Delta_3\Delta_1 R_2 + (\Delta_1 - \Delta_2)\Delta_1\Delta_2 R_3}$$

$$\beta = \frac{(\Delta_2 - \Delta_3)R_1 + (\Delta_3 - \Delta_1)R_2 + (\Delta_1 - \Delta_2)R_3}{(\Delta_2 - \Delta_3)\Delta_2\Delta_3 R_1 + (\Delta_3 - \Delta_1)\Delta_3\Delta_1 R_2 + (\Delta_1 - \Delta_2)\Delta_1\Delta_2 R_3}$$

式中　R_1——t_1 温度下的电阻值，Ω；

　　　R_2——t_2 温度下的电阻值，Ω；

　　　R_3——t_3 温度下的电阻值，Ω。

　　　$\Delta_1 = t_1 - t_0$；$\Delta_2 = t_2 - t_0$；$\Delta_3 = t_3 - t_0$。

α_{t_0} 单位名称为每摄氏度，单位符号为℃$^{-1}$；β 单位名称为每摄氏度平方，单位符号为℃$^{-2}$。

电阻温度因数（C_t）

在确定温度下的电阻值和基准温度下的电阻值之比。

电阻温度因数 C_t 的计算公式为：

$$C_t = \frac{R_t}{R_0}$$

式中　C_t——电阻温度因数；

　　　R_t——确定温度 t 时的电阻值，Ω；

　　　R_0——基准温度（一般为20℃）时的电阻值，Ω。

此值无量纲。

电阻均匀性

一支合金丝（带）任意两段单位长度的电阻差与电阻平均值之比。

电阻应变灵敏系数（K）

外力作用下，在弹性变形范围内，合金沿变形方向电阻变化率与长度变化率之比。

电阻应变灵敏系数 K 的计算公式为：

$$K = \frac{\Delta R / R}{\Delta L / L}$$

式中　K——电阻应变灵敏系数；

　　　ΔR——电阻增量，Ω；

　　　R——原始电阻，Ω；

　　　ΔL——长度增量，mm；

　　　L——原始长度，mm。

此值无量纲。

快速寿命（寿命值）

在规定试验条件下，标准试样经周期性通、断电，直至烧断，承受冷热循环的累计时间。

单位名称为小时，单位符号为 h。

5.2.9　无损检测术语

5.2.9.1　超声检测

超声波

频率约高于 20000Hz（超过人耳可听范围）的声波。

超声探伤

超声波在被检材料中传播时，根据材料的缺陷所显示的声学性质对超声波传播的影响来探测其缺陷的方法。

波形

声波在介质中传播的方式，以波传播的波阵面为特征。如平面波、球面波和柱面波等。

波型

以质点振动方向与波传播方向的相对关系来表征的在介质中传播的超声波的类型。如纵波、横波等。

同义词：振动模式。

纵波

声波在介质中传播时，介质质点的振动方向与波的传播方向一致的波。纵波可以在各种介质中传播，在固体介质中传播时，其传播速度约为横波的两倍。

同义词：压缩波。

横波

声波在介质中传播时，介质质点的振动方向与波的传播方向垂直的波。横波只能在固体和切变模数高的黏滞液体中传播，其传播速度约为纵波的二分之一。

同义词：切变波。

表面波

沿介质两个相之间的表面上传播的波。表面波的幅值随表面下的深度迅速减小，其传播速度约为横波的 0.9 倍，质点振动的轨迹为椭圆。

同义词：瑞利波。

乐甫波

在一定条件下，可在覆盖于半无限固体介质表面上另一薄层介质中无衰减地传播的一种横波。

爬波

超声纵波以第一临界角附近的角度倾斜入射到传声介质中时，产生沿介质表面下一定距离传播的一种波，其声速与纵波相当。

同义词：爬行纵波；表面下纵波。

板波

在无限大板状介质（具有上下两个平行自由界面）中传播的一种声波。板波仅在频率、入射角及板厚为特定值时才能产生。在板波的传播中，按板中振动的形态分为对称型和非对称型两种，且质点振动的轨迹为椭圆，其传播速度与材质、板厚及频率等有关。

同义词：兰姆波。

膨胀波

在板、棒或管材中连续对称地膨胀和压缩传播的波，垂直于传播方向的尺寸小于波长。

弯曲波

在无限长细杆和无限大薄板（杆直径和板厚远小于波长）中传播的一种波，其质点振动方向与杆轴或板面垂直，随着波的传播，伴有杆或板的弯曲发生。

扭转波

在圆柱形棒、管和线材中旋转传播的波，其轴线与传播方向相一致。

棒波

在棒材中传播的膨胀波、弯曲波或扭转波，或是二者的组合波。

脉冲波

就声波来说，是指其前后不存在其他声波的很短的一列声波。

同义词：脉冲。

连续波

与脉冲波相反，它是一种连续振动的声波。

脉冲长度

以时间或周期数值表示的脉冲持续时间。

同义词：脉冲宽度。

脉冲幅度

脉冲信号的电压幅值。当采用 A 型显示时，通常为时基线到脉冲峰顶的高度。

脉冲能量

单个脉冲所包含的总能量。

群速度

频率和相速度只有微小差异的相干波波群包络面的速度。

相速度

单色行波中等相面沿法向的传播速度，其数值等于波长与波源振动频率的乘积。

波长

在波的传播方向，两个相邻同相位质点的距离。

分贝（dB）

两个振幅或强度比的对数表示。

声阻抗

声波的声压与质点振动速度之比，通常用介质的密度 ρ 和速度 c 的乘积表示。

声阻抗匹配

声阻抗相当的两介质间的耦合。

近场

邻近换能器并具有复杂声束能量的超声区域。

同义词：菲涅耳区。

近场长度

主声束轴线上最后一个声压极大值与晶片表面间的距离。

远场

近场以远的声场，在远场中，超声波以一定的指向角传播，而且声压随距离的增大而单调地衰减（下降）。

同义词：夫琅荷费区。

反射

当超声束从一种介质进入另一种声阻抗不同的介质时，一部分能量被反射回原介质的现象。

全反射

根据折射定理，当入射角等于或大于临界角时，声波不能透入第二介质（即折射），称为全反射。

临界角

超声束的某个入射角，超过此角时，某种特定波型的折射或反射波就不再存在。

第一临界角

当纵波折射角增大至90°时的纵波入射角。

第二临界角

当横波折射角增大至90°时的纵波入射角。

第三临界角

当纵波反射角增大至90°时的横波入射角。

衰减

超声波在介质中传播时，随着传播距离的增大，声压逐渐减弱的现象。

总衰减

任何形状的超声束，其特定波型的声压随传播距离的增大，由于散射、吸收和声束扩散等共同引起的减弱。

衰减系数

超声波在介质中传播时，因材质散射在单位距离内声压的损失，通常以每厘米分贝表示。

吸收

在传声介质中，由于部分超声能量转变为热能而产生的衰减。

基频

在共振检测法中，当波长为被检件厚度两倍时的频率。

谐频

为基频整倍数的频率。

超声频谱

超声波中各频率成分的幅度分布。

不连续〔性〕

工件正常组织、结构或外形的任何间断，这种间断可能会，也可能不会影响工件的可用性。

缺陷

尺寸、形状、取向、位置或性质对工件的有效使用会造成损害，或不满足规定验收标准要求的不连续性。

伤

工件或材料的一种不完善，它可能是，也可能不是有害的。如果是有害的，就属于缺陷或不连续性。

指示

在探伤中，须要对其重要性作出解释的响应或形迹。

相关指示

须作评定的不连续性的指示。

非相关指示

是一些由无法控制的试验条件所产生的真实指示，但与可能构成为一缺陷的不连续性并无关系。

假指示

通过不适当的方法或处理所得到的，可能被错误地解释为不连续性或缺陷的指示。

解释

确定指示是相关指示还是非相关指示或假指示的过程。

评定

在对所注意的指示作出解释后，就其是否符合规定的验收标准进行确定。

A 型显示

以水平基线（X 轴）表示距离或时间，用垂直于基线的偏转（Y 轴）表示幅度的一种信息显示方法。

B 型显示

一种能够显示被检件的横截面图像，指示反射体的大致尺寸及其相对位置的超声信息显示方法。

C 型显示

一种能够显示被检件纵剖面图像的超声信息显示方法。

D 型显示

对被检件体积内的反射体作立体的图形显示。

MA 型显示

在探头扫查过程中，将所得到的 A 型显示图形连续叠加的显示。

发射脉冲

为了产生超声波而加到换能器上的电脉冲。

时基线

A 型显示荧光屏中表示时间或距离的水平扫描线。

同义词：扫描线时间轴。

扫描

电子束横过探伤仪荧光屏所作同一样式的重复移动。

扫描速度

荧光屏上的横轴与相应声程的比值。

扫描范围

荧光屏时基线上能显示的最大声程。

同义词：时基范围。

延时扫描

在 A 型或 B 型显示中，使时基线的起始部分不显示出来的扫描方法。

界面触发

以界面信号作为起始点，将该点作为其他时序系统（例如闸门位置）的参照基准。

水平线性

超声探伤仪荧光屏时间或距离轴上显示的信号与输入接收器的信号（通过校正的时间发生器或来自已知厚度平板的多次回波）成正比关系的程度。

同义词：距离线性；时基线性。

垂直线性

超声探伤仪荧光屏上显示的信号幅度与输入接收器的信号幅度成正比关系的程度。

同义词：幅度线性。

水平极限

荧光屏上能够显示的最大水平偏转距离。

垂直极限

荧光屏上能够显示的反射脉冲的最大幅值。

动态范围

在增益调节不变时，超声探伤仪荧光屏上能分辨的最大与最小反射面积波高之比。通常以分贝表示。

脉冲重复频率

为了产生超声波，每秒内由脉冲发生器激励探头晶片的脉冲次数。

同义词：脉冲重复率。

检测频率

超声检测时所使用的超声波频率。通常为 0.4 ~ 15MHz。

同义词：探伤频率。

回波频率

回波在时间轴上进行扩展观察所得到的峰值间隔时间的倒数。

灵敏度

在超声探伤仪荧光屏上产生可辨指示的最小超声信号的一种量度。

灵敏度余量

超声探伤系统中，以一定电平表示的标准缺陷探测灵敏度与最大探测灵敏度之间的差值。

穿透深度

超声探伤时，在被检件中能够测出回波信号的最大深度。

盲区

在一定探伤灵敏度下，从探测面到最近可探缺陷在被检件中的深度。盲区由探头、超声探伤仪及被检件的特性确定。

分辨力

超声探伤系统能够区分横向、纵向或深度方向相距最近的一定大小的两个相邻缺陷的能力。

饱和

输入信号幅度增大而荧光屏上回波信号幅度不增大的一种现象。

触发/报警状态

超声仪器发现被检件中有超标检出信号时发出指示的状态。

触发/报警标准

超声仪器用以区分被检件为合格或不合格的信号幅度差的基准。

抑制

在超声探伤仪中，为了减少或消除低幅度信号（电或材料的噪声），以突出较大信号的一种控制方法。

闸门

为监控探伤信号或作进一步处理而选定一段时间范围的电子学方法。

衰减器

使信号电压（声压）定量改变的装置。衰减量以分贝表示。

准直器

控制超声束的尺寸及方向的装置。

信号泄漏

声或电信号穿过预设隔离层的泄漏现象。

阻塞

接收器在接收到发射脉冲或强脉冲信号后的瞬间引起的灵敏度降低或失灵的现象。

增益

超声探伤仪接收放大器的电压放大量的对数形式。以分贝表示。

距离幅度校正

用电子学方法改变放大器，使不同深度上的相同反射体能产生同样的回波幅度。

同义词：DAC 校正；深度补偿。

距离幅度曲线

根据规定的条件，由产生回波的已知反射体的距离 $D(A)$、探伤仪的增益 $G(V)$ 和反射体的大小 $S(G)$ 三个参量绘制的一组曲线。实际探伤时，可由测得的缺陷距离和增益值，从此曲线上估算出缺陷的当量尺寸。

同义词：DGS 曲线；AVG 曲线。

面积幅度曲线

表示在垂直入射时，传声介质中离探头等距但面积不同的平面反射体回波幅度变化的曲线。

标准试块

材质、形状和尺寸均经主管机关或权威机构检定的试块。用于对无损检测装置或系统的性能测试及灵敏度调整。

同义词：标准试样。

对比试块

调整无损检测系统灵敏度或比较缺陷大小的试块。一般采用与被检材料特性相似的材料制成。

同义词：对比试样。

压电效应

某些材料，在被施加作用力时，能使其表面上产生电荷积累且可逆的效应，称为压电效应。

磁致伸缩效应

某些材料，在磁场中产生形变且可逆的效应，称为磁致伸缩效应。

压电材料

具有压电效应性质的材料，如石英、钛酸钡、锆钛酸铅等。

直探头

进行垂直探伤用的探头，主要用于纵波探伤。

同义词：直射声束探头。

斜探头

进行斜射探伤用的探头，主要用于横波探伤。

同义词：斜射声束探头。

纵波探头

发射和接收纵波的探头。

横波探头

发射和接收横波的探头，如 Y 切石英探头。

表面波探头

发射和接收表面波的探头，用于表面波探伤。

聚焦探头

能使超声束聚焦的探头。

可变角探头

能够连续改变入射角的探头。

液浸探头

用于液浸法探伤的探头。

水柱耦合探头

进行水柱耦合法探伤用的探头。

同义词：局部水浸探头。

轮式探头

一个或多个压电元件装在一个注满液体的活动轮胎中，超声束通过轮胎的滚动接触面与探测面相耦合的一种探头。

单晶片探头

用单个晶片制成的探头，可兼作发射和接收。

双晶片探头

装有两个晶片的探头，一个作为发射器，另一个作为接收器。

同义词：联合双探头；分割式探头。

居里点

对压电材料而言，是指铁电相和顺电相之间转变的温度。

同义词：居里温度。

脉冲反射法

将超声脉冲发射到被检件内，根据反射波的情况来检测缺陷、材质等的方法。

同义词：脉冲回波法。

穿透法

超声波由一个探头发射，并由在被检件相对一面的另一个探头接收，根据超声波的穿透程度来进行探伤的方法。

共振法

改变连续超声波的频率以确定被检件的共振特性，从而鉴别被检件的某些性质，例如厚度、刚性或粘接质量的一种方法。

纵波法

使用纵波进行探伤的方法。

横波法

使用横波进行探伤的方法。

表面波法

使用表面波进行探伤的方法。这种方法主要用于表面光滑的材料或被检件。

板波法

使用板波进行探伤的方法。这种方法主要用于薄板的探伤。

同义词：兰姆波法。

垂直法

使用与探测面相垂直的超声束进行探伤的方法。

斜射法

使用与探测面成斜角的超声束进行探伤的方法。

声阻法

利用被检件的振动特性，即被检件对探头所呈现的声阻抗的变化来进行检测的方法。

直接接触法

探头与探测面直接接触的探伤方法。

接触法

仅通过一层极薄的耦合剂使探头与探测面接触的探伤方法。

液浸法

将探头和被检件浸入（至少为局部浸入）液体（通常为水）中，探头与探测面不直接接触，以液体（水）为耦合介质的探伤方法。

水柱耦合法

将被检件的一部分浸在水中或被检件与探头之间保持水层而进行探伤的方法。

同义词：局部水浸法。

一次波法

在斜射探伤中，超声束不经被检件底面反射而直接指向缺陷的方法。

同义词：直射法。

二次波法

在斜射探伤中，超声束在被检件底面只反射一次而指向缺陷的方法。

同义词：一次反射法。

三次波法

在斜射探伤中，超声束在被检件底面和探测面各反射一次后指向缺陷的方法。

同义词：二次反射法。

四次波法

在斜射探伤中，超声束在被检件底面和探测面相继反射三次后而指向缺陷的方法。

同义词：三次反射法。

多次反射法

利用底面的多次反射波检测材料中的超声衰减、缺陷及被检件厚度的方法。

阴影法

利用障碍物对超声波产生的阴影（声影）检出被检件中缺陷的方法。

单探头法

用同一个探头既发射又接收超声波的探伤方法。

双探头法

用两个探头分别发射和接收超声波的探伤方法。

多探头法

使用两个以上的探头进行探伤的方法。

一发一收法

使用两个分离探头，其中一个用来将超声能量射入被检件，另一个置于能接收到缺陷反射波的位置的超声检测方法。

双发双收法

同时使用两个探头，每个探头分别兼作发射器和接收器的超声探伤方法。

初探

在超声探伤中，预先用高于规定探伤灵敏度进行的探伤。

复探

在超声探伤中，对初探中发现的缺陷，用规定灵敏度仔细进行操作，以确定其性质、位置、大小和形状等。

界面

声阻抗不同的两种介质的分界面。

底面

在垂直探伤中，与探测面相对的最远的被检件表面。

同义词：背面。

侧面

在垂直探伤中，被检件除探测面和底面之外的面。

端面

在斜射探伤和板波探伤中，指能反射超声波的板厚方向的侧面，相当于垂直探伤中的底面。

缺陷有效反射面

声束射及缺陷时，能被沿原路径反射回来的缺陷表面。

回波

从反射体上反射回来的超声信号。

同义词：反射波。

反射体

超声束遇到声阻抗改变时产生反射的界面，按其形状有球面、圆柱形、圆盘形和槽形等。

人工缺陷

在探伤过程中，为了调整或校准探伤系统的灵敏度等，用各种方法在试块或被检件上加工制成的人工伤，如平底孔、横孔、槽等。

平底孔

平底的圆柱形盲孔，其圆平面用作为超声反射体。

横孔

平行于探测面并与所置的探头成正交方向的圆柱形钻孔，其圆柱面形成超声反射体。

探测范围

按比例调整后荧光屏整个时间轴（满刻度）所代表的距离范围。

探伤灵敏度

在规定条件（频率、增益、抑制等）下能探出最小缺陷的能力。

扫查灵敏度

为防止漏检，在初探中所采用的较规定灵敏度高的灵敏度。

规定灵敏度

根据产品的技术要求（规程、说明书等）确定的灵敏度。

探伤图形

在超声探伤仪的荧光屏或记录装置上显示或记录探伤结果的图形。

回波高度

探伤图形上的反射脉冲高度，用分贝值或标准刻度板上的百分数表示。

同义词：回波幅度。

回波宽度

从校正的超声探伤仪荧光屏水平扫描线刻度上读出的回波宽度。

水平距离

在探测面上斜探头入射点到缺陷的距离。

同义词：探头距离。

当量

用于缺陷比较的某些类型的人工缺陷的大小。

当量法

在一定的探测条件下，用某种规则的人工缺陷反射体尺寸来表征被检件中实际缺陷相对尺寸的一种定量方法。

平底孔当量

指相同距离上的缺陷给出的超声指示与某一尺寸平底孔的超声指示相当。

对比试块法

用对比试块已知反射体显示与被检件所获显示相比较的评价方法。

基准线法

用特定声程、几何形状及尺寸的反射体制作参考曲线来评价被检件所获显示的评价方法。

同义词：参考线法。

半波高度法

在同一探测条件下，对探头从获得最大反射回波的位置，移动至回波高度为原来回波的半值来评价反射体尺寸的方法。

缺陷指示长度

将超声探伤估定缺陷的始端和终端位置投影在探伤材料表面上并连接其两点间的长度。

缺陷指示面积

缺陷指示长度与宽度或高度的乘积。

5.2.9.2　涡流检测

涡流

由于外磁场在时间或空间上的变化而在导体表面及近表面产生的感应电流。

涡流检测

利用在试件中的涡流，分析试件质量信息的无损检测方法。

多频涡流检测

用各种不同频率的混合信号或调制信号进行激励，并对检测信号进行处理的涡流检测方法。

脉冲涡流检测

用脉冲信号进行激励，并对脉冲响应的一定特征参数进行处理的涡流检测方法。

试验频率

在涡流检测中，加到激励线圈的交流电的频率。

最佳频率

探测某种材料时，能获得最大信噪比的检测频率。

标准人工缺陷

标准试样上的人工缺陷。

缺陷分辨力

能区分开两个相邻缺陷的最小距离。

信噪比

探测信号的幅度对噪声信号幅度的比值。

噪声

涡流检测中的一种不相关的信号。它会干扰缺陷信号的正常接收与处理。须注意，噪声信号也可能由试件的不均匀性产生，而这些不均匀性对其最终使用却无害。

填充系数

试件的横截面积对一次线圈芯部的横截面积之比。

电磁感应

在通过闭合电路中的磁通量变化时，在该电路中便产生感应电流，此现象称为电磁感应现象。由此而产生的电流称为感应电流。

电磁检测

一种磁性材料的无损检测方法。它是采用低于可见光频率的电磁能量产生关于试验材料质量的信息。

边缘效应

在涡流检测中，由于试件几何形状突变而产生的磁场和涡流的变化。此效应会妨碍该区内缺陷的检测。

同义词：末端效应。

有效磁导率

一种磁导率的假设值，它表示在一定物理状态下，例如穿过式线圈柱状试件的磁导率。有效磁导率与实际磁导率的差异是，它考虑被检测试件的几何形状，线圈与试件的相对位置及磁场特征。

增量磁导率

材料或介质在磁化曲线上某一点的增量磁导率等于该点上增量磁通密度与增量磁场强度之比。

绝对磁导率

材料或介质的相对磁导率等于磁通密度与产生它的磁场强度之比。

直流磁饱和

当增量磁导率等于 1 时受到直流磁场磁化的铁磁性材料的状态。

交流磁饱和

在每半个磁化周期的部分时间内，受到交变磁场作用的铁磁性材料，其增量磁导率达到 1 时的状态。

动态电流

由于一次线圈和被检材料之间的相对运动所感应产生的额外涡电流。

漏磁通

磁力线从试件表面上偏离的部分。

居里温度

材料由铁磁性转变为顺磁性时的温度。

同义词：居里点。

磁导率

磁化曲线上任一点与坐标原点连线的斜率称为该点的磁导率。它是个随磁场强度变化的量。

磁通密度

沿法线方向通过单位面积上的磁通量。

起始磁导率

当试件开始脱离去磁状态时，磁场强度为零处的磁化曲线的斜率。

相对磁导率

在磁化曲线上经一点求得的磁导率与真空磁导率的比值。

有效线圈直径

与测试线圈具有相同电磁效应的理论圆柱形线圈的直径。

甄别

识别不同性质的缺陷信号的能力。

抑制

为防止或减低不需要的信号而采取的措施。

穿过式线圈

围绕试件的圆环线圈或线圈组件。

同义词：环绕式线圈。

ID 线圈

插入管材或钻孔内径的线圈或线圈组件。

同义词：内插式线圈。

点式线圈

放在试件表面上或试件表面附近的点状线圈或线圈组件。

同义词：点探头。

绝对式线圈

涡流检测中，只反应在线圈附近的那一部分的试件电磁性能的一种线圈或线圈组件。

比较式线圈

两个或更多个线圈反向串联而又不产生互感，因而在试件和对比试件间的任何电磁性能的差异都会使此系统产生不平衡的指示。

差动线圈

两个或更多个线圈的反向串联，因而在试件上各部分之间的差异都会使此系统产生不平衡的指示。

一次线圈

在试件中产生交流磁场的线圈。

同义词：激励线圈。

二次线圈

用于探测试件中涡流磁场的线圈。

同义词：探测线圈。

参考线圈

在涡流检测中以比较方式在对比试件中激励或探测电磁场的线圈。

试验线圈

在涡流检测试件中激励、探测或又激励又探测电磁场的线圈。

铁磁性材料

具有磁滞及磁饱和现象，其磁导率与磁场强度有关的材料。

顺磁性材料

相对磁导率略大于 1 并且实际上与磁场强度无关的材料。

逆磁性材料

相对磁导率小于 1 的材料。

5.2.9.3 磁粉检测

磁粉检测

利用漏磁和合适的检验介质发现试件表面和近表面的不连续性的无损检测方法。

干粉法

采用干磁粉检验的方法。

湿粉法

采用磁悬液检验的方法。

连续法

在外加磁场的同时，将检验介质施加到试件上进行探伤的方法。

剩磁法

将试件磁化，待切断电流或移去外加磁场后，再进行探伤的方法。

感应电流法

使交变磁场通过试件中心，产生感应电流进行磁化的方法。

中心导体法

用一根通电的棒、管或电缆从试件的内孔或开口中心穿过进行磁化的方法。

同义词：穿棒法。

电流磁化法

利用接触板和触头使电流通过试件进行磁化的方法。

周向磁化法

利用周向磁场进行磁化的方法。

纵向磁化法

利用纵向磁场进行磁化的方法。

组合磁化法

利用合成磁场进行磁化的方法。

局部磁化法

使铁磁性材料或试件的一部分达到磁化的方法。

瞬时磁化法

用持续时间非常短的电流进行磁化的方法。

旋转磁场法

利用旋转磁场进行磁化的方法。

线圈法

利用通电的线圈环绕试件的局部或全部的磁化方法。

磁轭磁化法

借助磁轭将纵向磁场导入试件中的一部分的磁化方法。

电缆接近法

利用绝缘的载流电缆接近试件的表面进行磁化的方法。

间接磁化法

电流不通过试样，而通过导体使试件感应磁化的方法。

多向磁化法

给试件按顺序、快速施加两个或多个方向的磁场磁化的方法。

退磁

将试件中剩磁减小到规定值以下的过程。

退磁因子

退磁因子是试件长度与直径之比的函数。

磁痕

缺陷或其他因素引起的漏磁而形成磁粉的积聚。

磁写

局部无规则磁化产生的虚假磁痕。

毛状迹痕

试件过分的磁化引起的毛状磁粉堆积。

伪指示

磁粉检验中非磁性方法产生的一种指示。

凝聚

磁粉在磁悬液中的结块。

灵敏度

磁粉检验中能显示试件表面或近表面最小缺陷的能力。

磁场

在磁化的试件或通电导体内部和周围有磁力线存在的空间。

漏磁场

在试件的缺陷处或磁路的截面变化处，磁力线离开或进入表面时所形成的磁场。

表面磁场

被检试件表面的磁场。

剩磁

移去外加磁场，仍保留在试件中的磁性。

周向磁场

电流从导体或试件一端流向另一端时，在导体或试件内部及周围产生的环形磁场。

纵向磁场

磁力线与试件纵轴平行，并通过试件的磁场。

旋转磁场

大小及方向随时间呈圆形、椭圆形或螺旋形变化的磁场。

合成磁场

在试件上同时导入纵向和周向磁场所形成的磁场。

磁极

磁铁的两端，即外部磁场的表面位置。

双极磁场

试件内部具有两个极的纵向磁场。

磁矩

表征物质作为磁场源的矢量。闭合电流和分子的有序定向磁矩形成宏观磁矩。

磁畴

铁磁材料中原子磁矩或分子磁矩平行排列的区域。

磁路

主要由磁性材料组成，包括气隙在内的磁通通过的回路，称为磁路。

磁化力

磁场作用于铁磁材料上产生的磁力。

磁化

铁磁材料内分子磁矩呈有序排列而出现的磁性现象。

磁饱和

无论如何提高外加磁场的强度，试件内部的磁通无明显的增加，此时的磁化状态称为磁饱和。

铁磁性

能被磁场磁化或被磁场强烈吸引的材料，称为铁磁材料。

磁导率

磁感应强度 B 与产生磁感应的外加磁场强度 H 之比。

有效磁导率

由磁导率 μ 和退磁因子 $N/4$ 所决定的一个因数（N 为比例常数）。

磁力线

将磁粉撒在永久磁铁覆盖物（一般用纸）上，形成的线条称为磁力线。

磁通

磁路中磁力线的总数。

磁通穿透深度

磁通在试件中所达到的深度。

磁场强度（H）

磁场在给定点的强度。

磁场分布

在磁场中，场强的分布。

奥斯特

C. G. S 制中的磁场强度单位，目前已由 SI 单位安培/米取代。

高斯

C. G. S 制中的磁通密度单位，其值等于每平方厘米通过一根磁力线。

磁阻

表示试件难易磁化的值。

磁滞

磁通落在磁场后面的滞后现象。

矫顽力

使磁性材料恢复到原来未磁化状态所需要的反向磁化力。

脉动直流电

交流电整流后，未经平滑滤波的电流。

峰值电流

激励时所得到的直流电流或周期电流的最大瞬时值。

黑光

波长在 $32 \sim 40 \mu m$ 的紫外辐射。

荧光

某些物质吸收光辐射能的同时，激发出的可见光。

可见光

波长在 $40 \sim 70 \mu m$ 范围内的辐射能。

载液

在磁粉探伤中，用于悬浮磁粉的一种液体。

同义词：媒质。

磁悬液

磁粉或磁膏悬浮在载液中形成的一种液体。

磁悬液浓度

磁悬液中磁粉重量与载液容量的比值（g/L）。

浓缩物

即浓缩的磁悬液，探伤时将其适当的稀释。

对比度

试件与磁粉显示之间颜色的反衬或色差。

反差剂

为了获得合适的本底，提高对比度而在表面施加的涂层或薄膜。

5.2.9.4　射线检测

X 射线

高速电子撞击到一金属靶上时所产生的有穿透能力的电磁辐射。

同位素

原子核内具有相同的质子数和不同的中子数，但在元素周期表中处于同一位置的一些核素。例如氢的同位素包括 ${}_1^1H$、${}_1^2H$ 及 ${}_1^3H$ 三种核素，${}_1^3H$ 为放射性核素。

α粒子

为某些放射性核素所射出的带正电荷粒子，它由两个质子和两个中子所组成，等同于一氦原子的核。

γ射线

放射性核素衰变所产生的有穿透力的电磁辐射。

低能 γ射线

能量低于200keV的γ射线。

活度

放射源中每单位时间所产生的核蜕变数。

贝克勒尔

每秒发生一次核蜕变的任何放射性核素的量。

居里

放射性核素量单位，单位符号为 Ci。一居里表示每秒产生 3.7×10^{10} 个核蜕变。此单位现已为贝克勒尔所取代（$1Ci = 3.7 \times 10^{10} Bq$）。

放射性比度

放射性核素每单位质量的活度。

衰变曲线

自发蜕变放射源的活度对时间的关系曲线。

半衰期

放射性原子衰变到给定数一半所需的时间。

康普顿散射

由 X 或 γ 射线的光子与电子相互作用所引起的一种散射。光子的能量会受到损失，散射线与入射束成一角度。

瑞利散射

X 或 γ 射线的光子与电子相互作用所引起的一种相干散射。光子的能量不受损失。

吸收剂量

被辐照物质每单位质量所接受的致电离辐射量。

戈瑞（Gy）

吸收剂量的一种单位。$1Gy = 1J/kg$。

拉德（rad）

吸收剂量单位，等于100erg/g。此单位现已为"戈瑞"所取代。$1Gy = 100rad$。

吸收剂量率

单位时间所吸收的剂量；rad/s，SI 单位 Gy/s。

伦琴（R）

照射量的单位，在 1 伦琴 X 或 γ 射线照射下，可使 0.001293g 空气中释放出来的次级电。

被检体对比度

穿过被检体被选定的一些部分后射线强度之比（或此比的对数）。

增感系数

在其他条件相同的情况下，不用增感屏时的曝光时间与用屏时曝光时间之比。

（底片）灰雾

在冲洗加工过的射线底片上，由任何并非形成图像的射线直接作用，以及由于以下一种或多种原因所引起的光学密度的任何增加。

（1）时间灰雾——曝光前后，由于胶片储存时间上或其他不适当的保管条件所引起的品质降低。

（2）片基灰雾——在未曝光的经冲洗加工胶片中所固有的最小均匀光学密度。

（3）化学灰雾——在化学处理过程中，由非所希望的反应所形成的灰雾。

（4）二向色灰雾——可用在经显影的感光层中胶态银的产生来表征。

（5）氧化——在显影过程中，曝露于空气中所引起的灰雾。

（6）曝光灰雾——在生产和最后定影之间的任何时刻，由于感光乳剂受致电离辐射或可见光不希望有的曝光所产生的灰雾。

（7）照相灰雾——完全由于乳剂的性质和冲洗加工条件所产生的灰雾，如片基灰雾和化学雾的总效应。

（8）阈值灰雾——为原先未曝光，经冲洗加工的乳剂所固有的最低均匀光学密度。

灰雾密度

在经冲洗加工的胶片上，由任何并非形成图像的射线直接作用所引起的光学密度的任何增加。

净（光学）密度

扣除灰雾和片基密度之后的总（光学）密度。

亮度

在从给定方向观察的投影面积上，任何单位表面的发光强度。

测量的单位为坎德拉/平方米（单位符号：cd/m^2），为了观察射线底片，透射的亮度不应小于 $10cd/m^2$。

对比度

在被照亮的射线底片上，或在荧光屏图像上，两相邻区之间的亮度差。

不连续〔性〕

零件正常组织结构或外形的任何间断，这种间断可能会，也可能不会影响零件的可用性。

缺陷

尺寸、形状、取向、位置或性质对零件的有效使用会造成损害，或不满足规定验收标准要求的不连续性。

伤

零件或材料的一种不完善，也可能是，也可能不是有害的。如果是有害的，就属于缺陷或不连续性。

γ 射线源

封在薄惰性金属包套中发射 γ 射线的放射性材料。

γ 射线源容器

由重金属制成，其壁厚足以对所容纳源发射的射线强度产生非常大衰减的容器。

源尺寸

沿射线束轴的方向观察到的 γ 射线源的尺寸。

γ 射线透照装置

用放射性核素产生的 γ 射线探测被检体内部缺陷的装置，通常用钴 - 60，铱 - 192，铯 - 137 等作为射线源。

增感屏

能将一部分射线照相能量转换成光或电子的材料，在曝光过程中当其与记录介质（如胶片）接触时可改善射线底片的质量或减少得到一张射线底片所需的曝光时间或此两者。通常使用的三种屏是：

（1）金属屏——一种金属（通常为铅）增感屏，在 X 射线或其他致电离射线作用下可发射次级辐射，用以增强在胶片上的照相效果。

（2）荧光增感屏——一种含某种材料（如钨酸钙）的增感屏，在 X 射线或其他致电离射线作用下可发出光谱在可见或紫外范围内的荧光。

（3）荧光金属屏——将在 X 或 γ 射线作用下能发荧光的材料涂在金属箔（常为铅）上所构成的屏，带涂层的面靠胶片，以提供荧光，而金属箔的功能则与普通的金属屏相同。

像质指示器（IQI）

一种在射线底片上的图像被用来确定射线照相质量水平的器件。它不宜评定不连续性尺寸或建立验收范围。

同义词：透度计。

γ 射线透照术

用 γ 射线源进行射线透照的技术。

全景曝光

利用 X 射线源或一全景 X 射线机的射线多向性所作的一种射线透照安排。可对圆筒形零件整个圆周上的若干个部位同时进行射线透照。

5.2.9.5　渗透检测

渗透探伤

通过施加渗透剂，用洗净剂除去多余部分，如有必要，施加显像剂以得到零件上开口于表面的某些缺陷的指示。

可见光

波长在 400 ~ 700nm 范围内的电磁辐射。

紫外辐射

单色分量的波长小于可见光而大于约 1nm 的辐射。

国际照明学委员会，将紫外辐射的频谱范围分类如下：

UV - A：315 ~ 400nm；

UV - B：280 ~ 315nm；

UV - C：100 ~ 280nm。

A 类紫外辐射（UV - A）

波长在 315 ~ 400nm 范围内的电磁辐射。

同义词：黑光（black light）。

荧光

一种物质在吸收 A 类紫外辐射期间方可发射出的可见光。

英尺烛光

表面上的照度，在一平方英尺面积上均匀分布一流明的光通量，即 $1lm/ft^2 = 10.8lm/m^2$。

埃（Å）

一种可用于表示电磁辐射波长的长度单位。$1Å = 0.1nm$。

黏度

流体对剪切流动显示阻力的性能。

闪点

液体在加热达到其放出的蒸气在微小火焰作用下足以瞬即起燃时的温度。

润湿作用

液体覆盖和附着于固体表面上的能力。

毛细管作用

由于表面张力和附着力的作用而导致液体能进入插入其中的毛细管的现象叫做毛细管作用。在液体渗透检验中，表面开口的微小缺陷（如裂缝和缝隙等）类似于毛细管，渗透液渗入此类缺陷的现象为毛细管作用。

渗透剂移转

遗留在零件上的渗透剂转移到清洗槽。

带出

在液体渗透检验中，渗透剂由于粘附在试件上而被带走或损失掉。

乳化

将油基性渗透剂以乳化剂处理使之具有可用水洗净的性质。

渗出

被截留的液体渗透剂从缺陷作用到面层以形成指示。

吸取

在液体渗透检查中显像剂从缺陷吸收渗透剂以加速渗出。

对比度

在液体渗透检查时，指示和本底之间可见度（亮度或颜色）的差。

检查

在完成液体渗透作业的所有步骤之后，对试件所进行的目视检验。

本底

在液体渗透检验中，以之为背景观察有无缺陷指示的试件表面，可以是试件的本来表面，也可以是其上涂有显像剂的表面。

本底色

着色渗透剂从表面清除得不完全时所保留下来的一种不希望有的染色。

本底荧光

荧光渗透剂从表面清除得不完全时所保留下来的一种不希望有的荧光。

比较试块

一个带裂纹、分开成两个相邻区域的金属试块，用于分别涂敷不同的液体渗透剂以便就两者的相对有效性进行直接的比较。也可用于评价液体渗透技术、液体渗透系统或试验条件。

同义词：渗透剂比较器。

溶剂清除剂

在施加渗透材料之前，用以从零件表面清除油脂的溶剂或清洗剂。

同义词：脱脂液。

载液

用作运载活性材料的一种液态载体。

渗透剂

一种能进入到开口于表面的缺陷中去的可见或荧光染料溶液。

着色渗透剂

用于缺陷检测的一种含有染料以便在普通光线下进行观察的渗透液体。

可乳化渗透剂

通过添加乳化剂可使之转变成可水洗的一种渗透剂。

后乳化渗透剂

一种须要施加单独分开的乳化剂方可使其在表面上的多余部分成为可水洗的液体渗透剂。

溶剂去除型渗透剂

一种液体渗透剂，其配制是：大部分的表面多余渗透剂可用不起毛的纸或布擦除，在表面留下的渗透剂痕迹则须用稍蘸溶剂洗净剂的不起毛的纸或布来擦除。

可水洗型渗透剂

一种带有乳化剂的液体渗透剂，无须施加单独分开的乳化剂即可用水洗去。

干沉积荧光渗透剂

由溶解在高挥发性溶剂中在干燥状态下可产生荧光指示的荧光物质所构成的一种渗透剂。

荧光渗透剂

一种含有在波长 315～400nm 范围的紫外辐射作用下可发荧光的添加剂的渗透液体。

摇溶渗透剂

一种胶状渗透剂，其黏度随所加剪切应力的持续时间而减低。

着色荧光渗透剂

染料在有机载体中的溶液，这种溶液能反射可见光，能吸收紫外区的辐射并发射可见光。

补充剂

用于补偿在使用过程中渗透剂特定组分损失所加入的材料。

水容限

渗透剂或乳化剂在其有效性减弱之前所容许吸收的水量。

洗净液

一种洗涤剂的水溶液。在液体渗透检验中，用以清除渗透剂。

亲水性洗净剂

一种可与任何比例量的水相溶的水基渗透剂洗净剂。

溶剂洗净剂

一种有挥发性的液体渗透剂洗净剂。

润湿剂

加进液体中以降低其表面张力的物质。

乳化剂

可使多余渗透剂因形成乳化液而易于清洗的液体。

渗透时间

在液体渗透检验中，渗透剂与试件表面接触的全部时间，包括施加和流滴的时间。

乳化时间

在液体渗透检验中，经渗透剂处理过的零件与乳化剂接触的全部时间，包括施加和流滴的时间。

后乳化

在液体渗透检验中，用单独分开的乳化剂来清除表面上剩余渗透剂的方法。

过乳化

在液体渗透检验中，乳化时间过长，这会导致渗透剂被从某些缺陷中洗去。

流滴时间

在液体渗透检验中，多余渗透剂或乳化剂从零件上流滴的持续时间。

显像时间

在液体渗透检验中，施加显像剂和检查零件之间所经过的时间。

后清除

液体渗透检验中，在检验已完成之后，从试件上清除残留的液体渗透材料。